高等院校城市规划专业本科系列教材

城市规划与设计子系列

城市详细规划设计
Urban Detailed Planning & Design

■ 主　编　王江萍
■ 副主编　徐轩轩　李　军

高等院校城市规划专业本科系列教材编委会

顾　问： 伍新木

主　任： 李　军

副主任：（按姓氏音序排序）

　　　　王江萍　　詹庆明　　周　曦

委　员：（按姓氏音序排序）

　　　　陈　双　　黄正东　　沈建武　　徐肇忠　　姚崇怀

　　　　尤东晶　　杨　莹　　张　军

武汉大学出版社

图书在版编目(CIP)数据

城市详细规划设计/王江萍主编;徐轩轩,李军副主编.—武汉:武汉大学出版社,2011.8(2023.1重印)
高等院校城市规划专业本科系列教材
ISBN 978-7-307-09016-3

Ⅰ.城… Ⅱ.①王… ②徐… ③李… Ⅲ.城市规划—建筑设计—高等学校—教材 Ⅳ.TU984

中国版本图书馆 CIP 数据核字(2011)第 153105 号

责任编辑:任仕元　　史新奎　　责任校对:刘　欣　　版式设计:马　佳

出版发行:武汉大学出版社　　(430072　武昌　珞珈山)
(电子邮箱:cbs22@whu.edu.cn 网址:www.wdp.com.cn)
印刷:武汉邮科印务有限公司
开本:787×1092　1/16　印张:19.5　字数:485 千字　插页:1
版次:2011 年 8 月第 1 版　　2023 年 1 月第 6 次印刷
ISBN 978-7-307-09016-3/TU·101　　　　定价:32.00 元

版权所有,不得翻印;凡购买我社的图书,如有质量问题,请与当地图书销售部门联系调换。

总　　序

随着中国城市建设的迅速发展，城市规划学科涉及的学科领域越来越广泛。同时，随着科学技术的突飞猛进，城市规划研究方法、城市规划设计方法及城市规划技术方法也有很大的变化，这些变化要求城市规划高等教育在教学结构、教学内容及教学方法上做出适时调整。因此，我们特别组织编写了这套高等院校城市规划专业本科系列教材，以满足高等城市规划专业教育发展的需要。

这套教材由城市规划与设计、风景园林及城市规划技术这三大子系列组成。每本教材的主编教师都有从事相应课程教学20年以上的经验，课程讲义经历了不断更新及充实的过程，有些讲义凝聚了两代教师的心血。在教材编写过程中，有关编写人员在原有讲义基础上，广泛收集最新资料，特别是最近几年的国内外城市规划理论及实践的资料。教材在深入讨论、反复征求意见及修改的基础上完成，可以说这是一套比较成熟的城市规划本科系列教材。我们希望在这套教材完成之后，将继续相关教材编写，如城市规划原理、城市建设历史、城市基础设施规划等，以使该套教材更完整、更全面。

本系列教材注重知识的系统性、完整性、科学性及前沿性，同时与实践相结合，提出与规划实践、城市建设现状、城市空间现状相关的案例及问题，以帮助、引导学生积极自觉思考和分析问题，鼓励学生的创新意识，力求培养学生理论联系实际、解决实际问题的能力，使我们的教学更具开放性和实效性。

这套教材不仅可以作为高等院校城市规划和建筑学专业本科教材及教学参考书，同时也可以作为从事建筑设计、城市规划设计、园林景观设计及城市规划研究人员的工具书及参考书。

希望这套教材的出版能够为城市规划高等教育的教学及学科发展起到积极的推进作用，为城市规划专业及建筑学专业的师生带来丰富的有价值的资料，同时还能为城市规划师及其相关专业的从业者带来有益的帮助。

教材在编写过程中参考了同行的著作和研究成果，在此一并表示感谢。也希望专家、学者及读者对教材中的不足之处批评指正，帮助我们更好地完善这套教材的建设。

前　言

  本课程是城市规划专业最为重要的专业课程之一，是学生进入城市规划专业学习的基础课程。要求学生既掌握详细规划的理论知识，又具备进行城市详细规划设计的实践操作能力。因此在本教材的编写中，强调综合性和实践性的原则，以达到对学生进行详细规划理论知识和设计能力培养的双重目的。

  随着我国城乡规划体制的逐步完善，详细规划的定义更为清晰。本教材以相关法规对详细规划的概念为依据，对控制性详细规划、修建性详细规划等内容进行讲述。结合中国当代详细规划实践的特点，对城市居住区、城市中心区、工业园区、旧城改造等具有时代特点的详细规划内容进行分章论述；并结合城市规划专业教学的特点，选择居住区为教学范例，理论和实践相结合；还在已有知识的基础上，结合现代居住区设计及管理的特点，深化如物业管理、景观设计等内容，以提高本教材的时代性和实用性。

  鉴于本科教材的特点，在教材的编写中，注重选择成熟的研究内容，注重论述的严谨性，因此，本教材大量选取在实际操作中得到广泛应用的规划知识，同时结合武汉大学在本科详细规划教学中的特点对这些知识进行论述。

  本教材编写分工如下：第 1 章由徐轩轩、王江萍编写；第 2 章由王江萍、徐轩轩编写；第 3 章由徐轩轩、王江萍编写；第 4 章由徐轩轩、王江萍编写；第 5 章由王江萍、徐轩轩编写；第 6 章由徐轩轩、王江萍编写；第 7 章由王江萍、徐轩轩、范凌云编写；第 8 章由王江萍、宋菊芳、周燕编写；第 9 章由徐轩轩、王江萍编写；第 10 章由张娅薇、徐轩轩编写；第 11 章由张娅薇、王江萍编写；第 12 章由张娅薇、王江萍编写；第 13 章由李军、毛彬编写；第 14 章由余洋、王江萍编写；第 15 章由余洋、王江萍编写。

  教材编写过程中参考了大量的相关书籍、图片和文章，在此表示感谢。

  教材编写过程中得到武汉大学出版社、武汉大学教务部等部门以及众多朋友的大力支持，他们的无私帮助使得书稿得以顺利完成。在此一并致谢。

  由于编写人员水平有限，加之时间仓促，书中缺点甚至错误在所难免，恳请读者批评指正。

编　者
2011 年 7 月

目 录

第1章 概述 ·· 1
1.1 中国的城乡规划体系 ··· 1
1.1.1 城乡规划的概念 ·· 1
1.1.2 城乡规划的分类 ·· 1
1.2 详细规划的编制及其主要内容 ·· 3
1.2.1 详细规划的编制 ·· 3
1.2.2 详细规划的内容 ·· 4
1.3 详细规划的主要类型 ··· 4

第2章 城市居住区的演变与实践 ··· 6
2.1 古代居住区的演变与实践 ··· 6
2.1.1 中国古代居住区的演变与实践 ··· 6
2.1.2 欧美古代居住区的演变与实践 ··· 10
2.2 近代居住区的演变与实践 ··· 12
2.2.1 中国近代居住区的演变与实践 ··· 12
2.2.2 欧美近代居住区的演变与实践 ··· 15
2.3 现代居住区的演变与实践 ··· 17
2.3.1 中国现代居住区的演变与实践 ··· 17
2.3.2 欧美现代居住区的演变与实践 ··· 18
2.4 我国居住区规划设计发展动态 ··· 23
2.4.1 我国居住区规划设计思想转变 ··· 23
2.4.2 居住区规划设计发展动态 ··· 24

第3章 居住区及居住社区的概念 ··· 26
3.1 居住区的概念及要素 ··· 26
3.1.1 居住区的概念及要素 ··· 26
3.1.2 居住区的规模 ·· 28
3.1.3 居住区的用地构成 ·· 29
3.1.4 居住区的选址 ·· 31
3.2 居住社区的概念及要素 ·· 32
3.2.1 居住社区的基本概念 ··· 32

    3.2.2 居住社区的构成要素 …… 33
    3.2.3 居住社区的分类 …… 34
    3.2.4 居住社区系统及功能 …… 35
    3.2.5 相关概念辨析 …… 36
  3.3 居住区规划设计的基本原则 …… 36
    3.3.1 物质需求的舒适性原则 …… 37
    3.3.2 精神需求的满足性原则 …… 37
    3.3.3 生态优化的可持续原则 …… 38
    3.3.4 社区管理的参与性原则 …… 38

第4章 居住区的规划结构 …… 39
  4.1 居住区规划结构布局的原则 …… 39
    4.1.1 规划结构 …… 39
    4.1.2 基本原则 …… 40
  4.2 居住区规划结构的构成要素 …… 43
    4.2.1 人口及用地 …… 43
    4.2.2 公共服务设施 …… 44
    4.2.3 道路及交通 …… 45
    4.2.4 绿地及景观 …… 45
    4.2.5 生活空间领域 …… 45
  4.3 居住区规划结构的基本形式 …… 47
    4.3.1 结构基本形式 …… 47
    4.3.2 空间结构等级 …… 48
  4.4 居住区规划布局的基本形式 …… 57
    4.4.1 片块式布局 …… 58
    4.4.2 轴线式布局 …… 58
    4.4.3 中心式布局 …… 58
    4.4.4 围合式布局 …… 58
    4.4.5 集约式布局 …… 58
    4.4.6 隐喻式布局 …… 59
    4.4.7 综合式布局 …… 59

第5章 居住区住宅用地规划设计 …… 64
  5.1 住宅建筑设计 …… 64
    5.1.1 住宅建筑类型及特点 …… 64
    5.1.2 住宅建筑经济与用地经济的关系 …… 65
    5.1.3 合理选择住宅类型 …… 69
    5.1.4 住宅标准化和多样化 …… 70

5.2 居住区的日照、通风与噪声 ... 71
5.2.1 居住区的日照 ... 71
5.2.2 居住区的通风 ... 75
5.2.3 居住区的噪声 ... 77

5.3 空间环境与建筑组群设计 ... 80
5.3.1 建筑组群空间的特性 ... 80
5.3.2 建筑组群空间的构成及类型 ... 81
5.3.3 建筑组群空间的划分与层次 ... 83
5.3.4 建筑组群空间的领域性和安全性 ... 84

5.4 居住建筑群的规划布置 ... 86
5.4.1 居住建筑群的规划布置原则 ... 86
5.4.2 居住区建筑组群设计 ... 86
5.4.3 居住建筑组群的空间组合手法 ... 91

第6章 居住区公建用地规划设计 ... 95

6.1 公共服务设施的构成及分级 ... 95
6.1.1 公共服务设施的作用 ... 95
6.1.2 公共服务设施的构成 ... 95
6.1.3 公共服务设施的分级 ... 97

6.2 影响公共服务设施规划的主要因素 ... 98
6.2.1 配置项目 ... 98
6.2.2 配建面积 ... 98
6.2.3 服务半径 ... 100
6.2.4 使用频率 ... 100
6.2.5 建设及管理模式 ... 101

6.3 公共服务设施的布置形式 ... 102
6.3.1 布置原则 ... 102
6.3.2 平面布置基本形式 ... 104
6.3.3 主要公共服务设施的布置 ... 108
6.3.4 住区会所及布局 ... 116

第7章 居住区道路规划设计 ... 119

7.1 居住区道路的功能及设计原则 ... 119
7.1.1 居住区道路的功能 ... 119
7.1.2 居住区道路的设计原则 ... 119

7.2 居住区道路分级及其设计 ... 120
7.2.1 居住区道路类型 ... 120
7.2.2 居住区道路分级 ... 120

7.2.3　居住区道路设计 ·· 120
　7.3　居住区道路系统规划设计 ·· 125
　　　7.3.1　人车分行的道路系统 ·· 125
　　　7.3.2　人车混行的道路系统 ·· 126
　7.4　居住区静态交通的组织 ·· 127
　　　7.4.1　自行车的停车组织 ··· 127
　　　7.4.2　机动车的停车方式 ··· 128
　　　7.4.3　停车场的无障碍设计 ·· 130
　7.5　居住区步行系统规划设计 ·· 131
　　　7.5.1　步行系统的规划设计原则 ··· 131
　　　7.5.2　居住区步行系统的基本模式 ·· 132
　　　7.5.3　居住区步行系统规划设计 ··· 133
　　　7.5.4　居住区步行系统的无障碍设计 ··· 134

第8章　居住区绿地景观规划设计 ·· 137
　8.1　居住区绿地 ·· 137
　　　8.1.1　绿地的作用与功能 ··· 137
　　　8.1.2　居住区绿地的组成 ··· 138
　　　8.1.3　居住区绿地的指标 ··· 139
　　　8.1.4　居住区绿地分类分级 ·· 140
　8.2　居住区绿地的规划设计 ·· 141
　　　8.2.1　居住区绿地的规划设计原则 ·· 141
　　　8.2.2　居住区公共绿地的规划设计 ·· 141
　　　8.2.3　宅旁绿地的规划设计 ·· 150
　　　8.2.4　公共服务设施所属绿地 ·· 151
　　　8.2.5　道路绿化设计 ·· 153
　8.3　居住区绿地景观的构成 ·· 157
　　　8.3.1　绿地景观构成的要素 ·· 157
　　　8.3.2　居住区绿地景观的类型 ·· 158
　　　8.3.3　居住区景观设计过程 ·· 159
　8.4　居住区各类景观要素的设计要点 ·· 162
　　　8.4.1　绿化种植景观 ·· 162
　　　8.4.2　道路和场所景观 ·· 164
　　　8.4.3　水景观 ··· 165
　　　8.4.4　庇护性景观 ·· 168

第9章　居住区综合技术经济指标和设计成果 ·· 171
　9.1　居住区规划指标 ··· 171

9.1.1 用地平衡表 ... 172
9.1.2 经济技术指标 ... 175
9.2 居住区规划设计的内容与成果 ... 179
9.2.1 居住区规划设计的内容 ... 179
9.2.2 居住区规划设计的成果 ... 180

第10章 居住区竖向规划设计 ... 182
10.1 竖向规划设计的原则与内容 ... 182
10.1.1 竖向规划设计的原则 ... 182
10.1.2 竖向规划设计的内容 ... 183
10.2 竖向规划的技术规定 ... 186
10.2.1 道路标高及坡度 ... 186
10.2.2 各类场地适宜坡度 ... 186
10.2.3 建筑标高 ... 187
10.2.4 防护工程 ... 188
10.3 竖向规划的设计方法 ... 189
10.3.1 竖向设计步骤 ... 189
10.3.2 竖向设计图的内容 ... 190
10.3.3 竖向设计图纸表现 ... 190
10.4 土方工程量计算 ... 193
10.4.1 方格网计算法 ... 193
10.4.2 横断面计算法 ... 194
10.4.3 余方工程量估算 ... 194

第11章 居住区市政工程规划 ... 196
11.1 给水工程规划 ... 196
11.1.1 给水量预测 ... 196
11.1.2 水源选择与水质水压要求 ... 197
11.1.3 给水设施和给水管网的设置 ... 197
11.2 排水工程规划 ... 198
11.2.1 排水量的预测 ... 198
11.2.2 排水体制的确定 ... 200
11.2.3 排水设施与管网的布置 ... 200
11.3 电力工程规划 ... 201
11.3.1 电力负荷的预测 ... 202
13.3.2 供电电源的确定 ... 202
13.3.3 供配电系统的布局 ... 203
11.4 电信工程规划 ... 203

	11.4.1	电信业务量的预测	203
	11.4.2	电信设施布置	204
	11.4.3	电信管道规划	204
11.5	燃气工程规划		204
	11.5.1	燃气用气量预测	204
	11.5.2	燃气设施布局	205
	11.5.3	燃气管网规划	207
11.6	供热工程规划		207
	11.6.1	供热负荷预测	207
	11.6.2	供热设施布局	208
	11.6.3	供热管网规划	209
11.7	环卫工程规划		209
11.8	防灾规划		210
	11.8.1	消防规划	210
	11.8.2	抗震规划	212
	11.8.3	人防规划	213
11.9	居住区工程规划中的管线综合		213
	11.9.1	管线敷设与输送方式	213
	11.9.2	管线综合布置原则	214
	11.9.3	管线综合术语与技术规定	215
	11.9.4	管线综合规划的步骤	218
	11.9.5	管线综合规划的成果	219

第12章　控制性详细规划　223

12.1	控制性详细规划概述		223
	12.1.1	控制性详细规划的涵义	223
	12.1.2	控制性详细规划的特征	224
	12.1.3	控制性详细规划的地位与作用	225
12.2	控制性详细规划的控制体系和控制指标		226
	12.2.1	控制性详细规划控制体系的构成	226
	12.2.2	土地使用	229
	12.2.3	城市形态	231
	12.2.4	设施配套	233
	12.2.5	行为活动	235
12.3	控制性详细规划编制的成果要求与表达方式		240
	12.3.1	控制性详细规划编制的内容和程序	240
	12.3.2	控制性详细规划编制的方法	241
	12.3.3	控制性详细规划编制的成果要求与表达方式	241

第 13 章　城市中心区规划设计 … 247
13.1　城市中心分类及其概念 … 247
13.1.1　城市中心分类及其概念 … 247
13.1.2　城市中心层级关系 … 250
13.2　城市中心的构成 … 250
13.3　城市中心空间组织及设计 … 251
13.3.1　中心空间组织及设计 … 251
13.3.2　城市中心实例分析 … 254

第 14 章　工业园区规划 … 258
14.1　工业园区的概念、类型与组成 … 258
14.1.1　工业园区的概念 … 258
14.1.2　工业园区的类型 … 258
14.1.3　工业园区的组成 … 259
14.2　工业园区的规划设计 … 261
14.2.1　工业园区的规划设计原则 … 261
14.2.2　工业园区的总平面布置 … 261
14.2.3　工业园区的道路交通规划 … 264
14.2.4　工业园区的绿地景观 … 266
14.3　工业园区规划设计实例 … 268
14.3.1　台州经济开发区科技创业中心 … 268
14.3.2　北川山东工业园 … 269
14.3.3　典型工业园区设计图例 … 271

第 15 章　旧城改造规划 … 277
15.1　旧城改造的概念、理论与原则 … 277
15.1.1　旧城改造的概念与起因 … 277
15.1.2　旧城改造的理论与实践 … 278
15.1.3　城市旧区改造的原则与特点 … 278
15.2　旧城改造的方式 … 279
15.2.1　城市更新的调查方法 … 279
15.2.2　旧区改造的方式 … 280
15.3　旧城改造的规划设计手法 … 282
15.3.1　地段总体功能定位调整 … 282
15.3.2　空间肌理与空间界面的保护 … 283
15.3.3　建筑环境的提升 … 284
15.3.4　地段交通的重组 … 284

  15.3.5 绿地景观的改善 ································· 285
  15.3.6 设施的改善 ····································· 285
 15.4 旧城改造案例 ··· 286
  15.4.1 旧居住区改造 ································· 286
  15.4.2 旧商业区改造 ································· 289
  15.4.3 旧工业区改造 ································· 293

主要参考文献 ··· 297

第1章 概　　述

城乡的建设和协调发展是一项庞大的系统工程。城乡规划涉及很多领域，不同的历史时期，城乡建设的体系和特点都有所不同。我国的城乡建设经过新中国成立60多年来的发展，尤其是近30年来的快速突破，逐步建立起一整套完整的规划体系。《城乡规划法》的颁布和实施，标志着我国的城乡建设开始进入一个新的时期。

1.1　中国的城乡规划体系

1.1.1　城乡规划的概念

城乡规划是各级政府统筹安排城乡发展建设空间布局、保护生态和自然环境、合理利用自然资源、维护社会公正与公平的重要依据，具有重要公共政策的属性。城乡规划是以促进城乡经济社会全面协调可持续发展为根本任务、促进土地科学使用为基础、促进人居环境根本改善为目的，涵盖城乡居民点的空间布局规划。

城乡规划的公共政策属性如下：

(1) 宏观经济条件调控的手段

城市规划通过对城市土地和空间使用配置的调控，来对城市建设和发展中的市场行为进行干预，从而保证城市的有序发展。

(2) 保障社会公共利益

城市规划通过对社会、经济、自然环境等的分析，结合未来发展的趋势，从社会需要的角度对各类公共设施进行安排，并通过土地使用的安排为公共利益的实现提供基础，通过开发控制，保障公共利益不受损害。

(3) 协调社会利益，维护公平

社会利益涉及多个方面，城市规划的作用主要指对土地和空间使用所产生的社会利益进行协调。

(4) 改善人居环境

城市规划综合考虑社会、经济、环境发展的各个方面，从城市和区域等方面入手，合理布局各项生产和生活设施，完善各项配套，使城市的各个要素在未来发展过程中相互协调，提高城乡环境品质。

1.1.2　城乡规划的分类

我国的城乡规划包括城镇体系规划、城市规划、镇规划、乡规划和村庄规划。其中城市规划和镇规划分为总体规划和详细规划。

1. 城镇体系规划

城镇体系是指一定区域内在经济、社会和空间发展上具有有机联系的城市群体。该概念具有以下几层含义：

（1）城镇体系是以一个相对完整区域内的城镇群体为研究对象，不同区域有不同的城镇体系。

（2）城镇体系的核心是具有一定经济社会影响力的中心城市。

（3）城镇体系由一定数量的城镇所组成，城镇之间存在性质、规模和功能等方面的差别。

（4）城镇体系最本质的特点是相互联系，从而构成一个有机整体。

城镇体系规划是指在一定区域范围内，以生产力合理布局和城镇职能分工为依据，确定不同人口规模等级和职能分工的城镇的分布和发展规划（城市规划基本术语标准）。通过合理组织体系内各城镇之间、城镇与体系之间以及体系与其外部环境之间的各种经济、社会等方面的相互联系，运用现代系统理论与方法探究整个体系的整体效益。

城镇体系规划是政府综合协调辖区内城镇发展和空间资源配置的依据和手段，同时为政府进行区域性的规划协调提供科学的、行之有效的依据。包括确定区域城镇发展战略，合理布局区域基础设施和大型公共服务设施，明确需要严格保护和控制的区域，提出引导区域城镇发展的各项政策和措施。

2. 城市规划

城市规划是指对一定时期内城市的经济和社会发展、土地利用、空间布局以及各项建设的综合部署、具体安排和实施措施。城市规划在指导城市有序发展、提高建设和管理水平等方面发挥着重要的先导和统筹作用。城市规划分为总体规划和详细规划。

城市总体规划是对一定时期内城市的性质、发展目标、发展规模、土地利用、空间布局以及各项建设的综合部署、具体安排和实施措施，是引导和调控城市建设、保护和管理城市空间资源的重要依据和手段。经法定程序批准的城市总体规划，是编制近期建设规划、详细规划、专项规划和实施城市规划行政管理的法定依据。各类涉及城乡发展和建设的行业发展规划，都应当符合城市总体规划的要求。近年来，随着社会主义市场经济体制的建立和逐步完善，为适应形势发展的要求，我国城市总体规划的编制组织、编制内容等都进行了必要的改革与完善。目前，城市总体规划已经成为指导与调控城市发展建设的重要公共政策之一。

城市详细规划是指以城市的总体规划为依据，对一定时期内城市的局部地区的土地利用、空间布局和建设用地所作的具体安排和设计。城市控制性详细规划是指以城市的总体规划为依据，确定城市建设地区的土地使用性质和使用强度的控制指标、道路和工程管线控制性位置以及空间环境控制的规划要求。控制性详细规划是引导和控制城镇建设发展最直接的法定依据，是具体落实城市总体规划各项战略部署、原则要求和规划内容的关键环节。城市修建性详细规划是指以城市总体规划或控制性详细规划为依据，制定用以指导城市各项建筑和工程设施及其施工的规划设计。对于城市内当前要进行建设的地区，应当编制修建性详细规划。修建性详细规划是具体的、可操作的规划。

3. 镇规划

镇是连接城乡的桥梁和纽带，是我国城乡居民点体系的重要组成部分。小城镇的快速发展，是实现农村工业化和农业现代化的重要载体与依托，小城镇已经成为农村富余劳动力就地转移的"蓄水池"，成为培育农村市场体系、实现农业产业化经营的基地。随着经济社会的进步，镇在促进城乡协调发展中的地位和作用越来越明显。镇的规划分为总体规划和详细规划，镇的详细规划分为控制性详细规划和修建性详细规划。

镇的总体规划是指对一定时期内镇的性质、发展目标、发展规模、土地利用、空间布局以及各项建设的综合部署、具体安排和实施措施。镇的总体规划是管制镇的空间资源开发、保护生态环境和历史文化遗产、创造良好生活环境的重要手段，在指导镇的科学建设、有序发展，构建和谐社会，服务"三农"、促进社会主义新农村建设方面发挥规划协调和社会服务作用。镇总体规划包括县人民政府所在地的镇的总体规划和其他镇的总体规划。

镇的详细规划是指以镇的总体规划为依据，对一定时期内镇的局部地区的土地利用、空间布局和建设用地所作的具体安排和设计。镇的控制性详细规划是指以镇的总体规划为依据，确定镇内建设地区的土地使用性质和使用强度的控制指标、道路和工程管线控制性位置以及空间环境控制的规划要求。镇的修建性详细规划是指以镇的总体规划和控制性详细规划为依据，制定用以指导镇内各项建筑及其工程设施和施工的规划设计。

4. 乡规划、村庄规划

乡规划、村庄规划分别是指对一定时期内乡、村庄的经济和社会发展、土地利用、空间布局以及各项建设的综合部署、具体安排和实施措施。乡规划、村庄规划，由于其规划范围较小、建设活动形式单一，要求其既编制总体规划又编制详细规划的必要性不大，因此，本书没有对乡规划、村庄规划再作总体规划和详细规划的分类，而是规定由一个乡规划或村庄规划统一安排。

乡规划和村庄规划是做好农村地区各项建设工作的先导和基础，是各项建设管理工作的基本依据，对改变农村落后面貌、规范乡村无序建设，加强农村地区生产生活服务设施、公益事业等各项建设，推进社会主义新农村建设事业具有重要的意义。

1.2 详细规划的编制及其主要内容

如前节所述，在我国的城乡规划体系中，城市规划和镇规划中都包含有详细规划的内容。详细规划是规划师最基本的技能之一，也是城市规划专业对学生培养的基本技能之一，同样也是参与城市建设和城市管理的基本能力之一。

1.2.1 详细规划的编制

控制性详细规划和修建性详细规划在编制的主体上有以下要求：

(1) 城市人民政府城乡规划主管部门根据城市总体规划的要求，组织编制城市的控制性详细规划，经本级人民政府批准后，报本级人民代表大会常务委员会和上一级人民政府备案。

（2）镇人民政府根据镇总体规划的要求，组织编制镇的控制性详细规划，报上一级人民政府审批。县人民政府所在地镇的控制性详细规划，由县人民政府城乡规划主管部门根据镇总体规划的要求组织编制，经县人民政府批准后，报本级人民代表大会常务委员会和上一级人民政府备案。

（3）城市、县人民政府城乡规划主管部门和镇人民政府可以组织编制重要地块的修建性详细规划。修建性详细规划应当符合控制性详细规划。

（4）一般地块的修建性详细规划由建设实施单位根据控制性详细规划和规划部门提供的规划条件委托有设计资质的设计单位组织编制。

1.2.2 详细规划的内容

1. 控制性详细规划的内容

（1）确定规划范围内不同性质用地的界线，确定各类用地内适建、不适建或者有条件地允许建设的建筑类型。

（2）确定各地块建筑高度、建筑密度、容积率、绿地率等控制指标。确定公共设施配套要求、交通出入口方位、停车泊位、建筑后退红线距离等。

（3）提出各地块的建筑体量、体型、色彩等城市设计指导原则。

（4）根据交通需求分析，确定地块出入口位置、停车泊位、公共交通场站用地范围和站点位置、步行交通以及其他交通设施。规定各级道路的红线、断面、交叉口形式及渠化措施、控制点坐标和标高。

（5）根据规划建设容量，确定市政工程管线位置、管径和工程设施的用地界线，进行管线综合。确定地下空间开发利用具体要求。

（6）制定相应的土地使用与建筑管理规定。

控制性详细规划成果应当包括规划文本、图件和附件。图件由图纸和图则两部分组成。规划说明、基础资料和研究报告收入附件。

2. 修建性详细规划的内容

（1）建设条件分析及综合技术经济论证。

（2）建筑、道路和绿地等的空间布局和景观规划设计，布置总平面图。

（3）对住宅、医院、学校和托幼等建筑进行日照分析。

（4）根据交通影响分析，提出交通组织方案和设计。

（5）市政工程管线规划设计和管线综合。

（6）竖向规划设计。

（7）估算工程量、拆迁量和总造价，分析投资效益。

修建性详细规划成果应当包括规划说明书和图纸。

1.3 详细规划的主要类型

详细规划的对象是城市中功能比较明确和地域空间相对完整的区域。按功能分可以分为居住区、工业区和商贸区详细规划等多种形式。我国目前正处于城市化高速发展的时期,以新区建设和旧城改造为特征的城市建设方式极大地改变了我国城市的形态特征。在这一过程中,居住区规划、城市中心区规划、公园与绿地规划、工业区规划、旧城改造是我国本阶段较为突出的详细规划类型。

居住区规划设计是城市规划中最为重要的组成部分,本教材将选择居住区规划设计进行分析和教学。

本 章 小 结

1. 我国的城乡规划包括城镇体系规划、城市规划、镇规划、乡规划和村庄规划。其中城市规划和镇规划分为总体规划和详细规划。

2. 详细规划分为控制性详细规划和修建性详细规划。这两者作为详细规划的两个层次,分别从规划控制和实施建设两个层面对规划区内的建设进行科学管控。

思 考 题

1. 我国的城乡规划体系分为哪几个层次?
2. 详细规划分为哪几个层次?各个层次的编制有什么不同?

第2章 城市居住区的演变与实践

城市的基本功能是对人类居住活动的聚集，而这种聚集过程，具体表现在居住区建设上。由于时代的基础不同，居住区的建设活动随之不断变化，指导住宅建设的居住区规划思想，也伴随着社会进步而逐步演变。研究其演变过程，对于指导现代城市居住区规划有着极其重要的意义。

2.1 古代居住区的演变与实践

2.1.1 中国古代居住区的演变与实践

1. 原始社会

在原始社会的漫长岁月中，人类过着完全依附于自然采集的经济活动，当时的居住方式主要有穴居、巢居、半穴居、地面建筑等，其中穴居及巢居的时间最漫长。伴随着人类社会的第一次社会大分工，即农业从畜牧业中分离出来，农业的出现形成了固定居民点。原始社会的居民点遗址，都是成群的房屋及穴居的组合，一般范围较大，居住较密集。居民点的位置，受生产及生活的要求，有一定的选择，一般都位于较为高爽、土壤肥沃松软的地段。

在原始社会后期，就已产生了简单的分区，一般分为居住区、墓葬区和陶窑区等。村落有统一规划，十分注重防御，以壕沟和栅栏维护。如半坡遗址中，墓地被安排在居民区之外，居民区与墓葬区有意识分离，成为后来区分阴宅和阳宅的前兆（图2-1）。

2. 奴隶社会

夏代逐渐形成奴隶制社会。殷商时代生产技术有了新的发展，促进奴隶制社会进一步发展。到了周代，制度更加健全。春秋晚期，齐国官书《考工记》中的《匠人营国》，反映我国古代城市规划体系的基本内容。其中对居住区的规划要求，可看作是我国城市居住区规划理论的起源。

营国制度的实质是强调礼制的约束作用，因此，居住分区明确而又严谨。"择国之中而立宫"将宫布置在全城的中心位置，而王室、卿、大夫府第所在的"国宅区"则近宫布置。此区之北为市场区，工商业者近市居住。而一般居民的闾里，则分处城之四隅。这样按职业、分阶级组织聚居的居住分区结构，是建立在礼治基础上按分区、方位、尊卑的礼治基础上，围绕宫廷区依次安排的，表现出严谨的社会等级秩序。

3. 封建社会

（1）秦汉时期

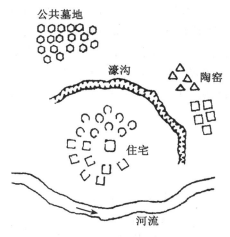

图 2-1 半坡原始村落

① 城市闾里

居住区的组织形式被称为"闾里"。里虽然规模大小不一,但其建制并不是任其发展,而是经过严格的规划。里的建制在于强化对编户里民的管理,体现国家的行政权力。里是一个封闭的居住单位,闾是里的门。据史料记载周王城东面有闾里,集中居住着一些殷代的顽民(图2-2)。

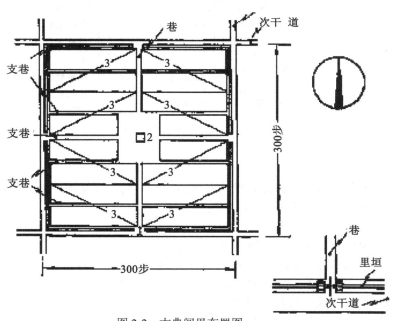

图 2-2 古典闾里布置图
(1-里门 2-社 3-闾)

②典型城市分析

汉长安城位于秦咸阳以南，今渭水河的南岸，秦咸阳的正南方。居住模式称为闾里，闾里周围有墙和门；居住地段不集中，多分布于城内各宫殿之间。汉代的里，大小不一，大的里的面积大概有一平方里，小的里不及半平方里。西汉长安的一百六十里，只有少数在城内。因为长安城是属于内城，南部和中部都是宫殿区，只有北部和东北部有一些"市"和"里"与官署及附属机构夹杂，大部分的"里"和九个"市"都分布在城外的北廓区和东北廓区(图2-3)。

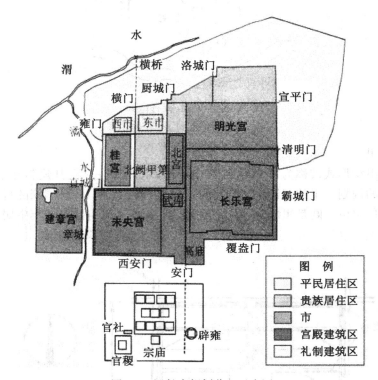

图2-3 汉长安规划分区示意图

(2)唐宋时期

唐宋时期是封建社会城市建设和经济发展的顶峰时期，这期间产生两种居住区组织形式，一种称为"里坊制"，一种称为"街巷制"。

①里坊制

以里坊制组织城市聚居地，有以下几点值得注意：
- 它是因袭井田制"邑"的概念，农村对城市的经济职能并不明显。
- 封闭形制是出于政治需要，对坊内居民进行统治的方式。
- 里坊制相对应的城市商业组织体制是集中市制。
- 里、坊的规模、形式是同经纬路网有关的。

②街巷制

中国古代的街巷制大体从北宋开始沿袭下来。北宋时期商业和手工业的发展，传统的坊和里坊制已不能适应新的社会经济情况。居住地段分为许多坊，但实际上这些坊只是地段的名称和行政管理的单位。整个开封里城分为8厢121坊，外城分为9厢14坊，道路系统大致呈方格网状，街巷间距较密。住宅、商铺和作坊临街混杂而建。

街巷制的居住形式是封建社会中期经济进一步发展的结果，反映了封建社会中商品经济的发展，影响着城市建设和发展。

从"里坊制"到"街巷制"的演变，自唐末至南宋，大致经历了300多年才彻底完成。"街巷制"则经过元、明、清一直沿袭到近代。我国现在很多旧城市和旧城区，仍然保存着"街巷制"的形制。

③典型城市分析

• 隋唐长安——隋唐时期，大一统的局面重新形成，城市经济向前发展。隋唐长安是继曹魏邺城后、按规划在平地上建起来的大城市，并按照一定的意图进行修建，是古代严整布局的都城的典型。

隋唐时期城市类型丰富，数量较多，规模较大，城市居住严格采用里坊制：全城分为109个坊里，规模较大，坊里有五种规模，最大约80公顷，主要是由干道划分形成的；坊里周围有坊墙，高约2米，坊内为一字形道路时设2个坊门，坊内为十字形道路时开4个坊门；里坊有严格的管理制度，日出开坊门，日落时击鼓闭坊门（图2-4）。

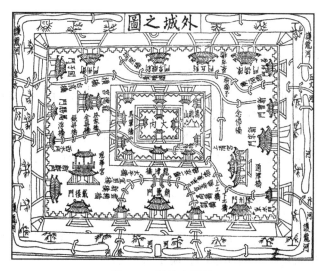

图2-4 唐长安城坊

• 北宋东京汴梁——北宋中期以后，东京已经取消用围墙包绕的里坊和市场，但为了便于统治，在坊巷之上设有"厢"一级，即把若干街巷组作为一厢。据记载，东京城内共有8厢121坊，城外有9厢14坊（图2-5）。住宅和店铺、作坊等都面临街道建造。由于手工业和商业的发展，有些街道已成为各行各业集中的地段。最繁华的商业地段集中于城的东北、东南和西部三部分主要街道的附近。宋代的坊厢制度使得宋代城市超越了空间的限制，拓宽了发展外延，拥有了自主权，对后代城市坊巷的规模建设产生了深远的影响。

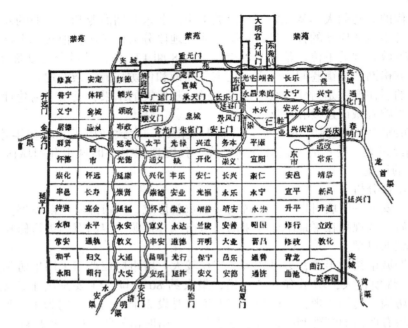

图 2-5　北宋东京城图

(3) 明清时期

居住区组织形式为"大街—胡同式"。居住单位也有坊，但只是城市道路分隔出的一块地段名称；原来的巷改称胡同，胡同内院落式住宅并联建造，组织形式为以胡同划分长条形居住地段聚落。水网地区的居住院落往往处于河路之间，前河后路或前路后河。

以北京城为例。明代北京居住区分布在皇城四周，明代分 37 坊，坊已不具有里坊制的性质，居住结构沿袭大都城，以胡同划分为长条形的居住地段，内城多住官僚、贵族、地主和商人；外城多住一般平民（图 2-6）。清代时期北京的城市范围、道路格局均没有改变，只有居住地段有变化，分 10 个居住坊。总体来说，明清北京居住区分布在皇城四周，以胡同划分为长条形的居住地带，一般并列设置三进的四合院。

纵观中国古代城市居住空间的组织模式，可归纳为以下三个特点：

①组织形式——伴随社会经济的发展，居住区的组织形式也在逐步创新。闾里制、里坊制、街巷制，以及闻名中外的北京四合院形式，都成为中国文化史上的奇葩。

②居住区绿化——古代城市中的住宅院落内均种植绿化，贵族富户还修建私家园林，城市建筑密度大，公共绿地少。

③建筑单体——住宅的修建要遵循封建社会严格的等级制度，城市住宅在质量、规模、形制等方面相差很大。

2.1.2　欧美古代居住区的演变与实践

1. 理想城市方案

古代西方城市大多以教堂、市政厅和市场为核心展开，市民的聚居空间并没有出现系

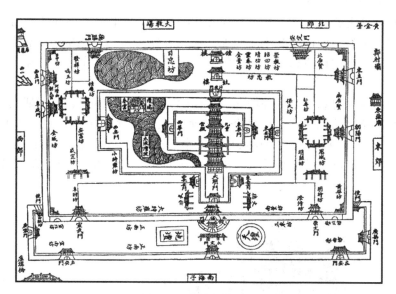

图 2-6 明北京城防图

统规划。埃及、小亚细亚、地中海国家,以及中美洲地区不断发现的古城遗址为古代城市规划建设提供了丰富的证据:整齐的街道体系(矩形或辐射状的),市中心的突出地位(包括宫殿、教堂),坚固的城防设施,完善的给排水设施。虽然没有详细说明居住区如何布局的文献,但从多数理论和理想模型上,我们也可窥见当时居住区规划布局的基本形式:棋盘式路网对应的矩形院落和放射环行路网对应的不规则式院落。

在文艺复兴时期,出现了多种理想城市方案,其中具有代表性的有:维特鲁威理想城市方案(图 2-7(a))、费拉锐特理想城市方案(图 2-7(b))、斯卡莫齐理想城市方案等(图 2-7(c))。这些方案虽然都有着自身的特点,但是基本上都是在统一的基础上进行的。理想城市方案在西方古典居住区规划设想上具有开端和源头的意义。

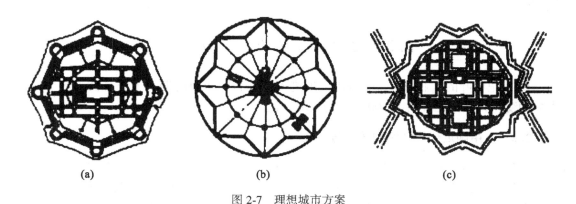

图 2-7 理想城市方案

2. 希波丹姆规划形式与米利都城

希波丹姆遵循古希腊哲理，探求几何和数的和谐，以取得秩序和美。希波丹姆根据古希腊社会体制、宗教与城市公共生活要求，把城市分为3个主要部分：圣地、主要公共建筑区、私宅地段。私宅地段划分为三种住区：工匠住区、农民住区、城邦卫士和公职人员住区。

希波丹姆的规划思想在米利都城建设工作中完整地得到体现。米利都城三面临海，四周筑城墙，城市路网采用棋盘式。两条主要垂直大街从城市中心通过。中心敞式空间呈"L"形，有多个广场。市场及城市中心位于三个港湾附近，将城市分为南北两个部分。北部街坊面积较小，南部街坊面积较大。最大街坊的面积亦仅30米×52米(图2-8)。

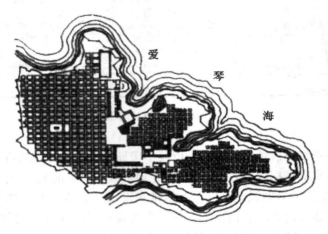

图2-8 希波丹姆规划的古希腊米利都城

城市中心划分为4个功能区。其东北及西南为宗教区，其北与南为商业区，其东南为主要公共建筑区。城市用地的选择适合于港口运输与商业贸易要求。城市南北两个广场呈现出一种前所未有的崭新的面貌，是一个规整的长方形。周围有敞廊，至少有3个周边设置商店用房。

2.2 近代居住区的演变与实践

18世纪中叶的工业革命，使城市发展进入一个新的历史时期。工业革命引起了城市本质的变化，并由此推动了旧城改造与新城建设。

2.2.1 中国近代居住区的演变与实践

近代的中国是半殖民地半封建社会。随着英法等列强的入侵，火炮等先进武器在战争中被广泛运用，使得自古用来抵御外来侵略的城墙受到重创，日渐失去其防御功能，这也标志着中国封建城墙的崩塌。1840年鸦片战争至1949年中华人民共和国成立前，西风东渐，中国产生了以东西风格交融的里弄式居住区为代表的殖民城市。城市居民大众的居住问题一直没有得到解决,住宅建筑混乱无序。中国一些通商口岸、租界城市,如上海、天津、武汉等城市,因人口增加、地价昂贵而出现了以二、三层联排式住宅为基础类型的里弄居住社区。

里弄住宅(li-nong residential building)是指我国近代部分口岸城市较普遍建造的一种多栋联排式住宅建筑类型。里弄式住宅把中国传统民居的"院落式"环境内核与西方近代住区的"联排式"环境规划相融合,演变成具有"中西合璧"近代建筑风貌的独特居住环境。是中国近代住宅建筑史中的宝贵遗产。以上海为例,战国时期有居民点,元代建上海镇。在几个帝国主义国家共同侵略下,上海形成万国建筑形式:英国式、德国式、法国式、西班牙式、挪威式、日本式、俄式等;早期建筑抄袭文艺复兴建筑、古典主义建筑、1925年以后出现芝加哥学派建筑。租界内的洋人凌驾于华人之上,他们住在花园洋房中,是城市中的高级住宅区;包括普通职员、技工、小商人等在内的中产阶级住在典型的里弄民居石库门内;而广大城市工人、破产农民等社会下层人员住在高度拥挤的工房和棚户区内,生活环境最为恶劣。

从20年代中期开始,上海在石库门里弄的基础上出现了新式里弄住宅,考虑到小汽车的通行和回车,有了总弄和支弄的明显区别,天井没有了,用矮墙或绿化作隔断,外观基本上西化了(图2-9)。在这一片街区中,有复兴坊、万宜坊、花园坊、万福坊等众多的新式里弄住宅,而建于1925年的凡尔登花园和1927年的霞飞坊就是其中的佼佼者。

图2-9 早期上海石库门里弄

1. 总体布局

老式石库门里弄采用西方联排式布局,由于用地紧张,布局紧凑,而不太注重朝向。里弄的外部空间组织不完善,主巷和支巷区分不明显。相比较而言,建筑更注重内部空间。新式石库门里弄较老式石库门里弄布局更加整齐,里弄整体规模扩大,呈居住社区的性质,体现出人与社会联系的增强。里弄内有明显的主巷和支巷之分,并开始兼具交通与内部交往空间的功能,人们之间的交往开始变得频繁。

新式里弄由新式石库门里弄演化而来，其总体布局也与新式石库门里弄相似。花园式里弄和公寓式里弄由于其档次较高，受用地的制约也相对较小，其布局也就更加倾向于考虑社区内交通的便捷和环境的舒适，越来越接近现代建筑，这也是其居民生活质量提高、生活形态改变所促成的。尽管里弄的形式存在差异，但总的来说，作为建筑群，里弄的总体布局却有着相似的特点。里弄无论规模大小，基本上都采用了相似的路网结构系统和西方联排式的布局方式。

2. 空间组织

里弄建筑的空间序列非常丰富，从街道、主巷到次巷、天井、房间，分别适应着城市生活、弄堂公共生活、邻里居家生活等不同功能，私密性不断增加，尺度逐渐缩小。主巷对城市开敞，支巷则是封闭的，保证了居民生活的私密性。主巷和次巷之间还常设过街楼作为限定，使里弄的领域感更强，次巷变成了居民的"公共起居室"。从支巷进入每户的天井时，又要通过装饰精美的石库门。这种"公共空间——半公共空间——半私密空间——私密空间"丰富的空间层次，使城市空间和居住空间之间存在多层次的过渡，这种空间结构使各部分空间能相互依托，形成网络，成为居民生活的载体。

老式石库门里弄的空间组织一般分以下几个层次：城市道路——弄内道路——石库门——天井——房间。新式石库门里弄，外部空间层次丰富，成为人们交往以及和城市之间过渡的联结。内部空间较以往简洁，但仍带有传统人文色彩。

新式里弄的空间组织向现代生活形态又迈进了一步。原有的天井被几家共有的小庭院代替，公共活动空间又多了一个层次。住宅内的空间组织也一改传统民居的方式，按现代生活起居组织空间。

花园式里弄是高标准的联立式花园住宅，公寓式里弄则更接近现代公寓楼，在它们身上已很难发现传统住宅的空间特征了。

由于近代中国所处的历史时期，城市规划理论多从西方移植过来，虽然努力研究了继承和传统问题，但成效不大，均体现出其民族虚荣主义倾向(图2-10)。

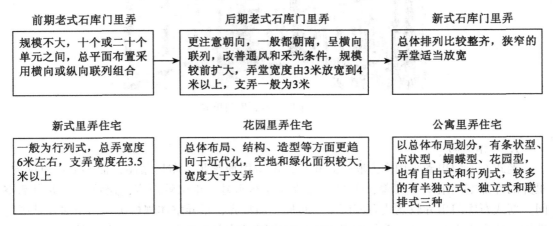

图2-10 里弄总体布局演变

2.2.2 欧美近代居住区的演变与实践

1. 邻里单位

(1)"邻里单位"的提出

1920—1930年,邻里单位(neighborhood unit)规划思想在美国诞生,并逐步成为战后美国郊区社区规划的主导模式。这种规划模式实际上是为了适应美国1920年后,汽车时代来临及城市大规模郊区化,它是中产阶级梦想的产物。目的是使人们居住生活在一个花园式的住宅区内,试图以邻里单位作为组织居住区的基本形式和构成城市的"细胞"。因此,塑造适合小汽车的空间尺度以及宜人的中产阶级家庭的生活空间,是"邻里单位"设计的核心理念(图2-11)。

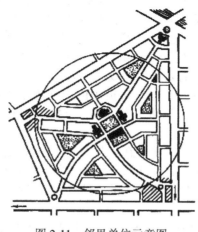

图2-11 邻里单位示意图

(2)"邻里单位"的基本原则

佩里认为城市交通由于汽车的迅速增长,对居住环境带来了严重的干扰,区内应有足够的生活服务设施,以活跃居民的公共生活,利于社会交往,密切邻里关系。因此,他指出居住区内要有绿地、小学、公共中心和商店,并应安排好区内的交通系统。并提出"邻里单位"应遵循六条基本原则:

①城市主干道和过境交通不得穿越邻里,而应是邻里的边界。

②邻里内部道路的布置应设计和建设成尽端式和曲线形,并采用轻荷载路面,使内部保持安静、安全和低交通量的居住气氛。

③以小学的合理规模为基础控制邻里单位的人口规模,使小学生不穿越城市道路,一般邻里单位的规模为5000人左右,小的3000~4000人。

④邻里单位建筑的中心是小学,与其他服务设施一起布置在中心广场或绿地上。

⑤邻里单位占地约160英亩(约64.75公顷),密度每英亩10户。形状应该考虑孩子步行上学不超过半英里(0.8千米)。

⑥邻里单位的小学附近设有商店、教堂、图书馆和公共活动中心。

(3)"邻里单位"的特点

①城市交通不得穿越邻里单位，内部车行与人行道路分开设置。
②保证充分的绿化，使各类住宅都有充分的日照、通风和庭园。
③设置日常生活所必需的服务设施，每个邻里单位有一所小学。
④保持原有地形地貌和自然景色，建筑物自由布置。
⑤在同一邻里单位内安排不同阶层的居民居住，与当时资产阶级搞阶级调和和社会改良主义的意图相呼应。

尽管邻里单位理论提出安排一定的公共建筑以促进不同阶层的居民居住，是以与资产阶级搞阶级调和及社会改良主义的意图相呼应为主要目的的，但仍具有一定积极意义，它为进一步研究混合居住模式提供了理论借鉴。

2．扩大街坊
（1）扩大街坊的提出

产业革命后，城市规模越来越大，市内交通问题成为城市发展的最大难题之一，交通技术的进步同旧城市结构的矛盾愈益明显。英国警察总监特里普考虑不断变化的交通要求和社会的发展，在《城市规划与道路交通》一书中提出了许多切合实际的见解。他的关于"划区"的规划思想是在区段内建立次一级的交通系统，以减少地方支路的干扰。随着汽车的大量使用，城市道路网格需要扩大和改造，因此，破坏了构成街坊的原有的规划结构形式，街坊由此得到扩大。这时，苏联将英国的交通规划思想同邻里单位规划思想相结合，发展成为"扩大街坊"概念，试行于考文垂，直接影响了二战后的大伦敦规划。

（2）扩大街坊的特点

所谓扩大街坊，就是将几个街坊合在一起规划兴建，也就是将一个街坊扩大几倍。由于规模扩大了，相应地可以多布置一些服务设施，除托幼机构外，还有小商店、小食堂之类。同时省下了道路面积，可以腾出较多的土地设置公共绿地，进一步方便了生活，也改善了住宅群的空间效果。

图2-12（a）所示为四个街坊平面，将它们合并成一个扩大街坊（图2-12（b）），产生了这样的效果：总用地、总人口不变，道路用地节省了1.5公顷，得到了4.5公顷公共绿地，其内部环境、空间效果得到了大大改善。

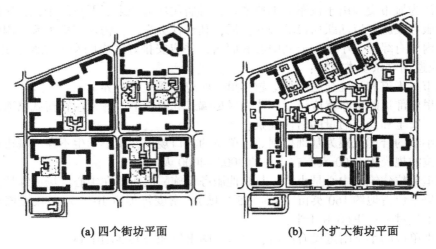

(a) 四个街坊平面　　　　(b) 一个扩大街坊平面

图 2-12　四个街坊与一个扩大街坊相比较

3. 邻里单位和扩大街坊的比较

邻里单位和扩大街坊，几乎是同时在不同的国家提出来的。这两种住宅区的规划原则基本上是一样的，只是在建筑群体布置上，扩大街坊强调周边式，呆板一些；邻里单位强调自由式，活泼一些。

2.3 现代居住区的演变与实践

20世纪之初，世界资本主义进入帝国主义发展阶段，城市的发展也随之进入现代阶段。现代城市同近代城市虽然没有本质上的区别，但由于帝国主义垄断的影响，一方面使近代以来积累的城市问题以更加突出的、尖锐的形式表现出来；另一方面在城市的结构中也出现了一些新的变化。现代居住区规划理论在东西方学者的努力下，经历了从"花园城市"、"邻里单位"到"居住小区"规划理论的探索。

2.3.1 中国现代居住区的演变与实践

新中国成立后，伴随国民经济的发展，城市住宅建设出现生机。居住区规划出现了以下几种模式：传统的大街—胡同(里弄)规划方式、居住街坊、邻里单位、居住小区等。

1. 居住小区

(1) 居住小区理论的提出

二战后，各国经济的恢复和科学技术的迅速发展，为大规模的、采用工业化施工的、成片兴建的新型住宅区提供了物质基础和技术支持。人们生活水平的提高，不仅要求有质量高、面积大、实用舒适的住宅，而且要求有完善的生活服务设施和文化福利设施，有一个接近自然的生活环境。在这种形势下，英国提出了新村(house estate)、前苏联(1956年)提出了居住小区的规划设想。它们的特点都是加大城市干道的间距，扩大邻里单位或扩大街坊的范围，增加生活服务设施和文化福利设施，开辟绿化良好的户外活动场所。在住区规划的习惯提法上，把这两种概念统一称为居住小区。

(2) 小区的规划原则

前苏联提出的"小区"的规划理论的设计原则是：

① 被城市道路所包围的居住地段。

② 有一套完整的日常使用的生活福利文化设施，包括学校、托幼、饭馆和商店等。

③ 形成完整的建筑群，创造便于生活的空间。

(3) 小区的特点

从20世纪50年代末以来，小区作为构成城市的一个完整的"细胞"，在许多国家的城市建设中得到了蓬勃发展。小区的特点如下：

① 结合地形自由布置。

② 住宅成组成团，1~2000个居民构成一个组团，3~5个组团构成一个小区，人口规模在数千人至万余人。

③ 公共建筑分级布置，一般在住宅组团内部配置托幼机构和基层商店，在小区内部配置学校、商业中心和文化福利中心。

④道路分车行和人行两个系统，互不干扰。
⑤扩大公共绿地，点、线、面相结合，相互沟通。

随后，扩大小区、居住综合体和环境区的组织形式应运而生。

扩大小区——在干道间的用地内（一般100～150公顷）不明确划分居住小区的一种组织形式，其公共服务设施（主要是商业服务设施）结合公交站点布置在扩大小区边缘，即相邻的扩大小区之间，这样居民使用公共服务设施可有选择余地。

居住综合体——将居住建筑与为居民生活服务的公共服务设施组成一体的综合大楼或建筑组合体。例如：法国建筑师勒·柯布西耶设计的马塞公寓。

环境区——在伦敦附近的密尔顿·凯恩斯新城在布局上改变了传统的邻里单位的概念，将商业服务设施、学校等设置在街区边缘和交通干道附近，为各街区居民提供多个选择的机会，同时还将无污染的"小工业"设于街区内，形成"环境区"，极大地方便了居民。

2. 居住区

将四五个或更多的小区组织起来，小区仍保持其独立性，另外增设更加完善的公共中心（包括商业中心和文化福利中心），这种住宅区称为居住区。居住区并不是居住小区的简单扩大，而是具有严谨的结构。居住区的用地面积很大，一般由百余公顷至几百公顷。这类大规模的用地，在城市的旧区很难找到，一般在城市的郊区或城区的边缘，由于居住区的生活服务设施和文化福利设施齐全，居民日常生活中的需要都可以在内部得到解决，因此，它已经具备了一个小型城市的功能。因而，一些离城市较远的居住区，常常被称为新城。

3. 社区

20世纪60年代以后，随着人们对城市社会问题认识的提高，居住区规划设计不再局限于住宅和设施等物质环境，而是将解决居住区内的社会问题提到重要位置，社区规划的概念逐步取代了小区规划的提法。社区指一定地域内人们相互间的一种亲密的社会关系（即人际关系）。"社区"的基本性质表现为形体空间环境与社会生活的一致性，其空间领域的限定体现为空间的界域、规模及整体性要符合居住社会生活组织秩序；其人群规模与居住生活社会层次结构的"自然规模"要达到一致。社区规划不仅包含了居住区的物质环境，还考虑到了居住区的社会环境的建构，是以人的生活行为和需求为出发点来研究物质生活的秩序。

纵观中国现代城市居住空间的组织模式，其原型来自邻里单位模式，居住空间逐步形成"小区—组团—院落"的三级组织结构以及通过对三级结构的改良形成的"小区—院落"的二级组织结构，居住空间的组织模式本身并没有脱离邻里单位模式的基本原则和组织方式，即以一个小学的服务人口限定居住空间的人口规模，以公共设施服务半径限定居住空间的用地规模，小区内只容纳单一的居住功能，小区内呈现等级化的组织结构，等等。

2.3.2 欧美现代居住区的演变与实践

1. 现代主义规划思想

在邻里单位与光明城市思潮的影响下，将城市的生活通过机械的物质空间布局来进行安排形成的居住小区。以公共设施的服务能力来确定邻里单位的规模，并将邻里单位作为城市中相对独立的细胞。邻里单位过于强调城市交通与住区内部交通的分离，人为地割裂了住区与城市的关系。光明城市中提倡的建筑空间布局方式摒弃了传统的街道空间，使城市生活载体的街道空间在新的城市形态中消失掉。功能主义过分强调从"物"的角度安排住区空间，过于强调功能秩序、效率，缺乏从人的角度对生活的关注，在20世纪60年代开始受到质疑和反思。

"功能城市"思想明确的功能分区，确实成为治理工业革命带来的"城市病"的一剂良药，城市的居住环境得到了很大的改善。然而，一旦人们满足了对事物和住所的基本要求，他们就开始渴望更高层次的东西，例如人与人的交往、文化表达、社区，等等。按照功能分区建设的新镇在郊区迅速蔓延，机械的城市组织忽视了人对精神领域生活的需求。为了追求分区清楚却牺牲了城市的有机构成，这种错误后果在许多新城市中都可以看到，这些新城市没有考虑到城市居民人与人之间的关系，结果是使城市生活患了贫血症。在《马丘比丘宪章》中提到："与雅典宪章相反，我们深信人的相互作用与交往是城市存在的基本根据。住房不能再当作一种使用的商品来看待了，必须要把它看成为促进社会发展一种强有力的工具。"

2. 新城市主义

(1) 新城市主义的提出

20世纪80年代，在卡尔索尔普(Peter Calthorpe)、卡茨(Peter Katz)、杜安伊(Andres Duany)、普拉特-兹伊贝克(Elizabeth Plater-Zyberk)等学者的推动下，一种被称为新城市主义(new urbanism)的创造与复兴城镇社区的理论与实践在美国兴起。新城市主义借用了1920—1930年"邻里单位"的外衣，但对其规划设计理念进行了根本性的变革。新城市主义又称新都市主义，是在第二次世界大战前城市住区发展模式的基础上，力图使现代生活的各个部分重新成为一个整体，即居住、工作、商业和娱乐设施结合在一起成为一种紧凑的、适宜步行的、混合使用的新型社区。重建邻里空间和创造更良好和有活力的社区是新城市主义的基本出发点。

自20世纪50年代起对功能主义城市进行的反思，并没有形成一个完整的理论体系。而功能主义在美国遭遇的失败似乎是最大的，特别是在住宅领域。二战后，美国人在郊区修建了大量的单一家庭的独立住宅，大多数美国人实现了他们的郊区梦。而几十年的郊区蔓延也存在一系列的致命弊端，主要包括：

①过长的通勤距离耗费人们大量的时间和精力，严重影响了人们的生活质量。

②对小汽车的过分依赖使不能开车的人寸步难行。

③无序蔓延造成郊区的污染，富有特色的乡村景观消失。

更为严重的是这种郊区化模式是以严格的功能分区的现代主义原则为基础的，破坏了传统社区内部的有机联系，进一步加剧了社会阶层的分化与隔离；对公共空间的忽视减少了人们相互认识的机会，加深了人们的孤独感；缺乏具有识别特征的空间的明确界定，使人们难以获得起初所向往的郊区生活的安定感和归属感。1980年末—1990年初，基于对郊区蔓延而引发的一系列城市社会、经济、环境问题的反思，美国逐渐兴起一个新的城市设计运动——新传统主义规划(neo-traditional planning)，后更名为新都市主义(new urbanism)。

1991年阿瓦尼原则的发表标志着新城市主义的正式出现，1993年召开了新城市主义协会(congress for new urbanism，简称 CNU)的第一次会议。1996 年 CNU 第四次大会通过了《新城市主义宪章》，标志着新城市主义思潮在美国已趋成熟。它反思批判现代主义，借鉴二战之前城市住区的发展模式，力图使现代生活的各个部分重新成为一个整体，即将居住、工作、商业和娱乐设施结合在一起，成为一种紧凑的、适宜步行的、功能混合的新型社区。强调适宜居住性原则、精明增长原则和交通导向性原则。

(2)新都市主义与功能主义的不同

新都市主义强调社区感和适宜居住性(community and livability)，试图寻找物质环境的社会意义，以及人们对物质环境的认知感。新都市主义通过调整环境中的物质因素来加强人们的社会交流，从而增强人们的相互联系和认同感，进而创造一种社区感、安全感和连接感，来达到创造最佳居住环境的目的。它实际上是在一个更高的平台上来解决我们今天面临的各种社区和居住问题，满足人们对居住环境的各种需求，进而创造出更符合今天人类需要的居住环境。

(3)新城市主义的规划设计方法

①TOD 模式

卡尔索尔普提出了"公共交通导向的邻里开发"(transit-oriented development，简称 TOD)模式。该模式(图 2-13)由"步行街区"发展而来，是以区域性公共交通站点为中心，以适宜的步行距离(一般不超过 600 米)为半径的范围内，包含着中高密度住宅及配套的公共用地、就业、商业和服务等内容的复合功能社区。

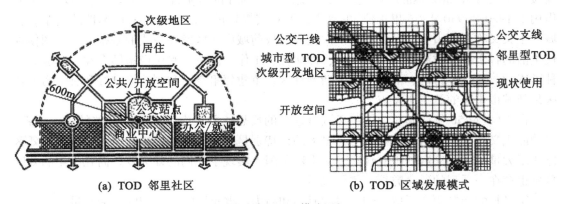

图 2-13　TOD 模式图解

②TND 模式

杜安伊与普拉特-兹伊贝克提出了"传统邻里开发"(traditional neighborhood development，简称 TND)模式。该模式则试图从传统的城市规划设计概念中吸取灵感，实践中与房地产市场相结合。其基本单元是邻里，邻里之间以绿化带分隔。每个邻里规模为 16~81 公顷，半径不超过 400 米(图 2-14(a))。可保证大部分家庭到邻里公园距离都在 3 分钟步行范围之内，到中心广场或公共空间仅 5 分钟的行走路程，内部街道间距为 70~100 米(图 2-14(b))。

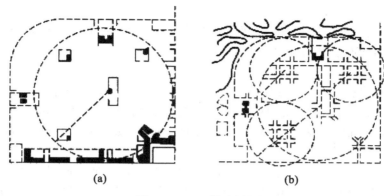

图 2-14 TND 模式图解

根据新城市主义理论，居住组团的总体规划应注重整体性原则，统一规划道路路网、公交系统、商业、开放空间、公建配套设施等，形成清晰的区域边缘和中心结构体系。更重要的是通过更加详尽的城市规划以及区域规划让开发商在各自的楼盘之中尊重并运用整体规划的原则，使得城市空间、道路空间、绿化空间及建筑印象都能够贯穿在整个大城市区域内，而不是形成各自封闭的独立住区。体现在居住区的规划设计手法上，应遵循以下共同的原则：

- 以公共交通为导向、以行人为基本尺度的道路系统对外开放，构成住区基本的网络结构。
- 以商业、住宅等明确的住区边界是创造领域感和归属感必不可少的条件。
- 尺度适宜的住区规模和具有明显特征的住区中心(集中商业、邮局、社区活动中心)是创造可识别的场所的关键。
- 居住、就业和商业的多功能混合和提供多种类型的住宅是创造丰富多彩的住区生活的基础。
- 多样化和对外开放的社区公共空间可以提升整个社区的品质。
- 公众参与应成为居住区设计中一个必不可少的重要环节，这样才能让开发决策变得可预知、公平、节约成本；尊重历史的模式和当地的文化。
- 对于不同的建筑应对应不同的建筑处理、风格和景观设计，建筑多样性成为社区环境的关键。

(4) 新城市主义的规划实践——以里斯顿(Reston)为例

里斯顿位于华盛顿市以西 35 公里，杜斯勒机场收费公路旁，开车至杜斯勒机场 15 分钟，属于弗吉尼亚州费尔菲克斯县，占地约 45 平方公里，是美国最早也是最成功的新城之一。

① 开发情况

建造使用土地约 3000 公顷，其中住房用地占 53%，约 1603 公顷；市镇中心占 18%，约 538 公顷；开放空间占 15%，约 445 公顷；城市公共设施及道路停车占 14%，约 409 公顷。

②人口规模

经过40年的发展，里斯顿已经成为美国最大最成功的新城，居住人口达到6.5万人，当地就业率超过50%，超过4万个工作岗位。

③邻里模式

里斯顿采用多种住宅形式相结合的先锋概念，即一个家庭从青年、中年到老年的各个阶段都无需从社区中搬走。社区中有5个村：安妮湖村（Lake Anne）、猎人森林村（Hunters Woods）、高橡树村（Tall Oaks）、南湖村（South Lakes）、北点村（North Point）。每个村都围绕一个多功能的村中心而建。

每个村都具备复合功能，是一个生活、工作、休闲的场所；同时具备多种社区设施，如学校、图书馆、教堂、日托中心、医疗护理设施、消防队、警察局、文化娱乐活动设施、公共交通网和公共开放空间。

④村落简介

· 安妮湖村

安妮湖村是第一个被开发的村，它环绕着安妮湖村多功能的中心和5个人工湖中的一个湖（安妮湖）而建。它将各种城市要素融于一体，如底层为商店的高层公寓楼和一个集会广场，还有一片片的联排住宅。社区内提供了各种类型的住宅和服务设施，实现了为居民建设一个终身的居所的目标，并融入了在乡村环境中设置城市型景观的设计概念。村落环绕的安妮湖景色优美，提供了得天独厚的人居生态环境，从而也成为安妮湖村的中心。

· 猎人森林村

位于里斯顿最南端的猎人森林村，被开发为传统的郊区独立地区，建设独立住宅，每个地块大小从1万平方米到8万平方米不等。

· 高橡树村

高橡树村位于里斯顿北部，里斯顿行政管理中心位于该处，并且拥有相当规模的城市俱乐部，承担着政治和娱乐的职能。

· 南湖村

南湖村中有独立住宅、联排住宅和天井式住宅，它们围绕两个相连的人工湖和一个小学、初中和高中组成的学校校园而建。

· 北点村

北点村是最后开发的一个村，村中建有豪华的湖边住宅，以满足人们对里斯顿生活方式的强烈需求。在各村中，许多最好的地块都临湖或能看到湖面，保持了美丽的田园风光和良好的独处空间。

⑤规划评价

· 复合功能：一个生活、工作、休闲的场所

里斯顿的设计以一个多功能规划方案作为基础，其中包括适合各年龄段和收入阶层的多种户型的住宅，以及办公和购物中心。社区设施有学校、图书馆、教堂、日托中心、医疗护理设施、消防队、警察局、文化娱乐活动设施、公共交通网和公共开放空间。

· 住宅多样化

里斯顿的多种住宅形式相结合的先锋概念使一个家庭从青年、中年到老年的各个阶段

都无需从社区中搬走,社区中有 5 个村,每个村都围绕着一个多功能的村中心而建。高科技产业的发展和 Reston 建设所带来的高素质人口聚集形成互动,形成了产业与人口不断升级的良性循环。

2.4 我国居住区规划设计发展动态

2.4.1 我国居住区规划设计思想转变

当代我国城市住区规划在生态建筑和生态城市理论影响下的新的指导思想和设计特点的出现,本质上体现的是城市住区设计观念上的全新转变。这种转变包括建筑哲学观、建筑设计观、建筑审美观和建筑价值观等的转变。

1. 建筑哲学观的转变:从以人为中心转向人与环境并重

人与环境并重就是要求人与自然环境协调发展,追求人与自然的共生共荣。在这一原则指导下的城市住区规划设计,多了一项自然环境的制约因素,即设计的住宅或者住区是否会对自然环境产生不利影响?人类所营造的住区内的人工环境与自然环境的关系如何?是否遵循自然生态法则?是否可以实现住区内部的循环和再生?在本地的建筑行为是否对其他地区环境构成威胁?是否对子孙后代的生活产生不利影响?这些问题都会成为我们在新时期进行单体设计或住区规划所不可回避的问题。

2. 建筑设计观的转变:从单一建筑设计转向环境整体设计

环境整体设计是结合自然环境、社会文化、人类心理与行为,考虑场所的功能与经济,并吸收传统设计的经验,由经济学家、生态学家、建筑师、技术专家等参加的一种设计方法。它改变了以建筑为主、环境为辅的设计观,表现为平等对待环境内的各个要素。整体性、综合性和系统化使建筑设计的内涵更加广泛而深远,人类认识和协调环境的能力不断提高。

3. 建筑审美观:从空间形式美转向生态和谐美

生态和谐美是一种尊重自然,对自然谦和亲近的"绿色美",是对空间形式美的升华和扬弃。生态和谐美还是一种本质的美,因为人类本身就是自然的一分子、生物链中的一环。符合生态和谐美的建筑是人类对美的追求在建筑上的一种高层次回归。如中国传统民居中藏族的碉楼,傣、苗族的栏杆式建筑,闽南的骑楼,客家族的土旧子,北方的四合院……其中都蕴含了生态和谐美,是我们在新时期城市住区规划和设计中值得借鉴的。

4. 建筑价值观的转变:从高标准、高消费转向适宜性、可持续性

生态自觉意识的提高,过去人们所崇尚的高大雄伟、金碧辉煌的建筑物,如果是以高昂的资源为代价和巨大的能源消耗来实现和维持的,那么它将逐渐被人们所摒弃。人们的营建行为也将发生变化,对于选择材料、技术的应用和节能降耗会更为关注;实事求是、因地制宜、瞻前顾后将越来越成为人们自觉的行动指南。

城市住区作为最基本的组成元素,其自身的生态平衡和各住区共同构成的大系统的生态平衡,对于城市的健康发展都是至关重要的。只有是城市住区成为整个城市生态系统的一环,并遵守生态规律,才能保证整个大系统的正常运转。因此,将生态思想引入到城市

住区规划中来，指导我们的设计是时代的必然，这也是确定当代城市住区规划设计发展趋向的一个理论基础。

2.4.2 居住区规划设计发展动态

立足于我国的基本国情，提出我国居住区规划设计发展动态：

1. 家庭小型化

由于我国人口政策的成功，家庭人口数逐年降低。城市家庭人口数已降至 3.2 人/户左右，某些发达地区城市甚至更低。这是一种社会进步。但由此导致户数增多，对住宅需求量增大，户型也会有更多样化的需求；同时出现很多单亲家庭、独身家庭及小家庭，要求建造更多的单亲住宅、独身公寓、青年公寓、学生公寓等。近年来，又有与老人合住方式的回潮，出现两代居、复合式住宅倾向。大量年轻小家庭倾向社会化服务，因而需要更多新型的社会化服务设施和产业。

2. 居住社区化

计划体制下的居住小区仅仅强调人的最基本的居住功能。市场经济使不同的人在城市空间上寻求合适的定位，同时追求文化和社会定位，因而导致社区的形成。这是社会进步的必然趋势。社区和小区的概念不同：小区是在强烈的计划经济体制及严格分级行政管理制度下的居住空间模式，而社区则是以人的社会属性和文化属性所决定的居住空间模式。社区可分为由同质人口构成的同质社区及异质社区。我国尚在社区发展的初期，随着社会、经济持续稳定发展，社区模式将最终取代小区模式。因此必须探索符合社区的规划、建设、管理模式，并将社区文明建设的物质与精神层面真正有机结合起来。

3. 服务社区化

家务劳动社会化，不仅出现了一些新兴服务行业（如保洁、家教、家政、便当、搬家、修理等），还新增一些社区服务设施（如家庭保健、法律咨询、再就业服务、健身美体等）。社会化的服务是适应现代城市生活而产生的。由于快节奏和开放的城市生活，使相当一部分白领阶层将更多的时间精力投入到工作中，难得有时间在家里做饭、做家务，他们要充分利用做饭的时间去休闲、扩展业力。因此，这部分人住宅厨房的功能也在弱化，出现开放式厨房。高档公寓中出酒店式管理的模式，可以提供清扫、洗衣、打水、送饭等一系列上门服务。

还有更多形式的服务项目，如接送子女、护理老人、代购商品，等等。随着我国全面进入小康社会，城市第三产业将会有更大的发展，社区服务与城市各项服务体系联网，连锁化、规范化成为发展趋势。各种新型的社区服务设施将应运而生。

4. 公共服务商业化

现代化的居住生活模式，城市中不同人群的消费需求，先进高效的物业管理都要求提供不同种类、数量、质量的服务设施和项目。根据近年来的发展和市场需求，我们可以把居住社区的公共服务设施分为"公益性"和"盈利性"两大类型。有些兼而有之，但大部分向"盈利性"方向发展。过去小区内的公共服务设施基本上由政府或单位安排并列入财务预算，然后进行规划布点，服务半径、规模大小是严格限制的。现在公共服务设施由市场需求来定，随着市场变化而呈动态变动。即使某些参照原定额配置的公共服务，投资和经营主体及经营方式也改变了。尽管如此,在城市小区尤其是经济适用房小区中,还应注意配备必要的公益性服务设施以确保弱势人群的社会保障和服务(如老人、儿童、妇女、残疾人家)。

5. 住宅智能化

智能化是人居环境发展的必然,城市智能化发展的基础是住区智能化。我国尚处在起步阶段。即使是发达国家,迄今为止尚没有一个成功或成熟的智能化城市。

从技术上讲,智能化小区或住区的发展可以概括为三点:网络化是基础,数字化是方向,信息化是保证。智能化就是网络化。随着互联网的普及,不少发达城市,网络已基本进入了家庭,小区内有局域网,对外有互联网,已经出现了"网络家庭"。

"网络家庭"发展特点为:系统功能集成化、传输线路合一化、设备控制集中化、家电接口标准化、操作使用"傻瓜化"。

"智能化小区"或"数字化小区"可概括为如下四大系统:管理智能化系统、家庭智能化系统、通讯智能化系统、服务智能化系统。

6. 环境生态化

创建"生态小区"、"绿色家园"已成为最时尚的目标和口号,但相当多的小区仍停留在概念上或是包装上。国家正在参照国际现行标准拟定符合我们国情的"绿色小区"或"绿色住宅"的标准。

创建"绿色小区"首先要确立绿色规划的理念,即基于可持续发展的思想,树立"人与自然和谐共生"的主旨。确立绿色消费观,以此确定我们的生活方式、消费取向和居住空间模式。即以适度消费的原则,控制规模、标准和能源、水源等,同时建立"亲地、亲绿、亲水、亲子、亲和、亲动物"的"绿色空间网络"。在"绿色小区"中要根据所在地区气候、经济、习俗及人文背景不同选择切实可行的"绿色技术"。

7. 公众参与化

通过欧美产权发展的过程可以看出,公众参与的过程就是产权私有化的过程。只有这样才能使居民真心实意参与进来,而不是摆样子、走过场、讲形式的参与。我国住房改革、产权私有的过程也必然会出现公众真正参与的好势头和好方法。

本 章 小 结

1. 分析了不同历史时期我国和欧美国家出现的有代表性的居住区规划思想和实践,由此可以看出由于社会生产与生活方式的巨大变化,使得城市居住区的模式也相应地产生了根本性的变化,从而形成一个又一个不同历史时期的城市居住区空间结构模式。

2. 立足于我国的基本国情,提出我国居住区规划设计发展动态,以期有助于推进我国居住区建设的健康快速发展,创造优质的居住环境。

思 考 题

1. 简述古代及近代居住区的演变与实践过程。
2. 简述现代居住区的演变与实践过程。
3. 简述中国居住区规划设计思想转变和发展动态。

第3章 居住区及居住社区的概念

城市是人类集中的生活地域。现代城市的居住功能是城市功能的重要组成部分。居住区作为被城市道路或自然界限所围合的具有一定规模的生活聚居地，为居民提供生活居住空间和各类服务设施，以满足居民日常物质生活和精神生活的需求。

同时，居住区也是一个社会学意义上的社区，具有物质性和社会性两重含义。居住区的物质形态本质上是为人服务的，一定数量人群的聚集就构成了一个微型社会。因此，居住区的规划设计不仅包含对物质形态的营造，亦包含对人群聚集所形成的社会活动的研究。

3.1 居住区的概念及要素

3.1.1 居住区的概念及要素

1. 居住区的分级

居住区有广义和特指两种含义。广义上的居住区泛指不同居住人口规模的居住生活聚居地。依据现行国家标准《城市居住区规划设计规范》（GB 50180—93）2002版，按照不同的人口规模将其划分为"居住区"、"居住小区"、"居住组团"三级。

居住区：泛指不同居住人口规模的居住生活聚居地和特指城市干道或自然分界线所围合，并与居住人口规模（30000~50000人）相对应，配建有一整套较完善的、能满足该区居民物质生活与文化生活所需的公共服务设施的居住生活聚居地。

居住小区：一般称小区，是指被城市道路或自然分界线所围合，并与居住人口规模（10000~15000人）相对应，配建有一套能满足该区居民基本的物质生活与文化生活所需的公共服务设施的居住生活聚居地。

居住组团：一般称组团，指一般被小区道路分隔，并与居住人口规模（1000~3000人）相对应，配建有居民所需的基层公共服务设施的居住生活聚居地。

2. 居住区的类型

居住区的类型由于其分类标准的不同，而具有不同的类型。一般常见的分类方法见表3-1。

居住区的类型由于其具有多方面的特征而具有多种属性。另一方面，居住区的类型在当今随着经济技术的变化也逐步出现多元化倾向，一些非传统意义上的居住区开始出现。就居住文化而言，也日益在居住观念、形态、材料、技术、美学等方面体现出多元化的趋势。

表3-1　　居住区的类型

分类标准	分类依据	主要分类
用地条件	区位	农村型居住区、城市/城镇型居住区、郊区型居住区
	地形地貌特征	平地居住区、山地居住区、滨水居住区
建设方式	建成时间	新居住区、旧居住区
	建设方式	自建居住区、他建居住区
居住主体	社会集群	主流居住区、边缘居住区
	经济层次	高档居住区、中档居住区、低档居住区
	社会容纳度	封闭式居住区、开放式居住区
	功能混合	纯化型居住区、混合型居住区
	居住社群	非专类居住区、专类居住区
建筑形式	建筑层数	低层居住区、多层居住区、高层居住区、层数混合型居住区
	建筑密度	高密度居住区、中密度居住区、低密度居住区

3. 居住区的组成要素

居住区由基本的物质要素与人类聚集所带来的社会学意义上的精神要素构成，两者共同构成居住区的完整内涵。

（1）物质要素

作为人类居住的物质形态，居住区的物质要素主要由自然要素和人类活动所形成的人工要素所构成，是人类活动的物质载体。

①自然要素指居住区所在区域的自然条件和特征。包括用地的区位、地形、地质、水文、气象、植物等要素，以及这些要素所形成的自然环境。自然要素的物质属性是居住区规划设计的依据和前提。

②人工要素包括建筑工程及室外工程。建筑工程包括住宅、公共建筑、生产性建筑等。室外工程包括道路、绿化、市政工程管线、室外挡土工程，以及其他人工对自然环境的改造活动及建设活动。

（2）精神要素

由人的聚居所带来的社会性构成了居住区的精神要素。主要包括人的因素和社会因素两大类。

①人的因素包括人口结构、人口素质、居民行为、居民生理心理等。

②社会因素包括社会制度、政策法规、经济技术、地域文化、社区生活、物业管理、邻里关系等。

4. 居住区的功能要素

居住区是人们生活的场所，满足人们的生活需要。居住区功能的构成主要根据居民日常生活的规律及实际需求来确定，因此具有功能繁杂、项目琐碎的特点。根据居民的生活活动类型分析，一般有居住活动、公共活动、交通活动以及休闲活动四大类。对应以上活动类型，居住区应具有提供各种活动场所和氛围的功能。

（1）居住功能。这是居住区的主要功能。

（2）公共服务。满足居民日常生活所需的各类公共服务功能。

（3）交通功能。保证居民日常各种出行行为的功能。

（4）游憩功能。保证居民健身、休闲以及交流的功能。

3.1.2 居住区的规模

1. 人口规模与用地规模

居住区的规模以人口规模和用地规模表述，其中以人口规模为主要依据。人口规模是衡量居住区的主要指标，对居住区的规划设计起着决定性的作用，直接关系到公共服务设施的配套等级、道路等级和公共绿地等级，且具有规律性，是决定各项用地指标的关键因素。居住区的用地规模反映居住区的物质实体特征，对居住区的物质形态，如规划结构、居住区各项用地的布局以及各类建筑的规划配置等都产生重要影响。

在指标体系上，居住区的人口规模受总户数和户均人口数量的影响，其中户均人口是影响人口规模的关键指标。不同时期、不同地域，甚至同一城市的城区和郊区其户均人口数量都有所不同。随着中国计划生育政策的推行和城市化进程加快，在时间序列上，家庭人口构成呈现出规模小型化的特征，其户均人口数量逐步下降；在空间地域上，农村家庭户人口数目相对较多，而城市的家庭规模相对较小。现行居住区规划设计规范城市户均人口一般按照3.2人/户进行计算和统计。

居住区的用地规模在指标体系上受到人均居住用地指标的控制（表3-2）。一般来讲，在同等的人口规模下，居住区内土地使用强度越高，其用地规模越小；土地使用强度越低，用地规模越大。

表3-2　　　　　　　　　　人均居住区用地控制指标表（m^2／人）

居住规模	层数	建筑气候区划		
		Ⅰ、Ⅱ、Ⅵ、Ⅶ	Ⅲ、Ⅴ	Ⅳ
居住区	低层	33~47	30~43	28~40
	多层	20~28	19~27	18~25
	多层、高层	17~26	17~26	17~26
小区	低层	30~43	28~40	26~37
	多层	20~28	19~26	18~25
	中高层	17~24	15~22	14~20
	高层	10~15	10~15	10~15
组团	低层	25~35	23~32	21~30
	多层	16~23	15~22	14~20
	中高层	14~20	13~18	12~16
	高层	8~11	8~11	8~11

注：本表各项指标按每户3.2人计算。

2. 影响居住区规模的因素

居住区的规模受到多种因素的影响,其中主要影响要素有如下几个方面:

(1) 公共服务设施

能满足居民基本生活中的三个不同层次的要求是确定居住区规模的主要因素,即对基层服务设施的要求(组团级),如组团绿地、便民店、停(存)车场库等;对一套基本生活设施的要求(小区级),如小学、社区服务等;对一整套物质生活与文化生活所需设施的要求(居住区级),如百货商场、门诊所、文化活动中心等。这三级配套服务设施各自具有不同的经济性特征和不同的服务半径,对自身规模和服务人口数均有不同的要求,居住区的分级规模基本与公建设置要求一致。

(2) 城市管理体制

居住区的规模还受城市行政管理体制的影响。从人口规模分析,组团级居住人口规模与居(里)委会的管辖规模1000~3000人一致,居住区级居住人口规模与街道办事处一般的管辖规模30000~50000人一致,既便于居民生活组织管理,又利于管理设施的配套设置。随着近年来城市居住区的社区制趋向,以及以物业公司为代表的服务管理模式的兴起,居住区的管理体制也逐步发生变化,居住区的规模也相应有所调整。

(3) 基地自然条件

居住区的自然条件影响到居住区的规模。从所处城市的地域特征分析,居住区所处建筑气候分区及地理纬度对日照间距的大小要求不同,对居住密度和相应的人均占地面积均有明显影响。另一方面,居住区所处的基地的自然地形条件限制了居住区的边界,也对土地开发强度产生一定的影响。

(4) 城市规模

不同的城市规模其居住区的规模也有所不同。一般来讲,大城市特别是特大城市的居住区的规模也较大,一般采用居住区甚至大型综合居住片区进行组织;中小城市的居住区规模次之,多以小区或者居住区形式组织;乡镇的居住区规模最小,以组团或者居民点方式进行组织。

此外,居住区的规模还受到住宅层数、城市道路交通的格局以及社会政治、经济水平等因素的影响,是多种因素综合作用和相互平衡的结果。随着国民经济建设的发展以及信息化、全球化等因素的影响,居住区的规模结构与构成均会相应发生变化,因此,要综合分析具体情况和因素来确定居住区的合理规模。

3.1.3 居住区的用地构成

1. 居住区用地的分类

为统一全国城市用地分类,科学地编制、审批、实施城市规划,合理经济地使用土地,保证城市正常发展,我国颁布了《城市用地分类与规划建设用地标准》(GBJ137-90),于1991年3月1日起实施。该标准是我国工程建设标准强制性条文(表3-3)。

表 3-3　　　　　　　　　　　　居住区用地的分类

类别代号			类别名称	范围
大类	中类	小类		
R			居住用地	居住小区、居住街坊、居住组团和单位生活区等各种类型的成片或零星的用地
	R1		一类居住用地	市政公用设施齐全、布局完整、环境良好、以低层住宅为主的用地
		R11	住宅用地	住宅建筑用地
		R12	公共服务设施用地	居住小区及小区级以下的公共设施和服务设施用地。如托儿所、幼儿园、小学、中学、粮店、菜店、副食店、服务站、储蓄所、邮政所、居委会、派出所等用地
		R13	道路用地	居住小区及小区级以下的小区路、组团路或小街、小巷、小胡同及停车场等用地
		R14	绿地	居住小区及小区级以下的小游园等绿化用地
	R2		二类居住用地	市政公用设施齐全、布局完整、环境较好、以多层及中高层住宅为主的用地
		R21	住宅用地	住宅建筑用地
		R22	公共服务设施用地	居住小区及小区级以下的公共设施和服务设施用地。如托儿所、幼儿园、小学、中学、粮店、菜店、副食店、服务站、储蓄所、邮政所、居委会、派出所等用地
		R23	道路用地	居住小区及小区级以下的小区路、组团路或小街、小巷、小胡同及停车场等用地
		R24	绿地	居住小区及小区级以下的小游园等绿化用地
	R3		三类居住用地	市政公用比较设施齐全、布局不完整、环境一般，或住宅与工业等用地有混合交叉的用地
		R31	住宅用地	住宅建筑用地
		R32	公共服务设施用地	居住小区及小区级以下的公共设施和服务设施用地。如托儿所、幼儿园、小学、中学、粮店、菜店、副食店、服务站、储蓄所、邮政所、居委会、派出所等用地
		R33	道路用地	居住小区及小区级以下的小区路、组团路或小街、小巷、小胡同及停车场等用地
		R34	绿地	居住小区及小区级以下的小游园等绿化用地
	R4		四类居住用地	以简陋住宅为主的用地
		R41	住宅用地	住宅建筑用地
		R42	公共服务设施用地	居住小区及小区级以下的公共设施和服务设施用地。如托儿所、幼儿园、小学、中学、粮店、菜店、副食店、服务站、储蓄所、邮政所、居委会、派出所等用地
		R43	道路用地	居住小区及小区级以下的小区路、组团路或小街、小巷、小胡同及停车场等用地
		R44	绿地	居住小区及小区级以下的小游园等绿化用地

2. 居住区用地组成

居住区的用地构成是居住区的功能形态在用地上的物质反映。居住区规划总用地包括居住区用地及其他用地。

(1) 居住区用地

居住区用地是住宅用地、公共服务设施用地、道路用地和公共绿地等四项用地的总称。

住宅用地：住宅建筑基底占地及其四周合理间距内的用地（含宅间绿地和宅间小路等）的总称。

公共服务设施用地：一般称公建用地，是与居住人口规模相对应配建的、为居民服务和使用的各类设施的用地，包括建筑基底占地及其所属场院、绿地和配建停车场等用地。

道路用地：居住区道路、小区路、组团路及非公建配建的居民汽车地面停放场地。

公共绿地：满足规定的日照要求、适合于安排游憩活动设施的、供居民共享的集中绿地，包括居住区公园、小游园和组团绿地及其他块状、带状绿地等。

(2) 其他用地

规划范围内除居住区用地以外的各种用地，应包括非直接为本区居民配建的道路用地、其他单位用地、保留的自然村或不可建设用地等。

3.1.4 居住区的选址

居住区的选址关系到城市的功能布局、城市居住环境质量、城市建设经济、城市景观组织等各个方面，一般主要考虑以下因素：

(1) 有良好的自然条件

居住区选址应充分考虑原有地形地貌及其周围的环境，保持原有地形、地貌，尽量少地改变地形，最好接近水面和环境优美的地区，丘陵地区宜选择向阳和通风的坡面（阳坡），充分利用原有地形、地貌，创造景观，追求自然景观与人文景观的协调统一。注重选择适于各项建筑工程所需要的地形和地质条件，避免洪水、地震、滑坡、沼泽、风口等不良条件的危害，以节约工程建设投资。

(2) 注意与工业区等就业区的相对关系

按照工业区的性质和环境保护的要求，确定相对的距离和部位。远离噪声源和有害气体释放源，在保证安全、卫生和效率原则的前提下，尽可能接近工业等就业区，以减少居民上下班的时耗。

(3) 用地数量与形态的适用性

用地面积大小须符合规划用地所需，用地形态宜集中而完整，以利于布局的紧凑与集中，节约市政工程管线和公共交通的费用。当用地分散时，应选择适宜的位置和用地修建住宅，同时注意各个区块用地同城市各个就业区在空间上、就业岗位分布上的联系。

(4) 依托现有老城区

尽量利用城市原有基础设施，以求节约投资和缩短建设周期；注意用地选择及规划布置要配合原有城区的功能结构；应注意保护文物古迹。历史文化名城应控制用地规模，规划布置应符合名城保护的要求。

（5）留有发展余地

在用地选择和空间上要为规划期内或以后的发展留有必要的余地——不仅要考虑居住区用地本身，还要兼顾相邻的工业或其他城市用地发展的需要，不致因彼方的扩展，影响到自身的发展和布局的合理性。

通常来讲，居住区的选址在总体规划阶段就已运行，并通过控制性详细规划逐步确定其用地的基本属性。在规划管理过程中，在详细规划的初始阶段，仍有一个选址的问题，以划定具体的规划范围。

3.2 居住社区的概念及要素

"居住区"的概念虽然在原则上包括物质要素与精神要素两个组成部分，但从现行的城市规划编制体系分析，物质规划一直是居住区规划的核心。大部分的居住区规划对非物质层面的因素考虑较少，关注点是人的普遍行为及其活动的场所，而非人群间的互动。随着社会对人类居住环境在深度与广度方面发展的关注，社区的概念和理论已经被逐步引入到城市规划设计之中，体现出"以人为本"的现代人居环境的人文关怀。

3.2.1 居住社区的基本概念

1. 社区

社区的概念，最早见于德国社会学家腾尼斯1887年出版的《社区与社会》一书。此后，其概念和研究范围及深度不断深入，各个学科从不同的角度对社区进行了定义。据美国学者不完全统计，其定义至少有140余种。

依据社会学的解释，所谓社区，是指在一定地域范围内，以一定数量的人口为主体形成的具有认同感与归属感的、制度与组织完善的社会实体。社区是社会的基层组织，全社会就是由一个个不同大小、不同类型的社区所组成的。

2. 居住社区

所谓居住社区，是指在一定地域范围内，在居住生活过程中形成的具有特定空间环境设施、社会文化、组织制度和生活方式特征的生活共同体。生活于其中的居民在认知意向或心理情感上均具有较一致的地域观念、认同观和归属感。

居住社区从其表征上看，是在一定地域内以居住生活为主要内容的多层次要素与形体布局的有形表现；从其实质而言，是社会、经济与文化发展状况在以居住问题为表现层面上的社会空间投影。居住社区是一个以物质空间为载体，社会成员为主体，生活活动为内容，社会关系为纽带的社会——空间统一体，同时具有物质空间与社会系统的特征。

另一方面，居住社区是一个由家庭、邻里等基本单位整合而成的社会——空间连续统。所谓连续统，就是两端由无数中介点连接在一起的一个统一体。在这一连续统中，家庭是最基本的组织结构单元，而若干个具有较密切和稳定的交往与互动、具有同一性或类似性居民居住行为以及生活地域场所的家庭就形成了邻里；由若干个邻里有机整合就形成了更为复杂的社会、空间系统——居住社区。

3. 邻里及邻里关系

所谓邻里，是指在一定地域的相互靠近这一自然条件基础上，结合了友好往来和亲戚、朋友关系而逐步形成的守望相助、共同生活的小群体。

邻里关系是一种以社会道德为基础，包括文化、价值观念等的社会关系，它不同于亲缘或血缘关系。邻里关系可分为三个层次：第一层次，邻居间知姓名和家庭概况，每天碰面接触的自觉帮助型；第二层次，邻居间见面打招呼，但不一定知其姓名的愿望帮助型；第三层次，住户彼此偶尔见面但认为他或他们是属于自己社区一部分的应该帮助型。

良好的邻里关系是形成居住社区的基础。邻里单位是一种具有广泛影响的现代住宅区规划理论，它对现代居住区规划产生了极大的影响。邻里单位形成的基础是邻里关系，其原则是对居民生活需求的反映。

3.2.2 居住社区的构成要素

居住社区作为社区的重要类型之一，具有地域、人口、生产生活设施、组织制度、共同的社会文化等5个基本要素。

1. 地域

社区是地域性社会，是处在一定地理位置、一定的资源条件、气候条件、生态环境中的社会。它为人们的生产和生活活动提供了自然条件和具体的空间。

2. 人口

社区是以一定数量的人口为基础组织起来的生活共同体。人口是社区活动的主体，没有一定数量的人口，社区就不能负担满足人们各方面生活需要的职能。

同样地，以一定社会关系为基础组织起来进行共同生活的人群是居住社区的主体。居住社区的人口构成是决定一个社区特征的重要因素。所谓居住社区的人口构成，是指社区内具有不同性质的规定性的人口数量与比例的关系。由于人口本身具有自然属性和社会属性两方面特征，因而居住社区人口构成也相应划分为自然构成和社会构成两大基本特征。自然构成主要是指居住社区人口的性别构成和年龄构成，而社会构成主要是指居住社区内人口的民族、文化、职业和阶层构成。

3. 生产生活设施

社区是一个相对独立的社会生活单位。因此，必须具有一套为社区生活主体所必需的教育、文化、服务等的系统、设施，以及一套物质生产和精神生产的体系。

居住社区的地域和生产生活设施要素共同构成了社区的物质基础或载体，它们共同决定了居住社区的自然生态系统和空间环境特征。

4. 组织制度

社区是有组织的社会生活体系，内部由各种组织和群体构成，从而构成组织管理网络，以保证社区成员有秩序的生活。居住社区的组织制度包含着不同的社会群体组织及其相应的管理机构和制度。

（1）社会群体组织

群体生活是人类的基本属性，作为居住社区主体的人以社会群体的形式生存于城市社区环境之中。所谓社会群体，是指通过一定的社会互动和社会关系结合起来进行共同活动的一群人的合成体。按照群体中的社会关系可以把社区中的社会群体分为首属群体和次属群体。

首属群体一般是由社区主体(人)面对面交往而形成的、具有亲密的人际关系的社会群体。在居住社区中一般包括家庭、邻里以及儿童游戏群体等。次属群体主要是指群体内的各种组织，是指为了解决(或预防)社区内存在的各种问题，开展社区管理与服务工作，提高社区居民的社会文化生活质量而建立起来的社会组织。

(2)管理机构及制度

为了确保社区内各种社会群体组织的正常运转，必须有相应的社区组织体系和管理制度。如当今我国许多城市的居住社区采用"两级政府(即市、区两级政府)、三级管理(市、区、街三级管理)"等及其相应的法规与制度。合理高效的社区组织体系和管理制度是居住社区健康持续发展的重要保证。

5. 共同的社会文化

社区中的人们长期生活在共同的地域环境中，相互依赖的生活和频繁的交往促使形成了共同的理想目标、价值观、信仰、归属感、风俗习惯，即共同的社区意识。

社区文化可以看作是居住社区中的人群在其整个社会生活中所创造、使用或表现的一切事物的总称，是具有居住社区特征的文化风貌，包括了有形的物质如建筑、装饰等，还包括了无形的知识、信仰、价值观、艺术、道德、习惯、法规制度等。特定的文化是在特定的自然地理条件和社会心理环境中产生的。居住社区文化是一个综合体，是一套社区成员共有的价值观。

居住社区的文化要素还包括社区成员对本社区及社区文化的认同感和归属感。社区成员生活在社区中，参与各种社区活动并共享社区所提供的各种服务设施和文化观念。在这些交往和活动中，社区成员与社区内的各个群体和组织以及他们相互之间会形成种种的社会关系，并满足他们的生活、心理和自我发展的需要，并对所在社区形成特殊的感情和依赖。居民的社区归属感是社区意识的基本体现。

3.2.3　居住社区的分类

根据不同的分类标准，居住社区可以有多种分类方式。

1. 按照社区主体的不同来划分

决定现代城市居住差异的主要因素有社会经济地位、生命周期和种族状况等因素。按照社会经济地位来分类，城市居住社区可以分为高收入阶层居住社区、中等收入阶层居住社区、低收入阶层居住社区；按照年龄结构可分为老年社区、中年社区、青年社区；也可以分为单身社区、核心家庭社区和家族型社区等。

2. 按照居住社区的地域分布不同来划分

根据居住社区在城市中占据的不同区位，可以大致分为中心区居住社区、中心外围居住社区、边缘居住社区等。

3. 按照社会——空间形态构成特征来划分

按照居住社区构建的社会历史背景及其空间形态特征，可以分为传统式街坊社区、单一式单位社区、混合式综合社区、演替式边缘社区、房产开发型物业管理社区、流动人口聚集区等。

3.2.4 居住社区系统及功能

现代城市的居住社区,各基本要素之间的相互作用形成一定的网络结构系统,决定着社区本身的性质与特征。从居民的居住生活需求为出发点,居住社区的构成系统可分为生活保障、育才就业、交流参与以及运营四大系统(图3-1)。

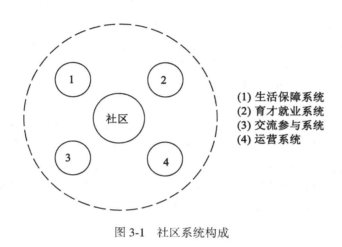

图 3-1 社区系统构成

1. 社区生活保障系统

生活保障系统包括有基本服务保证、通行条件保证、义务教育保障、住房保障、环卫保障、基础设施供应保障、安全保障、绿地面积保证、绿化环境保障以及健康保障等。

2. 社区育才与就业系统

社区育才系统包括提供从幼儿到成人的完整教育内容。完善的社区教育有助于创造浓郁的社区文明与文化氛围,引导健康的生活方式,成为个体素质形成的良好环境。现代社区作为一个育人基地,社区育才功能已不仅仅局限于义务教育,而是一个包括青少年课外教育、成人教育等内容的网络,社区应该具备培养和提高人的素质的物质文化环境已经相应的设施。

社区就业可作为社会经济发展过程中剩余劳动力资源的二次消化,同时也是为居住社区提供社区服务的重要渠道。

3. 社区交流与参与系统

社区是社会大系统与家庭之间的纽带,公平共享是社区存在的重要基础,融洽的邻里关系来自于不同阶层、不同背景居民对社区的共同责任和认同,这些目标的实现,交流和参与是重要的手段。

4. 社区运营系统

社区运营系统是社区维护和改善发展的基础。该系统存在的基础在于住户和管理者的互利,通过该系统,社区的各项职能得以发挥,各项设施得以运作,住户得到利益保证。财务问题是社区运营系统的核心问题,社区保障、就业、育才、交通与参与系统的建立和良性运转，需要该系统的统筹协调和运营。

3.2.5 相关概念辨析

1. 社区与居住社区

社区作为一个社会学的概念，具有一个涵盖面较广的界定范围。早期的社区研究是一种乡村居住社区研究，现代的社区概念相比早期的社区概念，已逐步演变为一个综合性的社会实体概念，现实生活中的一切活动均可纳入到社区研究范畴中，甚至随着国际互联网的发展以及虚拟空间的出现，虚拟生活也被纳入到社区研究的对象之中。

社区与居住社区的区别主要在于它们功能构成上的差异。居住社区特指以居住生活为主要功能和整合纽带的社区，居住社区内的服务设施主要围绕社区内居民及居住生活展开。而社区的功能则可以涵盖一切生活空间。

2. 居住区与居住社区

比较居住社区和居住区的基本概念及其要素可知，居住社区具有物质形态空间和社会空间的双重内涵，而居住区、居住小区等概念只强调了物质、地域空间的内涵，而不包括住区内的组织结构以及建立在主体间交往互动基础上的社会文化及地域归属感内涵。但是，人是社会的人，城市中的一切活动均有其社会背景，人们的居住空间必然也是一个以社会成员为元素、社会生活为内容、社会关系为纽带的社会空间与物质形态空间的复合体。

长久以来，正是由于人们对居住空间的物质形态属性的片面关注，忽视其社会空间内涵，使得以居住区规划理论方法为指导而构建的居住空间与社会人群的多层次社会需求相脱离，从而产生各种社会问题。因此，以居住社区取代居住区概念，具有重要的理论和现实意义。

3. 邻里与居住社区

邻里与居住社区的区别，一方面表现在两者的内涵上，即居住社区除了包含由于邻近的地域、共享居住生活而形成的亲密"邻里关系"外，还涵盖了其他社群组织以及社区自治、社区参与和一系列围绕居住生活的管理、服务与设施等多项内容；另一方面，两者的规模不同，邻里的地域、人口等规模一般较居住社区小，可以被看作是居住社区的一个中间结构单位或子系统，也可以被看作是居住社区的最小规模（邻里社区）。一般若干个邻里和与其相关的生活服务设施、组织制度等一起构成一个相对完整的居住社区。

3.3 居住区规划设计的基本原则

虽然"居住区"和"居住社区"的概念有差异性，但对于城市规划学科而言，重点关注的是其中的物质环境设施与社区成员间的互动发展，主要需解决的是用地、建筑和空间三方面的问题。而与这三方面相关的非物质环境因素则来自社区外部整个社会环境及社区内部自身系统。

因此，居住区规划设计的目标是在以人为核心的思想指导下去建立居住区各功能同步运转的正常秩序，谋求居住区整体水平的提高，使居住生活环境达到物质需求的舒适、精神需求的满足；居住区的规划设计必须考虑可持续发展的要求，追求生态优化；同时，规划区的设计过程需要满足居民不断提高的利益需求，加强居民的参与意识。通过这些原则以满足人们不断提高的物质生活与精神生活的需求，达到社会、经济、环境三者统一的综合效益与持续发展。

3.3.1 物质需求的舒适性原则

居住区规划设计最终是为人提供一个良好的环境，从满足人的物质需求出发，居住区规划应当充分考虑居住环境的舒适性。舒适性包括卫生、安全、方便、舒适等原则。

1. 卫生

卫生包括两方面的含义，一是生理健康卫生，如日照、自然通风、自然采光、噪声与空气污染防治等。二是环境卫生，如垃圾收集、转运及处理等。居住区规划设计必须为居民提供基本的生活物质环境。

2. 安全

安全包含交通安全、防火安全、防灾减灾、治安安全等要素。居住区的各功能要素要配备完善，保证正常运转与防灾抗灾的能力。同时周密考虑安全与防卫、物业管理、社会秩序、人权保障、邻里关系等。

3. 方便

主要指居民日常生活的便利程度，保证居民的生活行为在时间、空间上的分配合理有序。具体表现在居住区内用地布局合理，道路顺畅，人车互不干扰；公共服务设施完善，配套合理；为居民社会生活、人际交往提供场所；考虑为特殊人群提供生活和社会活动的便利条件。规划需充分考虑居民生活行为模式与特征、地方习俗以及新生活需求。

4. 舒适

主要指生态环境与居民生理、心理要求的和谐与共生。体现在居住区选址首先要具有良好的生态环境、远离污染源和强烈噪声源；居住建筑及环境良好；生活能源供给充足，饮用水质好；有较高的环境绿化水平、良好的小气候；住宅建筑功能完善，具有健康舒适的居住环境。

3.3.2 精神需求的满足性原则

1. 归属感

归属感是人对居住环境的社会心理需求，它反映出人对居住环境所体现的自身的社会地位、价值观念的需求，而领域感是人对空间产生归属认同性的基本心理反应。一个居住区就是一个社会单元或一个邻里单位，居住区规划设计应该注重场所精神的营造，使居民对自己所处的居住环境产生认同感，对自己所处的居住社区产生归属感。

2. 识别性与美学需求

人们需要愉悦、优美的空间环境，同时也需要富有特色的空间形态。居住区规划应力求塑造出具有可识别性的居住区空间景观。特征是具有识别性的基本条件之一，在居住区物质空间环境的识别性方面，可以通过建筑的风格、空间的尺度、绿化的配置、街道的线型、环境的氛围等方面的营造创造出丰富的形态特征，同时通过文化特征的引入反映人们精神和心灵方面的要求，避免千人一面、南北不分、平淡无味的空间类型。

3.3.3 生态优化的可持续原则

居住区的生态优化原则提出的背景是全球化的可持续发展战略。所谓可持续发展，是指在不损害将来人类社会经济、生态、环境利益的基础上，能够满足现代人需要的发展。可持续发展的观点是基于人类生活的地区面临污染、温室效应、异常气象、水土流失等工业时代以来，人类持续破坏性开发所带来的严重问题提出来的。可持续发展就是要将破坏性开发转变为非破坏性开发。这一转变不只是节约和再利用，更包含着人类与环境关系的再认识和再构成。

居住区的生态优化，应在多学科交叉的前提下对规划对象的生态环境现状和发展目标进行全面系统的分析定位，积极运用新技术、新产品，充分合理地利用当地的生态环境，在自然资源的利用、生物多样性、可再生能源、废置物的处理、建筑建材、交通与停车等要素建立完善的生态机制。另外，在居住区的管理、产业发展等方面营造良好的生态机制及氛围。生态建设不仅要贯穿居住区规划及建设的全过程，更要介入到居住区投入使用后的管理。

3.3.4 社区管理的参与性原则

居住区应当充分考虑到全体居民对居住区规划和管理的参与。公众参与是居住区居民参与社区事务的保证机制和重要过程。公众参与包括居民参与社区管理、社区发展决策、社区后续建设和社区信息交流等社区事务内容，它反映了居民应当享有的公平的权益，同时也是使居民热爱社区、爱护社区、关心社区、对社区产生归属感和建设精神文明社区的一种重要方式。在居住区规划设计和居住社区管理中，应当保证社区信息交流的通畅，达到设计者和使用者、使用者和管理者之间的互动，使居住社区的发展符合绝大多数社区住户的利益。

本 章 小 结

1. 居住区有广义和特指两种含义。广义上的居住区泛指不同居住人口规模的居住生活聚居地，分为"居住区"、"居住小区"、"居住组团"三级。
2. 随着社会对人类居住环境在深度与广度方面发展的关注，社区的概念和理论已经被逐步引入到城市规划设计之中。
3. 居住区规划设计的基本原则包括物质需求的舒适性原则、精神需求的满足性原则、生态优化的可持续原则、社区管理的参与性原则。

思 考 题

1. 居住区的规模受到哪些因素的影响？
2. 什么是居住社区？其构成要素包括哪些内容？
3. 举例说明社区管理中公众参与的重要性。

第4章 居住区的规划结构

规划结构的研究、调整与确定是一项含有创造性活动的工作过程。居住区是一个多元多层次结构的物质生活与精神生活的载体,以居住功能为主兼容服务、交通、工作、休憩等多种功能,各功能之间既相对独立自成系统,又互相联系形成一个有机整体。居住区的规划结构在规划设计阶段需要综合考虑各构成要素的相互作用,并在以人为本的原则下处理好居民的生活秩序与层次。

4.1 居住区规划结构布局的原则

4.1.1 规划结构

从一般意义上说,结构是一个事物各个组成部分的搭配和组合关系。居住区的规划结构的建构是一项包含有创造性活动的工作,它不存在固定的模式,但它必须具备自身应有的性质。整体性、系统性、规律性、可转换性和它的图式表现性是结构的基本性质(图4-1)。

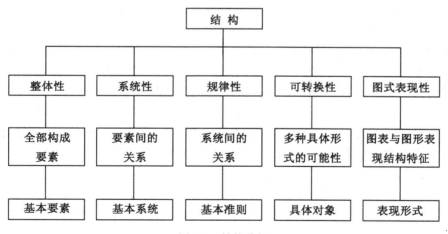

图 4-1 结构分析

整体性:要求内容或元素完整全面。
系统性:要求内容或元素具有相互的和交叠的关联。
规律性:要求系统间和总体具有相互作用的基本关系。

可转换性：要求在基本关系的控制下具有构成各种具体结构的机能。

图式表现性：要求规划结构能够用图形、图表或公式来表现它的结构特征和关系。

因此，有关居住区规划结构的研究不仅应包含全面的构成要素，同时也应包含各系统在构成配置与布局形态方面内在相互关系和基本要求的内容，并把重点放在居住区规划设计的基本原则与准则的层次上，避免对具体对象形成固定或统一的模式。

4.1.2 基本原则

居住区的规划结构主要取决于居住区的功能要求，而功能要求必须满足和符合居民的生活需要，因此居民在居住区内活动的规律和特点是影响居住区规划结构的决定因素。"以人为本"的原则不仅在居住区规划结构设计阶段适用，也贯穿于居住区规划设计的整个阶段，是居住区规划设计的核心和根本。

居住区的规划结构主要取决于居住区的功能要求，而功能要求必须满足和符合居民的生活需求。因此，研究居住区的规划结构，必须认识居住区的使用者和其基本活动及需求。

居住区的主要使用者包括居民以及为居住区服务的人群。根据不同的居住区类型，其人群的构成也有所不同。如以年龄为划分依据的老人社区、青年社区；以职业划分为特点的工人新村；以收入为划分依据的高档小区和一般的经济适用社区等。同时，居住区内还存在一定数量的为居住区内的居民提供配套服务的人群。由于不同规模的居住区都存在相应的公共服务设施，这些设施容纳了一定数量的服务人群。他们的活动对居住区的规划结构也存在一定的影响。

满足居住区内的居民生活需求是确定居住区规划结构的主要依据，其形式应当以人为本。不同的居住对象对居住区的居住、公共服务、户外环境和交通设施等存在不同的需求，因而应该根据居住对象的特点合理规划居住区的规划结构。

1. 居住行为活动类型

居民的行为活动特征涉及社会、经济、文化、道德、生理、心理、习惯、气候等多方面因素，一般情况下，不同年龄、职业的居民，具有不同的活动内容、活动方式、活动时辰、活动时间的长短，同时也具有不同的心理状态和场所位置、线路、空间的要求，但对于同一年龄组、相同或类似职业的居民而言，其行为活动，仍有较多的相同之处。

居民的居住活动大致可分为三种基本类型：必要性活动、自发性活动和社会性活动。每一种活动类型对于物质环境的要求各不相同（图4-2）。

（1）必要性活动

指在各种条件下都会发生的那些多少带有不由自主的行为活动。如上下班、上放学、购物、存取自行车、接送小孩、候车、家务等，是同一年龄层次居民在不同程度上都要参与的活动。

一方面，这类活动的必要性使得它们的发生频率较少受到周边环境的影响，是在各种条件、不管何种环境的居住区中都必然会发生和进行的活动，参与者很少有选择的余地。通常，一般性的日常生活、工作的事务活动均属于这一类型。

但另一方面，这类必要性活动的方便、舒适与否，在很大程度上又要受到居住区规划

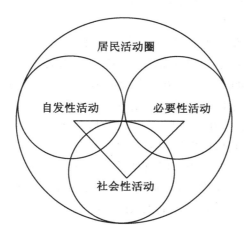

图 4-2 居民行为活动的类型

结构以及居住环境的影响，受到建筑组群设计、空间组织的制约。也就是说，居住区规划结构和建筑群组设计布局的合理性，影响着系统功效的发挥。若处理不当，居民的必要性活动就会感到不方便、不安全，或者就不使用这些设施而选择其他方式。

(2) 自发性活动

自发性活动全然不同于必要性活动，它只有在居民有参与意愿，并且在时间、地点可能的情况下才会发生。这一类活动包括散步、呼吸新鲜空气、练功、晒太阳、玩牌等，但只有在外部条件适宜、天气和场所具有吸引力时才会发生。由于大部分宜于在户外进行的娱乐消闲活动对环境条件都有着特别的依赖，对于这类活动而言，居住区良好的户外物质环境就显得尤为重要。

(3) 社会性活动

社会性活动指居民在公共空间或半公共、半私有空间中有赖于他人参与的各种行为活动，包括互相打招呼、攀谈、下棋、儿童游戏等各类公共活动以及最广泛的社会活动——被动式接触，即仅以视听来感受他人。

这类活动在绝大多数情况下，都是由以上前两类活动发展而来的或是由人们长期形成的习惯形成的，抑或是由于人们处于同一空间，在环境、气候条件适宜时而发生的，因而是一种引致活动。社会心理学理论指出，社会性活动具有组织、协调、保健三个方面的功能，即通过社会性活动使居民有秩序、有组织、有系统地结合起来；通过社会性活动增进居民的相互了解、同情和支持、协调行动，共同对居住区承担起社会责任；社会性活动是人具有社会性的反映，保持人与人之间的思想感情交流，从而有利于人的心理与生理健康。

居民在同一空间中徜徉、流连，会自然引发各种社会性活动，这就意味着只要改善公共空间中必要性活动和自发性活动的条件，就会间接地促成社会性活动的产生。在居住区规划结构和居住环境设计中，要考虑多方面的社会性活动的需要和可能，不仅要安排各种各类成员"通用"的活动空间场所和设施，而且还应为满足居民不同社会需要而设计"系列"的环境,通过细致地考察不同对象的生理、心理特点和行为活动的规律,为各种社会性活动提供媒介和诱人的环境。

社会性活动和自发性活动是即兴发生的,具有很强的条件性、机遇性和流动性的特点,这就对硬环境系统提出了相应的要求。如要保证儿童有最佳的游戏条件,并能与其他儿童一起玩耍;要保证不同类型、年龄组别的居民群体不仅有良好的交往与活动的机会,而且有范围广泛的户外娱乐活动,就必须使各种活动在户外流动和有秩序参与,同时直接在住宅的周围提供与之相适应的空间和场所以及从事某一活动的机遇。这样即兴发生的社会性活动和自发性活动才有可能发展起来。

由此,居住区规划结构的组织,以及其后在建筑组群的设计、空间的组织中,必须以此三类基本活动特性入手,才能"有的放矢",才能对于必要性活动、自发性活动和社会性活动的质量、内容、强度、效益产生积极的影响。

2. 居民生活序列与层次

居住环境是以人为主体而展开的各类生活序列的综合,居民的生活形态由三大生活圈,多个生活序列构成。这三大生活圈,由内到外,由小到大,由低到高依次为核心生活圈、基本生活圈和城市生活圈(图 4-3),其中基本生活圈和核心生活圈的活动项目大多在居住区内进行。因此,居住区内居民的生活活动序列是一个不同类型、不同等级、不同内容的序列,是一个多元化的生活活动序列,它反映了城市居民居住环境的多类型、多层次、多等级以及连续性和序列化。从不同的角度,这种生活活动序列表现出不同的层次特征(表 4-1)。

表 4-1　　　　　　　　　　居民生活活动序列的层次特征

人的行为活动轨迹	家庭内→家庭外 居住区内→居住区外 私密性的→半公开的→公开的 内部的(住宅)→半内部的(住宅组群)→半外部的(居住组团)→外部的(居住区)→外界的(居住区以外)
参与活动的居住人数	个人→少数集合的→群体集合的→多数集合的
人对静与闹的要求	宁静的(住宅)→中间性的(小游园)→热闹而嘈杂的(商业服务设施、公园等)
年龄层次与其活动内容	简单(幼儿)→一般的(少年儿童)→高级的(成年人)
年龄层次与其活动地域	幼儿、老年(近)→少年儿童(附近)→成年人(远)
活动类型	必要性活动→自发性活动→社会性活动

由此可以看出,居民的生活序列与层次,是居住区规划结构的组织、建筑组群设计的根本出发点。

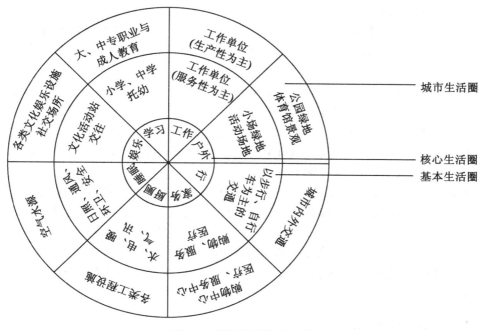

图 4-3 居民生活活动序列

4.2 居住区规划结构的构成要素

居住区规划结构的整体性和系统性决定了结构构成要素的重要性。居住区规划结构设计一般包括如下五个构成要素：人口及用地、公共服务设施、道路及交通、绿地及景观、生活空间领域。在构思具体的居住区规划设计时，构思过程的第一步往往是对规划结构进行组建的过程。构成要素被划分为上述五个部分，它们之间存在着由简单到复杂、由低级到高级、相互重叠交叉的一种半网络的结构关系。

4.2.1 人口及用地

人口和用地是决定居住区规划结构的首要因素。

1. 居住区的人口规模

为了使居住区具备基本的生活设施以满足居民的日常生活要求，一般要求居住区的人口或用地达到一定的规模，这一要求对于周围公共设施不足或没有设施的居住区而言，如在城市边缘区形成的大型居住区，显得尤为重要。

居住区人口规模直接关系到公共服务设施的配套等级、道路等级和公共绿地等级，且具有规律性，是决定各项用地指标的关键因素，因此，居住区的规模是确定居住区规划结构的首要因素。

决定居住规模的主要因素有居住区总人口、居住区总户(套)数、居住区的人口密度等。这些要素也直接关系到居住区的规划结构。

2. 居住区的用地配置

居住区内各项用地的配置应在分级配置建议的基础上，考虑居住的职能侧重、居住密度、土地利用方式和效益、社区生活、户外环境质量和地方特点等多方面因素，符合居住区用地平衡控制指标的规定。

由于各城市的规模、经济发展水平和用地紧张状况不同，致使居住区各项用地指标也不一样。如大城市和一些经济发展水平较高的中小城市要求居住区公共服务设施的标准较高，该项占地的比例相应就高一些；某些中小城市用地条件较好，居住区公共绿地的指标也相应高一些，等等。此外，同一城市中也因各居住区所处区位和内、外环境条件及居住区建设标准的不同，各项用地比例也有一定差距。

这些控制指标的确定，对居住区规划结构的指标体系进行了限定，这在一定程度上对居住区的规划结构做出了隐形的界定。但由于所处区位不同，不同居住对象对居住、公共服务、户外环境和交通设施存在不同需求、居住密度(是一个包含人口密度、人均用地、建筑密度和建筑面积密度指标的综合概念)量化控制指标不同等，可能导致居住区用地配置的侧重点有所差异，由此对居住环境以及规划结构的基本形式与布局形态产生影响。

4.2.2　公共服务设施

公共服务设施的布局对居住区的规划结构产生重要的影响，有时甚至成为决定因素。居住区的公共服务设施按照使用性质可分为教育、医疗卫生、文化体育、商业服务、金融邮电、社区服务、市政公用和行政管理及其他八类设施，以居住人口规模进行配建。它是构成居住区中心的核心因素，与居住区的规划结构、功能布局紧密结合，并与住宅、道路、绿化同步建设，以满足居民物质生活与精神生活的多层次需要。

公共服务设施是满足居住区居民日常生活需要的重要设施，虽然各种设施的使用频率不同，但却必不可少。公共服务设施的数量和规模、配置的比例、布局的空间位置，决定了居民的便利程度，影响着居民生活的质量。

居住区的公共服务设施一般采用相对集中与适当分散相结合的方式布置，其布置要求有利于发挥设施效益，方便经营管理、使用和减少干扰，同时又受合理的服务半径的制约。同时，居住区的公共服务中心，如居住区级别的居住区级公共服务中心，小区形成的小区级公共服务中心，其用地形态集中，其选址、配置、规模等要素往往直接和居住区的规划结构互相影响。

在安排居住区的各级公共服务设施时，各级各项设施服务半径要求的满足是规划布局考虑的基本原则，应该根据服务的人口和设施的经济规模确定各自的服务等级及相应的服务范围。服务半径一般包含时间距离和空间距离两方面的因素。反映在居住区各居住单元和公共服务设施的空间距离上，不同要求的服务半径也决定了居住区的规模和规划结构。

另一方面，居住区用地是城市体系的一部分，其规划结构也受到周边用地及结构布局的影响。如因相邻地段缺中小学，需由本区增设，或相邻地段的学校有富余，本小区可不另设学校等。这对本小区(或居住区，或组团)的用地平衡指标影响很大，也直接对规划结构的基本形式和布局产生不同的影响。

4.2.3 道路及交通

居住区的交通组织包括人行和车行两大类，在具体的布局中采用人车分行和人车混行两种基本形式，并派生出其他的一些如部分人车混行的形式。这些交通形式的组织在很大程度上影响到居住区的道路布局。

居住区的道路系统在居住区规划结构中的作用极为重要，在用地形态的布局、建筑物的通风及日照、抗震防灾、旧城改建等方面都起着不同程度的作用，并直接影响到居住区的规划结构。

居住区的道路结构一般和居住区的规划结构相一致。居住区内部道路担负着分离地块及联系不同功能用地的双重职能。尤其居住区级道路和小区级道路，作为划分地块的重要的分隔线，直接决定了居住区的功能分区及布局。良好的道路骨架，不仅能为各种设施的合理安排提供适宜的地块，也可为建筑物、公共绿地等的布置及创造有特色的环境空间提供有利条件。同时，公共绿地、建筑及设施的合理布局又必然会反过来影响到道路网的形成。

随着社会经济的发展，用于居住区内各类交通工具存放安排的静态交通组织也对规划结构产生了一定影响，其集中与分散相结合的布置方式，使得规划结构在细部空间上有了进一步的扩展和深入。

4.2.4 绿地及景观

景观及绿地系统对居住区的规划结构的作用是比较重要的，其中中心绿地对居住区的规划结构影响更为重大。按照居住区分级规模及其规划布局形式设置相应的中心绿地的原则，在不同规模的居住区设置不同规模的居住区公园、小游园和组团绿地。在配置安排上一般按照集中与分散相结合的公共绿地系统的布局构思确定，既方便居民日常不同层次的游憩活动需要，又利于创造居住区内大小结合、层次丰富的公共活动空间，可取得较好的空间环境效果。这些中心绿地由于相对集中，规模较大，其配置的方式和位置选择一般会直接影响到居住区的规划结构和布局。

另一方面，居住区的绿地设计和景观体系也越来越体现出整体性。近年来的规划实践中，对于其设计已经不再局限于"植绿"，而是将居住区作为一个整体进行设计，创造出点、线、面结合的景观空间层次，将人工环境融于自然，融于周边环境，融于地域文化，并在融溶的协调中，利用地理自然环境和地方人文环境的特殊性，创造出居住区的特色；在微观设计中，突破以往重视小环境忽视大系统的弊端，重视景观体系的连续性和系统性，创造出更为和谐的景观体系。

4.2.5 生活空间领域

居住区的空间可分为户内空间与户外空间两大部分。居住区的生活空间可以划分为私密空间、半私密空间、半公共空间和公共空间四个层次。就居住区规划设计而言，主要就户外生活空间形态与层次的构筑与布局进行研究(图4-4)。

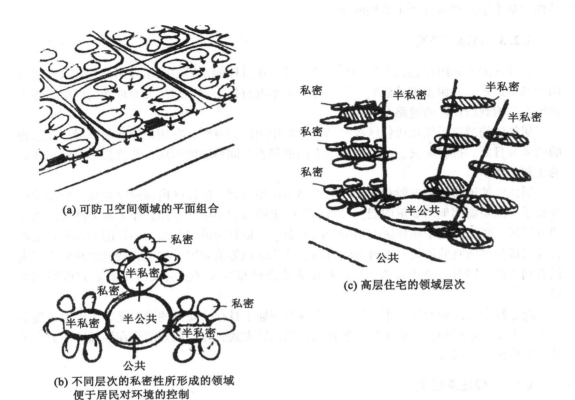

图 4-4 居民生活空间的领域与层次

在居住区各层次的生活空间的营造中，应考虑不同层次生活空间的尺度、围合程度和通达性。私密度越强，尺度宜小、围合感宜强、通达性宜弱；公共性越强，尺度宜大、围合感宜弱、通达性宜强。同时应该特别注意半私密的住宅院落空间的营造，以促进居民之间各种层次的邻里交往和各种形式的户外生活空间。半私密空间宜注重独立性，半公共空间宜注重开放性、通达性、吸引力、职能的多样化和部分空间的功能化交叠使用，以塑造城市生活的氛围(图 4-5)。

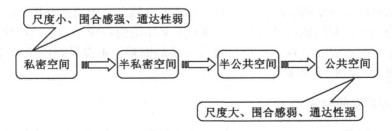

图 4-5 居住空间的层次与特征

4.3 居住区规划结构的基本形式

4.3.1 结构基本形式

居住区规划结构的基本形式是建立在公共服务设施的分级基础上的,其基本单位无论是居住小区还是居住组团,其出发点都是分析其公共服务设施的设置及服务人群(图4-6)。

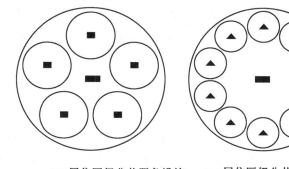
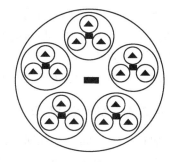

图 4-6 居住区规划结构的基本形式

1. 以居住小区为基本单位来组织居住区

居住小区的人口规模一般为 10000~15000 人、3000~5000 户。以居住小区为规划基本单位来组织居住区,由于一般其用地被城市道路或自然分界线所围合,其用地相对独立和完整,不仅能保证居民生活的方便、安全和区内的安静,而且有利于城市道路的分工和交通的组织,并减少城市道路密度。

居住小区的规模主要根据公共服务设施成套配置的经济合理性、居民使用的安全和方便、城市道路交通以及自然地形地貌、住宅层数和人口密度等综合考虑。一般来说,居住小区的规模以一个小学的最小服务人口规模为人口规模的下限,而以小区级公共服务设施的最大服务半径为其用地规模的上限,居住小区的直接组成单元为住宅院落。

2. 以居住组团为基本单位来组织居住区

居住组团的人口规模为 1000~3000 人、300~1000 户。以居住组团为基本单位,这种组织方式不划分明确的小区用地范围,是居住区直接由若干居住组团组成的两级组织结构。居住组团内一般设有托儿所、卫生站、青少年及老年活动站、居委会、组团绿地及休息场地等。这些公共设施的服务对象基本是本组团内居民。其他的一些基层公共服务设施根据不同的特点按照服务半径在居住区范围内统一考虑,均衡、灵活布置。

3. 以住宅组团和居住小区为基本单位来组织居住区

这种方式由居住区—居住小区—居住组团三级结构所组成。居住区由若干居住小区组成，每个小区由 2~3 个居住组团组成。这种方式和前两种方式的区别在于其公共服务设施的配备体系完整，居住区级、小区级和组团级三级公共服务设施分别对应不同级别的居住人口。

4. 其他形式

城市中还存在一些其他的独立形式。如独立小区和独立组团，其人口即用地规模相对较小，其公共服务设施依靠或者部分依靠周边已有的配套设施，在城市旧城区更新过程中，这种方式更为常见。同时，由于市场经济条件下住宅建设的主体、用地的调配以及住宅管理的模式发生了深刻的变革，居住区的基本组成单位受到社会政治、经济、文化等因素的影响而逐步出现一些新的变化，趋向于如何更好地组织和丰富居民的邻里交往、提供更为完善的公共空间。

图 4-7 至图 4-19 为一些典型的居住区规划结构形成。

4.3.2 空间结构等级

居住区的空间结构和居住区的规划结构一致，根据其构成的基本单位而分为二级结构和三级结构。但从空间组织以及居民的生活空间领域特征分析，在居住区的空间结构等级中，一般以院落空间为居住区空间结构等级的最小单元，从而在微观层面形成更富于活力的空间结构体系(表 4-2)。

表 4-2 空间结构等级构成一览表

类型	结构形式	基本单位
二级结构	居住区—居住小区	居住小区—院落空间
	居住区—居住组团	居住组团—院落空间
三级结构	居住区—居住小区—居住组团	居住组团和居住小区—院落空间
独立组团		独立的居住小区、居住组团

院落空间一般由一定规模的住宅围合而成，具有较为强烈的领域感，从空间领域分析，属于半私密空间。一般来讲，院落空间的使用人群比组团的规模小，同时又不同于宅前绿地而具有更强的公共性质，是居民进行活动、交流的重要场所，同时也是居民日常使用最为频繁的空间类型(图 4-20)。选择院落空间作为居住区空间结构的最小单元，有助于营造更为人性化的居住环境。图 4-21 所示为居住区空间结构分级。

第4章 居住区的规划结构

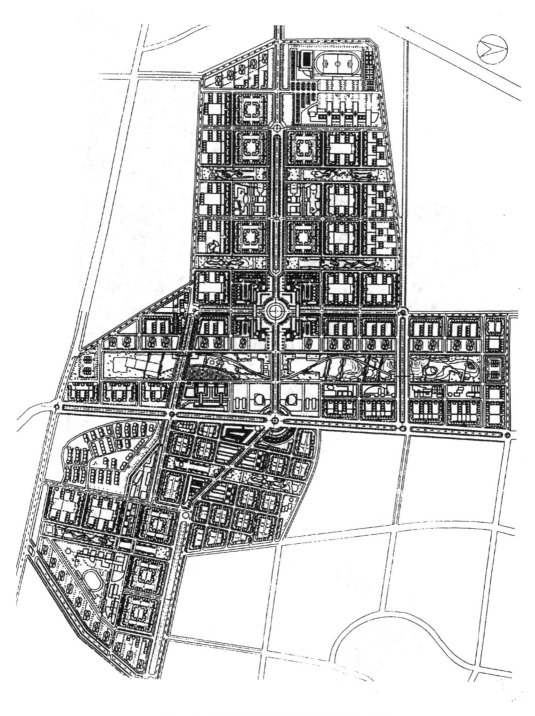

图 4-7　上海万里城规划设计方案总平面图

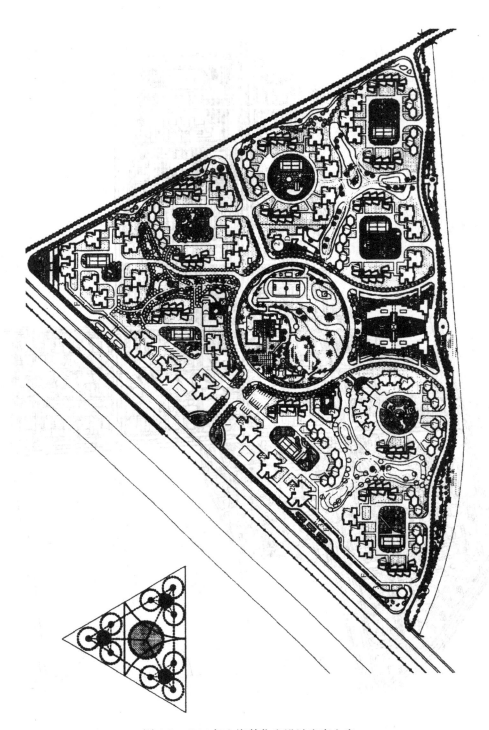

图 4-8　1996 年上海某住宅设计竞赛方案

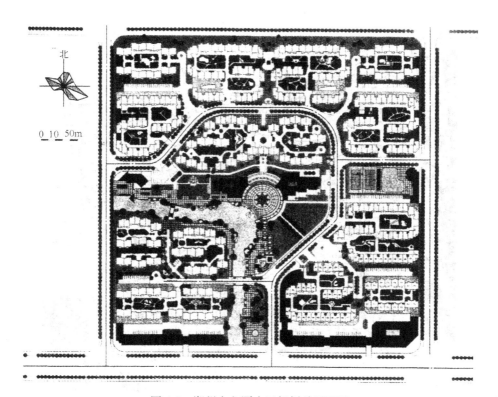

图 4-9　湖州白鱼潭小区规划总平面图

1. 东区塔楼(30层)
2. 多层住宅
3. 商场(3层)
4. 幼儿园(1层)
5. 溜冰场
6. 游泳池
7. 连廊
8. 运动场地
9. 屋顶花园
10. 小区绿地
11. 停车场

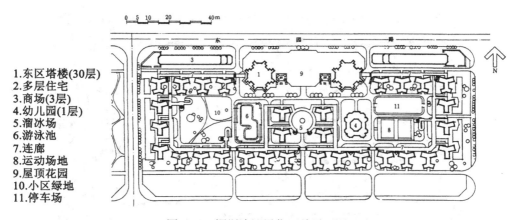

图 4-10　深圳滨河居住区总平面图

51

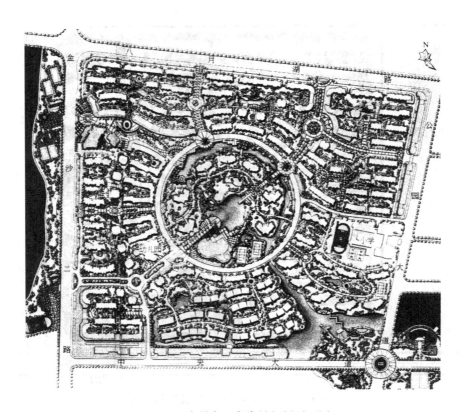

图 4-11 南昌九里象湖城规划平面图

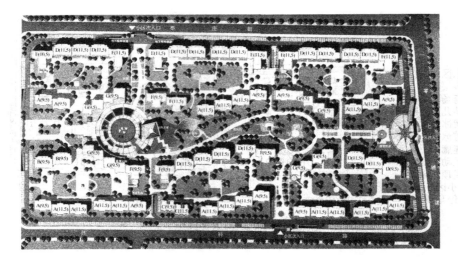

图 4-12 郑州德亿时代城居住区规划方案

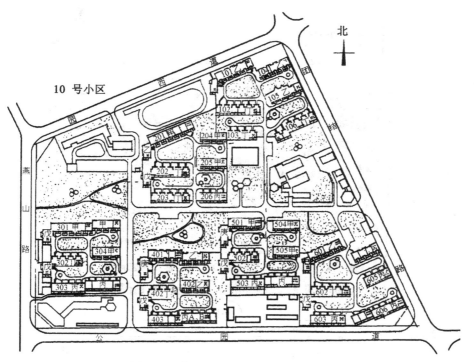

图 4-13 唐山新区十一号小区总平面图

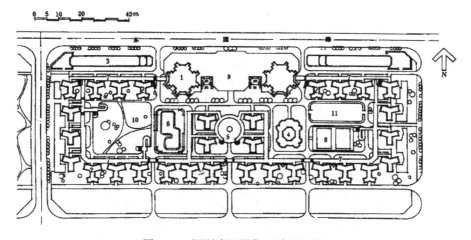

图 4-14 深圳滨河居住区总平面图

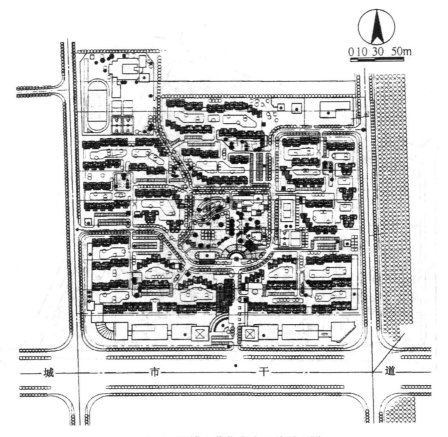

图 4-15　淄博金茵住宅小区总平面图

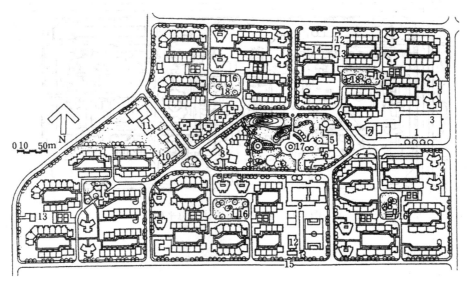

图 4-16　石家庄联盟小区总平面图

第4章 居住区的规划结构

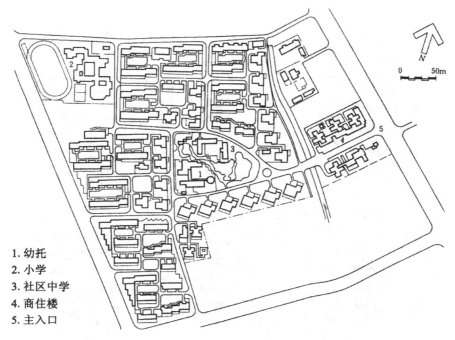

1. 幼托
2. 小学
3. 社区中学
4. 商住楼
5. 主入口

图 4-17 江苏省无锡市沁园新村总平面图

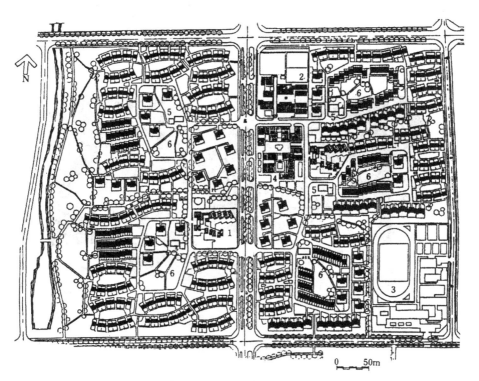

图 4-18 山东省胜利油田孤岛新镇振兴村总平面图

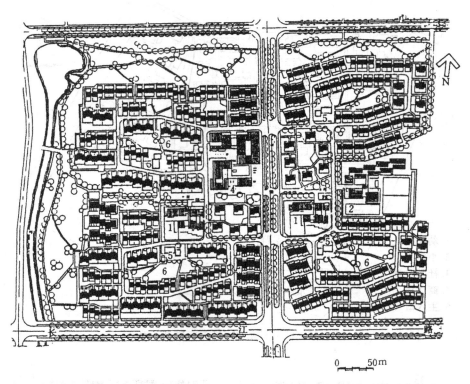

图 4-19　山东省胜利油田孤岛新镇中华村总平面图

图 4-20　院落空间

第 4 章　居住区的规划结构

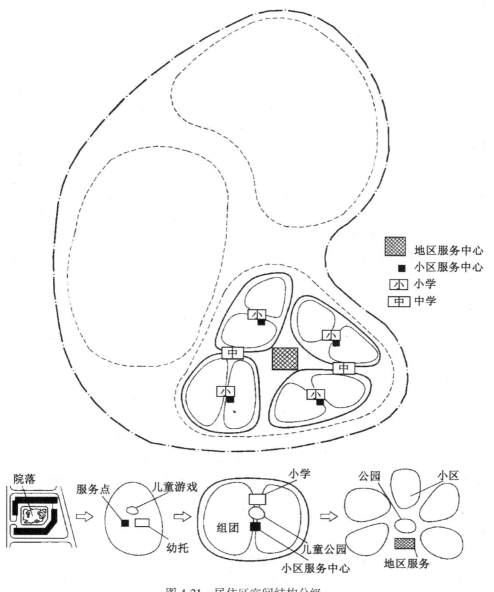

图 4-21　居住区空间结构分级

4.4　居住区规划布局的基本形式

居住区的布局形态是规划结构的具体表现。规划的核心是人，是为满足人的使用需求而制定的实施计划，规划的布局形态应该以人为本，符合居民生活习俗和居住行为轨迹，以及管理制度的规律性、方便性和艺术性。

4.4.1 片块式布局

片块式布局是传统居住区规划最为常用的布局形态。住宅建筑是在尺度、形体、朝向等方面具有较多相同的因素，并以日照间距为主要依据建立起来的紧密联系所构成的群体，它们不强调主次等级，成片成块，成组成团地布置，形成片块式布局形式。

片块式布局由于用地相对独立，在建设周期上易于进行分期建设，管理方便，分区明确，特色鲜明。采用这种布局形式要注意加强空间的趣味性设计，避免出现空间呆板的弊端。

4.4.2 轴线式布局

轴线设计手法作为控制城市空间的重要手法，不仅适用于城市中心、广场等公共空间，而且也适用于居住区。轴线的形态或可见或不可见。可见者常为线性的道路、绿带、水体等构成，但不论轴线的虚实，都具有强烈的聚集性和导向性。一定的空间要素沿轴线布置，起着支配全局的作用。同时，通过空间轴线的引导，轴线两侧的空间对称或不对称布局，通过轴线上的主次节点控制节奏和尺度，整个聚居区呈现出层次递进、起落有致的均衡特色。

4.4.3 中心式布局

将一定的空间要素围绕占主导地位的要素组合排列，呈现出强烈的向心性。这种布局形式往往选择有特征的自然地形地貌为构图中心，顺应自然地形布置的环状道路网造就了向心的空间布局。

在功能上，中心式布局一般利用中心组织配置生活服务设施，形成居住区的服务中心，或者配置绿地，形成公共绿地。由于地处居住区的中心，其服务半径的共享性较好，易于加强空间的凝聚力。同时，由于各居住分区围绕中心布局，既可以用同样的住宅组合形式形成统一格局，也可以允许不同的组织形态控制各个部分，强化可识别性。该布局可以按照居住区分区逐步实施，利于分期建设，具有较强的灵活性。中心式布局是目前规划设计方案中较为常用的布局形态。

4.4.4 围合式布局

住宅沿基地外围周边布置，形成一定数量的次要空间并共同围绕一个主导空间，构成后的空间无方向性，主入口按照环境条件可设于任一方位，中央主导空间一般尺度较大，统率次要空间，也可以其形态的特异突出其主导地位。

围合式布局可形成宽敞的绿地和舒适的空间，利于布置中心公共绿地。同时由于间距大，建筑的通风、采光和视觉环境相对较好，可以更好地组织和丰富居民的邻里交往及生活活动内容。其公共服务设施的服务半径也较为舒适，但须注意处理好公共活动对私密空间的干扰。

4.4.5 集约式布局

将住宅和公共配套设施集中紧凑布置，并开发地下空间，依靠科技进步，使地上地下空间垂直贯通,室内室外空间渗透延伸,形成居住生活功能完善、水平—垂直空间流通的集约式整体空间。

集约式布局由于节约用地,可以同时组织和丰富居民的邻里交往及生活活动,尤其适用于旧城区改造、高密度的城市中心区以及其他用地较为紧张的地区。

4.4.6 隐喻式布局

隐喻式布局在规划形态中强调表现一定的寓意,形成有特色的居住场所。将某种事物作为原型,经过概括、提炼、抽象成建筑与环境的形态语言,使人产生视觉和心理上的某种联想与领悟,从而增强环境的感染力,构成了"意在象外"的境界升华。

这种方式注重对形态的概括,讲求形态的简洁、明了、易懂,同时要紧密联系相关理论,做到形、神、意融合,同时在设计中需要注意处理好形式和功能的关系,避免出现重形式轻功能的弊端。

4.4.7 综合式布局

各种布局形态,在实际运用中常常以一种形式为主兼容多种形式而形成组合式或自由式布局。随着全球化、信息化所带来的深刻变革,居民的生活方式也将逐步发生变化,居住区的布局形态的组合类型还会增加和发展。

图 4-22 至图 4-28 为居住区规划布局的基本形式。

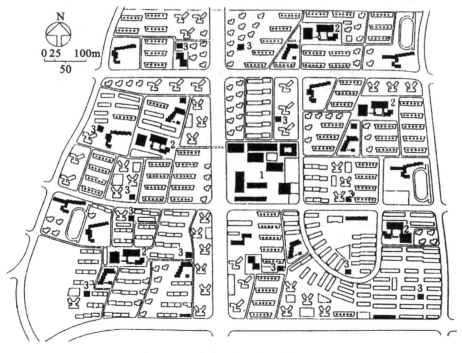

图 4-22 上海曲阳新居住区总平面图

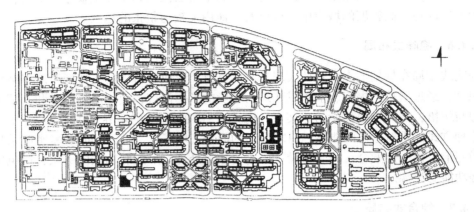

图 4-23　吉林通潭大路居住区规划方案

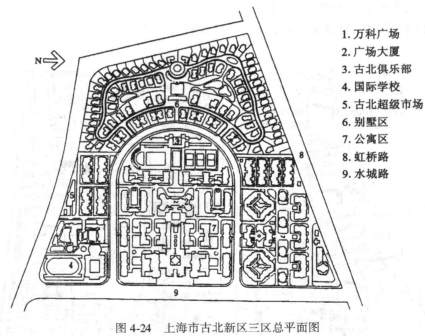

1. 万科广场
2. 广场大厦
3. 古北俱乐部
4. 国际学校
5. 古北超级市场
6. 别墅区
7. 公寓区
8. 虹桥路
9. 水城路

图 4-24　上海市古北新区三区总平面图

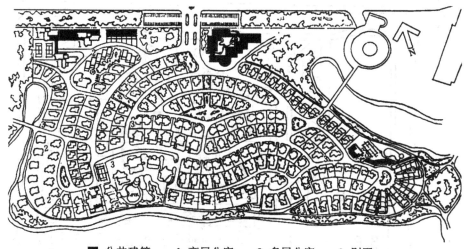

■ 公共建筑　　1. 高层公寓　　2. 多层公寓　　3. 别墅

图 4-25　深圳东方花园总平面图

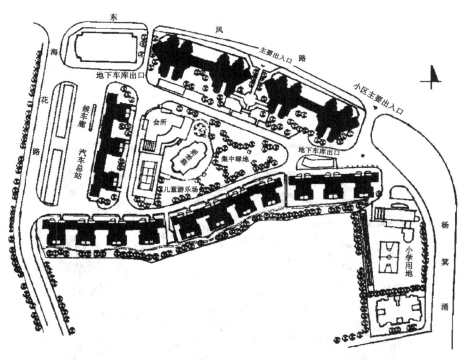

图 4-26　广州锦城花园小区总平面图

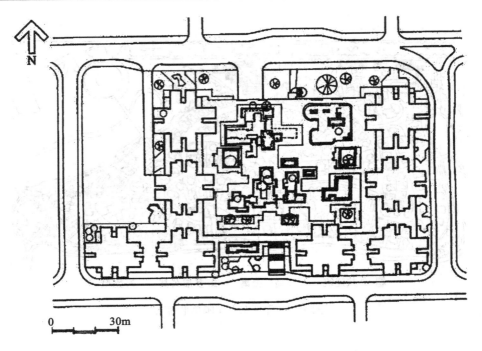

图 4-27　香港太古城住宅楼群与高架花园平台

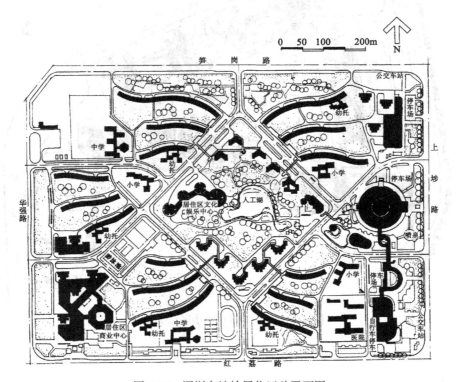

图 4-28　深圳白沙岭居住区总平面图

本 章 小 结

1. 居住区的规划结构主要取决于居住区的功能要求,"以人为本"是居住区规划设计的核心和根本。居住区规划结构的组织、建筑组群设计必须综合分析居民的生活序列与层次。

2. 居住区规划结构受到居住区的人口及用地、公共服务设施、道路及交通、绿地及景观、生活空间领域等多个因素的影响。

3. 居住区的空间结构和居住区的规划结构一致,根据其构成的基本单位分为二级结构和三级结构。

4. 居住区的布局形态分为片块式、轴线式、中心式、围合式、集约式、隐喻式、综合式等几种形式。

思 考 题

1. 居民的居住活动可分为哪三种基本类型?举例说明这些活动和居住区的规划结构的关系。

2. 居住区的生活空间领域包括哪些层次?

3. 院落在居住区的空间结构等级中处于什么地位?院落对于塑造居住区的空间结构有什么作用?

第5章 居住区住宅用地规划设计

居住区住宅用地，在居住区内不仅占地最大，其住宅的建筑面积及其所围合的宅旁绿地在建筑和绿地中的比重也最大。住宅用地的规划设计对居民生活质量、居住区和城市面貌等有着直接的影响。住宅用地规划设计应综合考虑多种因素，其中最主要的内容包括：住宅选型与建筑设计、住宅日照通风与噪声、空间环境与建筑组群设计、住宅群体组合与规划布置等。

5.1 住宅建筑设计

住宅建筑设计是居住区住宅用地重点考虑的因素。住宅建筑设计不仅要合理选择住宅类型，注意住宅的标准化和多样化，满足经济及施工的要求，同时还应满足不同家庭结构的需要，兼顾美观、实用要求。

5.1.1 住宅建筑类型及特点

住宅建筑的规划设计，应综合考虑用地条件、选型、朝向、间距、绿地、层数及密度、布局方式、群体组合和空间环境等因素。住宅建筑不仅量多面广，而且在体现城市景观方面起着主要作用。规划布局前，首先要合理选择和确定住宅建筑类型。通常住宅建筑类型按照以下方式分类。

1. 按照建筑高度分
(1) 低层住宅：建筑层数为1~3层。
(2) 多层住宅：建筑层数为4~6层。
(3) 小高层住宅：建筑层数为7~11层。
(4) 高层住宅：建筑层数为11层以上。
2. 按照建筑形式分
(1) 单元式住宅

单元式住宅便于定型、组合，便于大规模建设。其基本构成是一个单元只有一个出入口，有一组楼梯(电梯)组织交通，在楼梯口设有二三户乃至四至六户的进户门。一般以纵向分割的开间称呼单元。

单元式住宅由于在水平和垂直面上空间利用的不同而产生了大进深式和内天井式；在垂直和水平公共交通组织上的不同处理而产生了梯间式、内廊式、外廊式和集中式等各种类型的住宅；还有形体上做一些改变的如台阶式、内天井式、塔式、跃廊式住宅等。

(2) 低层花园式

低层花园式住宅按照建筑组合的形式可分为:独院式、联排式、并联式,层数多为1~3层,每种类型的住户都占有一块独立的住宅基地,多有前庭后院(表5-1)。前院为生活性花园,面向景观和朝向较好的地方,并和生活性步道相联系;后院多为服务性院落,出口和通车道连接。独立和并列住户每户可设独立车库。

表5-1　　　　　　　　　　　　住宅类型(以套为基本自称单位)

大类	编号	小类	用地特点
低层花园式	1	独院式	每户一般都有独用院落,层数1~3层,占地较多
	2	并联式	
	3	联排式	
单元式	4	梯间式	一般都用于多层和高层,特别是梯间式用得较多
	5	内廊式	
	6	外廊式	
	7	内天井式	是第4、5种类型住宅的变化形式,由于增加了内天井,住宅进深加大,对节约用地有利,一般多见于层数较低的多层住宅
	8	点式(塔式)	是第4种类型住宅独立式单元的变化形式,适用于多层和高层住宅,由于体形短而活泼,进深大,故具有布置灵活和能丰富群体空间组合的特点,但有些套型的日照条件会较差
	9	跃廊式	是第5、第6种类型的变化形式,一般用于高层住宅

5.1.2 住宅建筑经济与用地经济的关系

住宅建筑经济和用地经济的关系非常密切。住宅建筑经济直接影响用地经济,而用地经济往往又影响对住宅建筑经济的综合评价,在土地有偿使用的情况下,用地的经济起主导作用。分析住宅建筑经济的主要依据是每平方米建筑面积的土建造价和平面利用系数、层高、长度、进深等技术参数,而用地经济的主要依据是地价和容积率(或楼面价)等。下面就住宅建筑经济和用地经济比较密切相关的几个因素加以分析。

1. 就住宅建筑单体而言

(1)住宅层数

就住宅建筑本身而言,低层建筑一般比多层造价低,而高层的造价更高,但低层占地大,对于多层住宅,提高层数能降低住宅建筑的造价。从用地经济的角度来看,提高层数能节约用地,大大降低了室外工程造价、维护费用,也减少了道路交通和改建用地拆迁费用。

(2)进深

住宅进深加大,外墙相对缩短。在采暖地区外墙需要加厚的情况下,经济效果会更好。加大进深也有利于节约用地。

(3) 长度

住宅长度直接影响建筑造价，因为住宅单元拼接越长，山墙也越省。但住宅单元长度不宜过长，过长就需要增加伸缩缝和防火墙等，且对通风和抗震不利。

(4) 层高

我国住宅规范规定，卧室、起居室净高不应低于 2.40 米，厨房净高不应低于 2.20 米，坡屋顶内空间作卧室，净高不低于 2.10 米，且面积应占一半面积以上，规范还规定住宅层高不应高于 2.80 米，当层高降到 2.70 米时也应有一定的地下基础，尤其是在日照间距较大的地区较为显著。住宅层高的合理确定不仅影响建筑造价，也直接和节约用地有关，据计算，层高每降低 10 厘米，能降低造价 1%，节约用地 2%（表 5-2）。

表 5-2　　　　　　　　　　　层高与用地关系比较表

日照间距系数（K）	层数	平均每套住宅用地（m²/套）		比 2.8m 层高住宅节地（%）
		层高 2.8m 时	层高 2.7m 时	
1.7	4	48.43	47.36	2.22
	6	42.28	41.21	2.53
2.0	4	54.24	52.98	2.32
	6	47.92	46.66	2.63

(5) 采用复式或夹层住宅。

(6) 采用背向退台式住宅或坡顶住宅，以缩小住宅的日照间距。

2. 就住宅组群组合而言

(1) 空间的综合利用

① 住宅底层布置公共建筑（图 5-1）

住宅公共服务设施布置在住宅底层可减少居住区公共建筑的用地。

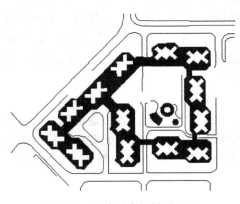

图 5-1　天津川府新村貌川里

②住宅与低层公共建筑的组合

利用南北向住宅沿街山墙一侧的用地布置低层公共服务设施。这种布置方式既保证了住宅的良好朝向，又丰富了城市沿街面貌，同时有利于节约用地。其基本组合方式有以下几种：插入式、外接式、半插入式、院落式(图5-2)。

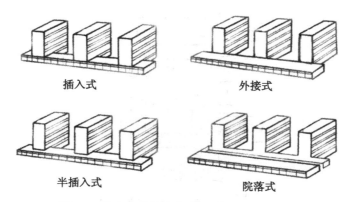

图5-2 住宅与低层公共建筑的基本组合方式

③借用道路、场地或河流等空间

住宅北临或西临道路、绿地、河流等空间，可以适当提高层数，以达到在不增加用地和不影响使用的情况下，提高建筑面积密度，但应注意与群体的统一协调(图5-3)。

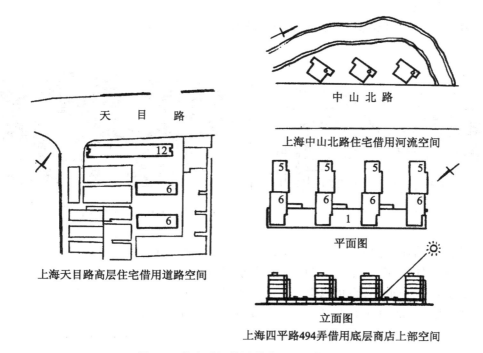

图5-3 住宅群组借用道路、河流等空间

④将性质上可以组合在一起的公共服务设施综合布置在一幢或几幢综合楼内（图5-4）。

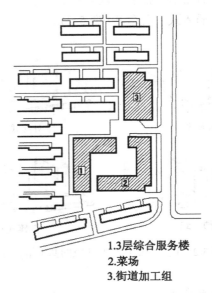

1. 3层综合服务楼
2. 菜场
3. 街道加工组

图 5-4　上海市彭浦新村居住区综合楼海乌镇路高层住宅群组

（2）采用高架平台、过街楼或利用地下空间（图 5-5）。
（3）采用连体住宅。
采用连体住宅可以减少部分山墙，从而降低造价（图 5-6）。

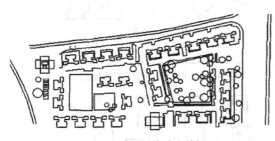 

图 5-5　广州东湖新村　　　　　图 5-6　瑞典斯德哥尔摩古诺达尔居住区

（4）适当增加住宅拼接长度，可减少住宅山墙之间的间距（图 5-7）。
（5）采用周边布置手法，少量住宅东西向布置（图 5-8）。
少量住宅东西向布置也可以组织院落，布置室外活动场地和小块绿地。东西向布置的住宅类型应与南北向住宅有所区别。在南方地区应该考虑防止西晒，一般以外廊式为宜。

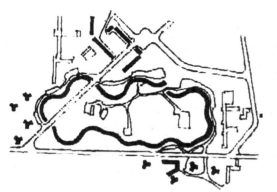
图5-7 法国庞丹城古迪利哀居住区住宅组

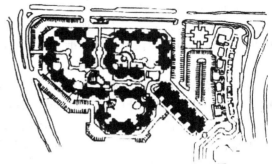
图5-8 耶路撒冷惹洛港居住区住宅

(6) 不同层数住宅的混合布置

不同层数住宅混合布置,不仅是提高建筑面积密度的途径之一,而且对于丰富建筑面貌也有显著的效果(图5-9)。

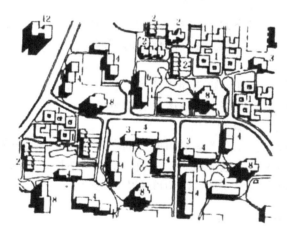
图5-9 德国法兰克福纳·马依居住区住宅组(1~12层)

5.1.3 合理选择住宅类型

住宅建筑选型是居住区规划设计中的一个重要环节。住宅选型主要是确定住宅标准、住宅套型和形体。住宅选型有以下要点。

1. 依据国家现行住宅标准

住宅标准是国家的一项重大技术经济政策,反映国家技术经济及人民生活水平,不同时期有不同的住宅标准。住宅建筑宜采用多种户型和多种面积标准,以一定面积标准为主,并应利于住宅商品化,不同套型配置合理,套型类别和空间布局具有较大的适应性,以保证多种选择,适应生活方式的变化和时代的发展,延长住宅的使用寿命,同时能较好地体现居住性、舒适性和安全性。

2. 因地制宜，适应地区特点

住宅建筑设计应考虑不同地区的自然气候特征、用地条件和居民生活习俗等，参考不同地区相应的地方性住宅设计标准，作出不同的处理。

3. 适应家庭人口结构的变化

随着经济与社会的发展，城市化进程、生活水平的提高以及计划生育政策的落实，我国家庭人口结构发生了巨大变化，如：人口规模小型化、家庭人口呈现"4—3—2"变化趋势，社会人口老龄化等。在住宅建筑选型的时候要充分考虑这种家庭人口结构的变化，合理选择套型和套性比。住宅类型可选择社会性较强的公寓式住宅、老人公寓、两代居以及灵活性较强的新型结构住宅等。

4. 利于低碳节能生活

住宅的尺度包括进深、面宽、层高等，对以上"四节"具有直接的影响。如：住宅层高将直接决定建筑造价，进深会影响住宅建筑的采光和通风等。但是也必须满足通风、采光要求，同时还要顾及居民生活习惯和心理承受能力。

5. 注重提高科技含量

小康型住宅要求运用新材料、新产品、新技术和新工艺。住宅选型应考虑新型结构、材料和设备，使住宅具有静态封闭和隔绝、动态控制变化、生态化自循环以及智能化系统。运用科技进步改善住宅性能，提高居住舒适度。

6. 利于特色空间组织

住宅形式应适应用地条件，协调周边环境，利于组织邻里及社区空间，形成可识别的多样空间环境及良好街景，使整个居住区具有特色风貌。

7. 合理确定住宅建筑层数和比例

确定住宅建筑层数，首先要考虑城市所在的建筑气候区和城市规划要求，同时考虑居住区规划人口数、用地条件、地形地质、周围环境及经济技术指标等，还要考虑居住区空间环境和建筑景观要求等，也要从经济角度考虑其造价。

5.1.4 住宅标准化和多样化

住宅设计标准化是发展中国家解决居住问题的必由之路，它有助于解放设计力量，促进建筑工业化和加快建设进度。但我们的标准化仍处于初级阶段，出现了住宅类型少，品种单一及环境质量被忽略等问题，因此，在加进标准化的同时，应积极实现建筑形式的多样化。

1. 改进标准化设计

从国外经验看，住宅标准化经历了从低级到高级的发展过程。国外开始同我们一样是住宅的单幢定型，然后是按楼梯段设计的单元定型，再是户定型，进而缩小到房间定型，直至构配件定型。随着标准定型单位越来越小，标准化程度则越来越高，住宅各部分之间从硬性连接转变为软性连接。这使标准化住宅在房屋组合、单元拼接以至建筑选型、造型等方面有更大的灵活性。应该看到，住宅标准化从低级到高级要具备相当的工业化水平，不是一蹴而就的，要做好充分的准备。

2. 增加住宅类型

在标准化的初级阶段，当务之急是增加定型住宅的类型。这是使用的要求，也是形势发展的要求。

首先住宅逐步推行商品化后要求有更多类型供选择，一部分住宅面积就不能局限于国家规定的标准以内，即使国家标准也有不同等级类别。我们认为，不同标准的住宅类型，它们的体型和形式应该是不同的。现在有些标准图虽然每户面积超过了很多，但还是在一字形的体型里"做文章"，谈不上多样化。

其次要满足各种功能要求。为适应住宅布局的多样化，要求住宅类型不能局限于过去单一的南北向、北入口。如在很多地区东西向住宅还是可以采用的，但不能简单地把南北向住宅转90°来用，必须在加大西向房间进深、改善对流通风等方面另行设计。东西向住宅应有东入口与西入口之别，正如南北向住宅应增加南入口类型一样。再如拐角单元、斜向插入体等类型也是需要的。

再次是住宅体型的变化。除高层、多层、低层区别外，还有塔式、点式或板式、条式之分，也需要其他形状的类型。

3. 实行多样化平面组合

我们在景观环境的构成原则中提到，多样化应是同一种求变化，既协调又多样，否则会导致杂乱无章。在一个规模不大的小区里，住宅的布局与住宅的形式不宜变化过多，尤其在区域界限划分不很清楚的情况下更是如此。至于规模大的小区或居住区，结合现场地形地貌的变化，可以改变布局与形式，但布局与形式之间必须有足够的或明显的分割空间。

对住宅形式多样化的正确理解应该从城市总体上去考虑。在一个小区里建筑形式可以是统一的(当然细部处理可以有变化)，但是必须具有特色，具有自己独特风格，而这种风格又不同于其他小区。如果每个小区都有自己的风格，有明显的识别性，那么整个城市就会非常丰富多彩。

在探索多样化的途径中，结合现场实际，进行别具特色的平面组合十分重要。即使采用一种类型的定型住宅，组合得好同样能产生多样化的效果。

4. 进行建筑外观的再加工

从国情出发，当前简易可行的多样化方法是采用标准化住宅，对外观进行再加工。住宅的主体，包括平面布置、结构构造法、构建形式等，是定型的，不易改变。但是建筑外观是可塑造的。建筑的外装修用料、色彩、线条以及顶部处理，可以根据特定条件有多种多样的变化。这样做不需要花费建筑师许多时间，也不会增加多少建筑造价，但收效显著。

5.2 居住区的日照、通风与噪声

5.2.1 居住区的日照

1. 日照标准

住宅室内的日照标准，一般由日照时间和日照质量来衡量。日照时间是该建筑在规定的某一日内能受到的日照时数。目前，我国采用冬至日(太阳高度角最低)和大寒日作为标准日。日照质量是指每小时室内地面和墙面阳光投射面积累计的大小及阳光中紫外线的效用。

住宅的日照间距要求是以"日照标准"表述的。决定住宅日照标准的主要因素，一是所处地理纬度。我国地域广大，南北方纬度差有50余度，高纬度的北方地区比低纬度的南方地区在同一条件下达到同样的日照标准难度大得多。二是考虑所处城市的规模大小。大城市人口集中，用地紧张的楼栋比一般中心城市多。综合上述两大因素，在计量方法上，力求提高日照标准的科学性、合理性与适用性，规定两级"日照标准日"，即冬至日照时数作为控制标准。这样，综上所述"日照标准"可概述为：不同建筑气候地区、不同规模大小的城市地区，在所规定的"日照标准日"内的"有效日照时间带"里，保证住宅建筑底层窗台达到规定的日照时数即为该地区住宅建筑日照标准。

不同纬度的地区对日照要求不同，日照标准也不同。日照时间一般以冬至日或大寒日的有效日照时数为标准（表5-3）。

表5-3　　　　　　　　　　　住宅建筑日照标准

建筑气候区划	Ⅰ、Ⅱ、Ⅲ、Ⅶ气候区		Ⅳ气候区		Ⅴ、Ⅵ气候区
	大城市	中小城市	大城市	中小城市	
日照标准日	大寒日				冬至日
日照时数（小时）	≥2小时		≥3小时		≥1小时
有效日照时带（小时）	8~16小时				9~15小时
计算起点	底层窗台面				

注：①旧城区改造可酌情降低，但不低于大寒日日照1h。
②各地区应根据本规定和当地住宅的适宜朝向，制定不同方位的"住宅日照间距系数"，供规划者使用。
③底层窗台面是指距室内地坪0.9m高的外墙位置。

我国《民用建筑设计通则》中规定："呈行列式布置的条式住宅，首层每户至少有一个居室冬至日能获得不少于1小时的满窗日照。"当然，这一标准仅为一最低标准，各地可根据具体地理气候条件有自己的规定。

2. 日照间距

在住宅群体组合中，为保证每户都能获得规定的日照时间和日照质量而要求住宅长轴外墙之间（正面间距）保持一定的距离，即为日照间距。

住宅建筑间距分正面间距和侧面间距两大类，凡泛指的住宅间距，为正面间距。日照间距则是指从日照要求出发的住宅正面间距。日照间距的确定是以太阳的高度角和方位角为依据的。日照间距可通过图解法或计算的方法求得，图解法可利用竿影日照图求解（图5-10）。

求影长公式为：$D = H \cdot \cot h$

其中：D——影长；H——竿的高度；h——太阳的高度角。

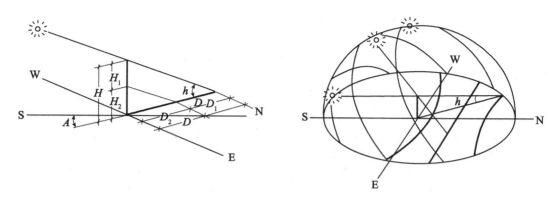

图 5-10　竿影日照图原理

求日照间距公式为：$D=(H-H')\cdot\cot h$

其中　D——日照间距；H——前排房屋的高度；H'——后排住宅底层窗台的高度；h——规定时日的太阳高度角。

下面主要介绍用计算的方法求解日照间距，以标准日（冬至日或大寒日）中午正南太阳能照射到住宅底层窗台高度为依据。

(1)标准日照间距

所谓标准日照间距，即当地正南向住宅，满足日照标准的正面间距（图 5-11）。

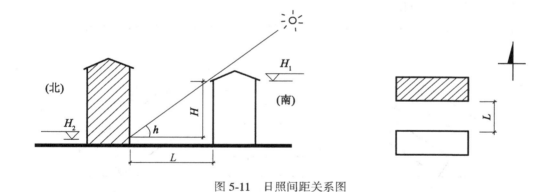

图 5-11　日照间距关系图

由图 5-11 可知：$\tan h=H/L$；则 $L=H/\tan h$；

式中：$H=H_1-H_2$；令 $a=1/\tan h$

故：$L=a\cdot(H_1-H_2)$

式中：L——标准日照间距(m)；

　　　H——前排建筑屋檐标高至后排建筑底层窗台标高之差(m)；

　　　H_1——前排建筑屋檐标高(m)；

　　　H_2——后排建筑底层窗台标高(m)；

h——日照标准日太阳高度角;
a——日照标准间距系数(表5-4)。

表5-4　　　　　　　　全国主要城市不同日照标准的间距系数

序号	城市名称	纬度（北纬）	冬至日 日照1小时	大寒日 日照1小时	大寒日 日照2小时	大寒日 日照3小时	现行采用
1	长春	43°54′	2.24	1.93	1.97	2.06	1.7~1.8
2	沈阳	41°46′	2.02	1.76	1.80	1.87	1.7
3	北京	39°57′	1.86	1.63	1.67	1.74	1.6~1.7
4	太原	37°55′	1.71	1.50	1.54	1.60	1.5~1.7
5	济南	36°41′	1.62	1.44	1.47	1.53	1.3~1.5
6	兰州	36°03′	1.58	1.40	1.44	1.49	1.1~1.2；1.4
7	西安	34°18′	1.48	1.31	1.35	1.40	1.0~1.2
8	上海	31°12′	1.32	1.17	1.21	1.26	0.9~1.1
9	重庆	29°34′	1.24	1.11	1.14	1.19	0.8~1.1
10	长沙	28°12′	1.18	1.06	1.09	1.14	1.0~1.1
11	昆明	25°02′	1.06	0.95	0.98	1.03	0.9~1.0
12	广州	23°08′	0.99	0.89	0.92	0.97	0.5~0.7

注：本表按沿纬向平行布置的6层条式住宅(楼高18.18m、首层窗台离室外地面1.35m)计算。

(2) 不同方位日照间距

当住宅正面偏离正南方时，其日照间距以标准日照间距进行折算(图5-12)：

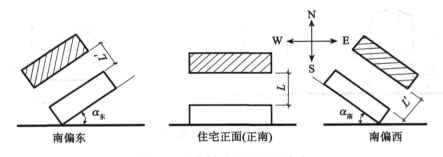

图5-12　不同方位日照间距关系

$$L' = b \cdot L$$

式中：L'——不同方位住宅日照间距(m)；
L——正南向住宅标准日照间距(m)；
b——不同方位日照间距折减系数(查表5-5)。

表 5-5　　　　　　　　　　　不同方位间距系数折减换算表

方位	0°~15°(含)	15°~30°(含)	30°~45°(含)	45°~60°(含)	>60°
折减值	1.0L	0.9L	0.8L	0.9L	0.95L

注：表中方位为正南(0°)偏东、偏西的方位角。L 为当地正南向住宅的标准日照间距(m)。

本表指标仅适用于无其他日照遮挡的平行布置条式住宅(居住区规划设计/朱家瑾主编，64-65)。

(3)住宅侧面间距

住宅侧面间距除考虑日照因素外，通风、采光、消防以及视线干扰、管线埋设等要求也是其重要影响因素。山墙无窗户的房屋间距一般情况可考虑按防火间距的要求确定，低层、多层不得小于 6 米。侧面有窗户时可根据情况适当加大间距以防视线干扰，低层、多层不得小于 8 米。高层侧面间距不得小于 13 米。一般来说，防火间距是最低限要求。

3. 住宅日照间距计算的基本原则

(1)住宅日照间距，应满足日照要求为基础，综合考虑采光、通风、消防、防灾、管线埋设、视觉卫生等要求。

(2)住宅日照标准应符合表 5-3 的规定，对于特定情况还应符合下列规定：

①老年人居住建筑不应低于冬至日日照 2 小时的标准；

②在原设计建筑外墙增加设施不应使相邻住宅原有日照标准降低；

③旧区改造改建的项目内新建住宅日照标准可酌情降低，但不应低于大寒日日照 1 小时的标准。

(3)住宅侧面间距应符合下列规定：

①条式住宅，多层之间不宜小于 6m；高层与各种层数住宅之间不宜小于 13m；

②高层塔式住宅、多层和中高层点式住宅与侧面间距有窗的，各种层数住宅之间应考虑视觉卫生因素，适当加大间距，但不宜超过规定。

另外，居住区的日照要求不仅仅局限于居室内部，户外活动场地的日照也同样重要。在住宅组群布置中，不可能在每幢住宅之间留出日照标准以外不受遮挡的开阔场地，但可在一组住宅里开辟一定面积的空间，让居民户外活动时能获得更多的日照，保证户外活动的质量。如在行列式布置的住宅组团里去掉一幢住宅的 1~2 个单元，就能为居民提供更多日照的活动场地。尤其在托儿所、幼儿园等公共建筑的前面应有更为开阔的场地，以获得更多的日照。通常，这类建筑在冬至日的满窗日照不少于 3 小时。

5.2.2 居住区的通风

自然通风是指空气借助风压或热压而流动，使室内外空气得以交换。住宅区的自然通风在夏季气候炎热的地区尤为重要。实现自然通风是为居民创造良好居住环境的措施之一。住宅的自然通风不仅受到大气环流所引起的大范围风向变化的影响，而且还受到局部地形特点所引起的风向变化影响。

对于建筑本身而言，自然通风与建筑的高度、进深、长度、外形和迎风方向有关。

对于建筑群而言，建筑组群的自然通风与建筑的间距大小、排列方式以及通风的方向（即风向对组群入射角的大小）有关(图 5-13)。

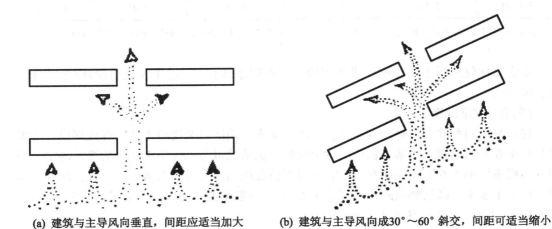

(a) 建筑与主导风向垂直，间距应适当加大　　(b) 建筑与主导风向成30°~60°斜交，间距可适当缩小

图 5-13　通风与建筑间距的关系

建筑间距越大，后排住宅受到的风压较强，自然通风效果越好。但为了节约用地和室外工程，不可能也不应该盲目增大建筑间距。因此，应将住宅朝向夏季主导风向，并保持有利的风向入射角(图 5-14)。一般在满足日照的要求下，就能照顾到通风的需要。

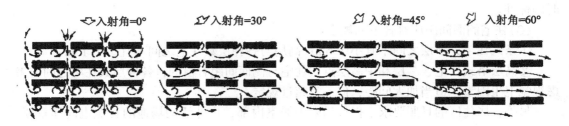

图 5-14　不同入射角度影响下的气流示意图

对于住宅区规划而言，自然通风与住宅区的合理选址以及住宅区道路、绿地、水面的合理布局有关。

1. 群体布置方式与自然通风的关系

(1) 行列式布置

调整住宅朝向引导气流进入住宅群内，使气流从斜方向进入建筑群体内部，从而减少阻力，改善通风效果。

(2) 周边式布置

在群体内部和背风区以及转角处会出现气流停止区，漩涡范围较大，但在严寒地区则可阻止冷风的侵袭。

(3) 点群式布置

单体挡风面小，比较利于通风。但当建筑密度较高时也会影响群体内部的通风效果。

(4) 混合式布置

自然气流较难达到中心部位，要采取增加或扩大缺口的办法，适当加进一些点式单元或塔式单元。这样不仅可以提高用地的利用率，还能够改善建筑群体的通风效果。

2. 规划设计中住宅群体通风和防风措施

规划设计中住宅群体通风和防风措施见图5-15。

住宅错列布置增大迎风面，利用山墙间距，将气流导入住宅群内部

低层住宅或公共建筑布置在多层住宅群之间，可改善通风效果

住宅疏密相间布置，密处风速加大，改善了群体内部通风

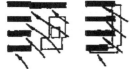
高低层住宅间隔布置，或将低层住宅或低层公共建筑布置在迎风面一侧以利进风

住宅组群豁口迎向主导风向，有利通风。如防寒则在通风面上少设豁口

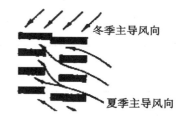
冬季主导风向
夏季主导风向

利用水面和陆地温差加强通风

利用局部风候改善通风

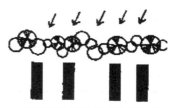
利用绿化起导风或防风作用

图5-15　住宅群体通风与防风措施

5.2.3 居住区的噪声

噪声污染日益成为影响居住环境质量的一个重要问题。不同的声响产生的噪声强度见表5-6。为了控制噪声的干扰，必须按照不同地区的需要或者不同的工作性质来制定保护正常生活活动的噪声容许标准。国际标准组织制定的居住区室外噪声容许标准为35～45分贝，表5-7、表5-8为不同时间和城市不同地区对该标准的修正值。我国在《城市区域环境噪声标准》中对居住区允许的噪声标准也作了规定（表5-9）。

居住区内的噪声主要来自城市交通和各种生活噪声。住宅区噪声的防治可以从住宅区的选址、区内外道路与交通的合理组织、区内噪声源相对集中以及通过绿化和建筑的合理布置等方面来进行。防治的主要目的，一是消除噪声源，二是将噪声隔离开来。

表 5-6　　　　　　　　　　　　不同声响的声压分贝级

声压级（分贝）	声源（一般距测点 1~1.5 米）
10~20	静　夜
20~30	轻声耳语
40~60	普通谈话声，较安静的街道
80	城市道路，公共汽车内，收音机
90	重型汽车，泵房，很吵的街道
100~110	纺织机等
130~140	喷气飞机，大炮

表 5-7　　　　　　　　居住环境在不同时间的噪声容许标准修正值

时　间	修正值（分贝 A）
白天	0
晚上	-5
深夜	-10~-16

表 5-8　　　　　　　　居住环境在不同地区的噪声容许标准修正值

地　区	修正值（分贝 A）	修正后标准（分贝 A）
郊区住宅	+5	40~50
市区住宅	+10	45~55
附近有工厂或主要道路	+15	50~60
附近有闹市中心	+20	55~65
附近有工业区	+25	65~70

表 5-9　　　　　　　　　　我国居住环境允许噪声标准

时　间	A声级（分贝）
白天（上午 7：00~下午 9：00）	46~50
夜晚（晚上 9：00~凌晨 7：00）	41~45

1. 住宅群体噪声防治

合理组织城市交通，明确各级道路分工，减少过境车辆穿越居住区和住宅群的机会。控制噪声源和削弱噪声的传递，对居住区中一些主要噪声源，如学校、工业作坊、菜场、青少年及儿童活动场地等在满足使用要求的前提下，应与住宅组群有一定的距离和间距，尽量减少噪声对住宅的影响。同时还可以利用天然的地形屏障、绿化带等来削弱噪声的传递，降低影响住宅的噪声级。

住宅群布置要与周围的绿化系统一起考虑，绿篱能反射75%的噪声。利用噪声传播的特点，在群体布置时，将对噪声限制要求不高的公共建筑布置在靠近声源的一侧，还可以将住宅中辅助房间或外廊朝向道路或噪声源一侧。在住宅群体的规划中利用地形的高低起伏作为阻止噪声传播的天然屏障,特别是在工矿区和山地城市,在进行居住区竖向规划时,应充分利用天然或人工地形条件,隔绝噪声对住宅的影响。

2. 规划设计中住宅群体噪声防治措施

规划设计中住宅群体噪声防治措施见图 5-16。

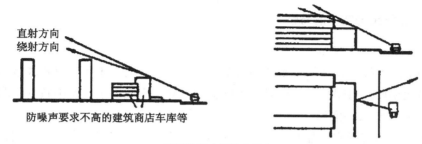

(a) 利用临街建筑防止噪声

(b) 利用绿化防止噪声

(c) 利用地形防止噪声

图 5-16 住宅群体噪声防治措施

5.3 空间环境与建筑组群设计

组织室外空间环境的主要物质因素为地形地貌、建筑物、植物三类，其中对室外空间影响最大的是建筑对空间的限定与布局，它决定着空间的形态、尺度以及由此形成的不同空间的品质，产生积极或消极的影响。

5.3.1 建筑组群空间的特性

1. 空间的封闭感和开敞感

封闭的空间可提供较高的私密性和安全感，但是也可能带来闭塞感和视域的限制。开敞空间则与此相反。封闭和开敞可以有程度上的不同，它取决于建筑围蔽的强弱。

2. 主要空间和次要空间

建筑物的单调布置或杂乱的任意布置都不能建立具有一定视觉中心的空间，但是只有单一的主要空间也会带给人以单调感。如果结合主要空间布置一些与其联系的次要空间（或称子空间），就能使空间更为丰富。当人处于某个特殊位置时，这些子空间将被遮掩，使人感觉空间时隐时现，产生奇妙的变化而耐人寻味（图5-17）。

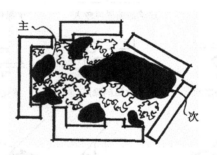

图 5-17 主、次空间的关系

3. 静态空间和动态空间

具有动感的空间，常能使人引起对生活经验中某种动态事物的联想，缓解呆板的建筑形象，给人以轻松活泼、飘逸荡漾的良好心理感受（图5-18）。

4. 刚性空间和柔性空间

刚性空间由建筑物构成，柔性空间由绿化构成。较为分散的建筑，常利用植物围合成空间（图5-19）。绿化不但能界定空间，而且能柔化刚性体面。许多建筑物利用攀援的植物、悬垂植物，使墙面、阳台、檐口等刚性体面得以柔化和自然环境融为一体，增强了协调感和舒适感。

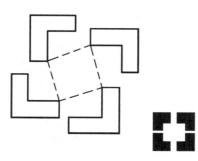
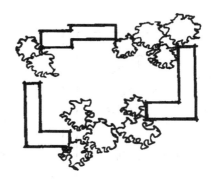

图 5-18 "风车型"动态空间　　　　图 5-19 植物围合和柔化空间

5.3.2 建筑组群空间的构成及类型

1. 建筑组群空间的构成要素及构成方式

建筑组群构成的空间虽然千变万化，但是基本上由实体围合和实体占领两种方式构成。由于居住区是一个密集的聚居环境，目前以多层住宅为主的居住区，其空间大多由围合所形成。此类空间使人产生内向、内聚的心理感受。如我国传统的四合院住宅，使居民产生强烈的内聚、亲切、安全的感受。高层低密度住宅区是一种由实体占领形成的空间，它则使人产生扩散、外射的心理感受。

无论何种空间构成方式，关键在于如何组织空间。因为并非任何实体的围合或占领都能产生良好的可居空间，如处理不当会缺乏空间特性，或使用不便，或使用效果不佳，或称为"沙漠空间"。简而言之，居住区建筑组群空间的构成，关键在于使空间符合居民在组群内活动的特性。

空间的构成要素分硬质和软质两类，有建筑物的墙面、围墙、过街豁口、铺地等要素围蔽的空间为硬质空间，而有大树、行道树、树群、灌木丛、草地等围蔽的空间为软质空间。

居住区内组群空间虽然千变万化，但基本上由以下三种方式构成：围合、占领、占领间的联系（图 5-20）。

（1）实体围合，形成空间。
（2）实体占领，形成空间。
（3）占领物之间的张力，产生空间感。

2. 建筑组群空间的类型

建筑组群构成的空间类型与形式随环境条件而变化，基本的空间类型如下。

（1）开敞空间

这是一种具有内聚性的、内向型的由建筑物围合而成的空间（图 5-21）。它犹如"磁铁"一般，吸引着人们再次聚集和活动，居民在这样的空间内活动，受外界影响较小。若希望得到最强封闭感的空间，则必须使视线不易透过，或将空间空隙减少到最佳程度。当一个中心开敞空间的各个角落张开，相邻两建筑物成 90°时，空间的视线和围合感就会从敞开的角落溢出；如果建筑为转角式，则弯曲的转角会使视线滞留在空间内，从而增强空

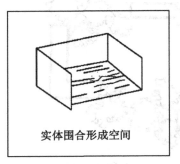  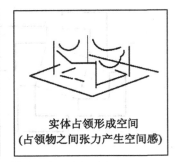

图 5-20　外部空间限定的基本方式

间的围合感(图 5-22)。

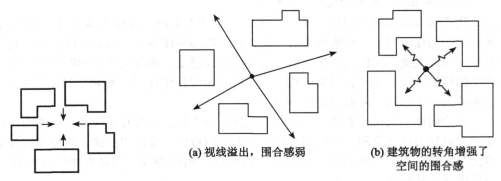

图 5-21　中心开敞空间的自聚性与内向性　　　图 5-22　空间围合感的增强与减弱

同时，为增强开敞空间的"空旷度"，突出空间的特性，切勿将树木或其他景物布置在空间中心，而应置于空间的边缘，以免产生阻塞(图 5-23)。

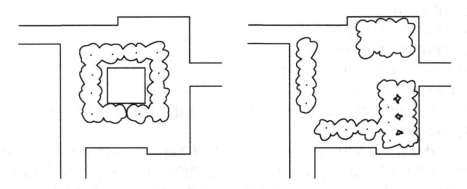

图 5-23　树木等景物对空间的影响

(2) 定向开放空间

这是一种具有极强方向性的空间，由建筑组群三面围合、一面开敞构成（图5-24）。此种空间有利于借用外界优美的景观，因此在总体布局时，不应保持植物配置或地形等景物的方向性。

(3) 直线型空间

直线型空间呈长条、狭窄状，在一端或两端开口（图5-25）。这种空间，沿两侧不宜放置景物，可将人们的注意力引向地面标识上，或引向一座雕塑、一座有特色的建筑物上。

(4) 组合型空间

是由建筑物构成的带状空间。这种空间起承转折，各串联的空间时隐时现（图5-26）。在这种空间中，行人随着空间的方向、大小等变化，视野中景物不断变化，其空间效果犹如造园艺术的"步移景异"。

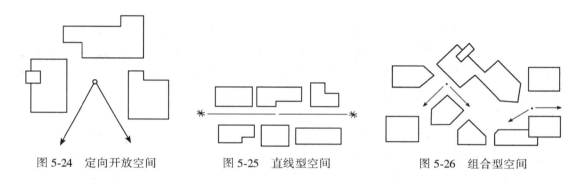

图 5-24　定向开放空间　　　　图 5-25　直线型空间　　　　图 5-26　组合型空间

5.3.3　建筑组群空间的划分与层次

在现实生活中，人们的社会生活和社会关系是具体的，总是在一定的空间地域内实现的，因为整个人类社会活动和社会关系都相对地划分成若干相对的空间部分，城市社会生活也就由此形成了若干地域范围。也就是说，居民在户外的各类活动，都是或多或少、自觉与不自觉地、直接或间接地按照空间的领域性而进行的。这些空间可以划分为以下四种：公共空间、半公共空间、半私密空间、私密空间（图5-27）。

1. 公共空间

公共空间是供给居住区共同使用的场所。一般情况下，公共空间常常占据着居住区内中心地带或居住区主要出入口。这类空间包括道路广场、中心公园、文化活动中心、商业中心等，是居住区（小区）居民的共享空间。

2. 半公共空间

指具有一定限度的公共空间，是属于多幢住宅居民共同拥有的空间。这类空间是邻里交往、游憩的主要场所，也是防灾避难和疏散的有效空间。规划设计中，需使空间有一定的围蔽性，交通车与人流不能随意穿行，使居民有安全感。

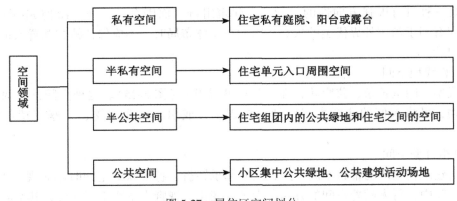

图 5-27　居住区空间划分

3. 半私密空间

它是私密空间渗透入公共空间的部分，属于几幢住宅居民共同使用的空间领域，供特定的几幢住宅居民共同使用和管理。这类空间常常成为幼儿活动场所。同时，又由于这类空间是居民离家最近的户外场所，是室内空间的延续。因此，它是居民由家庭向城市空间过渡、连接家与城市、自然的纽带。

4. 私密空间

是属于住户或私人所有的空间，不容他人侵犯，空间的封闭性、领域性极强。一般指住宅底层庭院、楼层的阳台与室外楼台。

从居民的活动要求、居民安全、组织管理及保持居住环境的宁静出发，建议将居住区的半私密空间、半公共空间围成半开敞的或有一定封闭性的院落空间，使空间具有其边界和增强空间的领域性，以便邻里交往，大人照顾小孩，减少干扰等。公共空间应将中心绿地、文化中心、老人活动室、青少年活动中心、商业服务中心、道路广场等合理设置，与各半公共空间、半私密空间有机相连，形成一个统一的整体。

5.3.4　建筑组群空间的领域性和安全性

1. 领域性

"领域"的概念最早来自个体生态学，是指针对其他组成成员的受保护区域。心理学家和社会学家指出，领域空间是个人或一部分人所专用控制或使用和管理的空间范围，当领域空间被侵犯时，拥有者将会做出相应的反应。人的领域感是一种本能的行为，受到人的文化背景的影响。在居住环境中，领域空间是有一定功能的，它是居民进行交往和活动的主要场所。领域空间就是为了提高人的居住环境质量所提供的。缺乏领域感的空间是毫无意义的，它们只不过是住宅楼与楼之间的空地，是没有人去利用和维护管理的由建筑实体形成的"沙漠地带"。在此地，行人来去匆匆，彼此视若无人，无意在此停留。领域空间能加强居民的安全感，提高住宅的防卫能力，领域空间还可保证居民不同层次的私密性要求。

一般地，居民对空间领域的领有意识具有一定的层次性。对距离自身越近的区域范围，居民对其空间的领有意识越强烈，越远则越淡薄。按照由内到外、由强到弱、由私有到公共的秩序，居民对空间的领有意识相应地可划分为户领有、半私有领有、半公共领有、公共领有四个层次(图5-28)。在实际生活中我们发现，居民很大程度上自觉不自觉、直接地或间接地按照空间领有意识的层次来使用户外空间，居民对各层次的领有空间的使用是根据活动的类型和各项目的性质而选择的。

总之，根据空间领域的层次而建立起一种社会结构以及相应的、有一定空间层次的居住区形态，形成了从小组团与小空间到大组团与大空间，从较为私密的空间逐步到具有较强公共性的空间，最后到具有更强公共性的空间过渡，从而能在私密性很强的住宅之外，形成一个更强的安全感和更强的从属于这一区域的空间。如果每位居民都把这种区域范围视为是住宅和居住环境的有机组成部分，那么它就扩大了实际的住宅范围，这样就会造成对领有空间的更多使用和关怀，导致更多、更有益的社会性活动的发生。

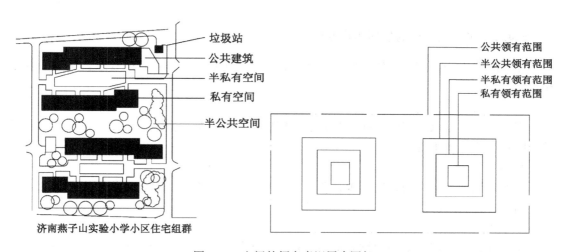

图 5-28　空间的领有意识层次图解

2. 安全性

马斯洛的"需求层次论"告诉我们，居民对安全的需求仅次于空气、阳光、吃饭、睡觉等基本生理需求，是人类求得生存的第二位基本需求，安全防卫问题，牵动着千家万户的心，时刻影响着居民的生活与工作。居住区的安全性是评价居住环境的一个重要指标。合理的建筑组群设计能为安全性的创造提供有利的条件。

奥斯卡·纽曼的《可防卫空间》一书中指出，能防卫的空间是一个划分成领域的环境，领域的限定就是空间的限定。"像住宅中很多人使用的公共门厅、电梯间、长走廊及任何人都可以随意进出的住宅区活动场所、道路，是犯罪的方便之地。诚然，这种无人照管和领有的空间及居住区四通八达的道路，给偷窃者创造了条件和机会。"《犯罪心理学教学参考资料》指出："罪犯的成功并不是因为罪犯思维的完美无瑕，而是各种因素的一种巧合。"居住区内不同的建筑组群空间环境限定了罪犯作案的难易程度。具有领域性的空间，造就了居民对其空间实实在在的控制和领有。一方面，在本能上，居住者对陌生人闯入领域空间是很有警觉的，自然地或不自然地监视闯入者的行动；另一方面，对不属于这一领域空间的陌生人来说，总是具有望而却步之感。

因此，我们应该建立起有一系列分级设置的户外空间的居住区，特别是在居住区各组团或组群内组成半公共的或半私密性的、亲切的和熟悉的可防卫空间，这样就可以使居民更好地相互了解、相互熟悉、相互关心，使陌生人不敢闯入。并且，使住户认为户外空间是居住者共同拥有和管理的空间、半公共空间、半私密空间、特别是后两者的领有意识，加强了居民的集体责任感。这样户外的领域空间成了产权的一部分，就可能防止破坏和犯罪，使居民得到安全保护。这不仅有助于防卫安全，也增进了邻里关系、社会性活动和居民的责任感。

5.4 居住建筑群的规划布置

5.4.1 居住建筑群的规划布置原则

住宅组群组合应该保证住宅群体在功能、经济、美观三方面各自的要求，又使三者互相协调统一。

1. 功能方面

满足日照、通风、密度、间距等要求，使居住环境安静、舒适、方便、安全，又使得居民联系方便且便于管理。

2. 经济方面

主要是土地与空间的合理使用，选定合适的经济技术指标，合理地节约用地，充分利用空间、方便施工等。

3. 美观方面

居住建筑物是城市重要的物质景观要素，而居住区是城市风貌的重要组成部分。居住区的景观不仅取决于建筑物单体的造型、色彩，而重要的在于群体的空间组合以及绿化环境小品等的整体设计，居住建筑群的设计应力求打破千篇一律和单调呆板的形式，努力运用美学原理，创造和谐、幽美、明朗、充满生活气息及个性的居住环境。

5.4.2 居住区建筑组群设计

1. 住宅组群的平面组合形式

住宅组群平面组合的基本形式有三种：行列式、周边式、点群式，此外还有由三种基本形式结合或变形的混合式。

（1）行列式

条式单元住宅或联排式住宅按一定朝向和间距成排布置，使每户都能获得良好的日照和通风条件，便于布置道路、管网，方便工业化施工。整齐的住宅排列在平面构图上有强烈的规律性，但形成的空间往往单一呆板，如果能在住宅排列组合中，注意兵营式布置，多考虑住宅组群建筑空间的变化，仍可达到良好的景观效果(表5-10)。

表 5-10　　　　　　　　　　　　　　行列式基本布置手法

布置手法	图示	布置手法	图示
1. 平行排列	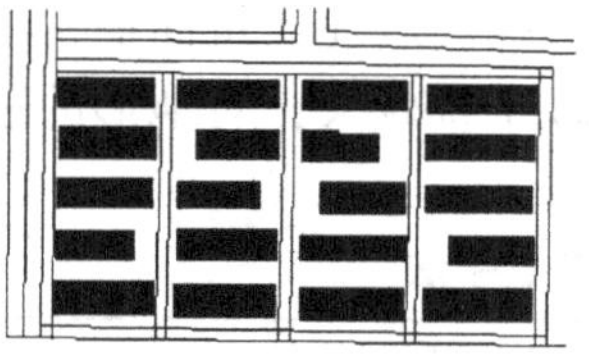 天津长江道实验小区住宅组	2. 变化间距	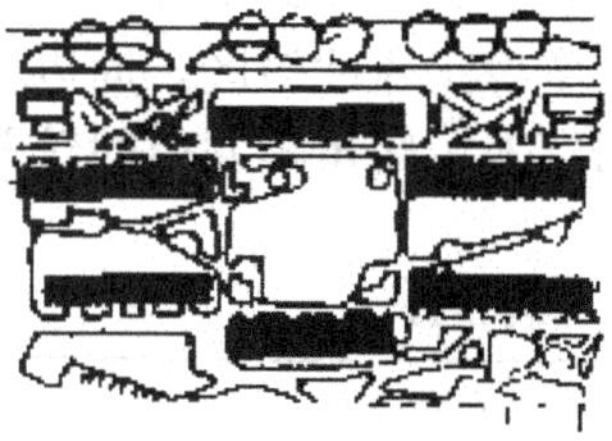 莫斯科奇辽仆卡九号街坊
3. 交错排列 (a)山墙前后交错	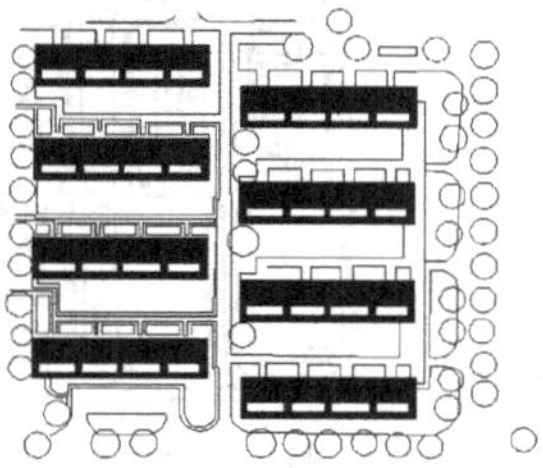 北京翠微小区住宅组	4. 单元错节 (a)不等长拼接	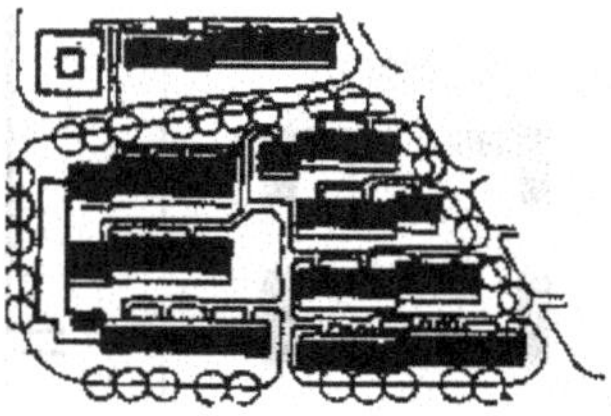 上海仙霞村住宅组
3. 交错排列 (b)山墙左右交错	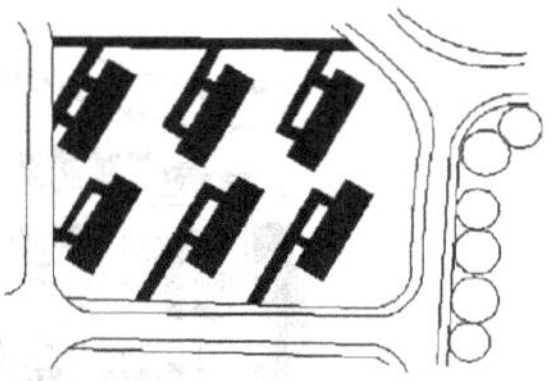 青岛市浮山所小区住宅组	4. 单元错节 (b)等长拼接	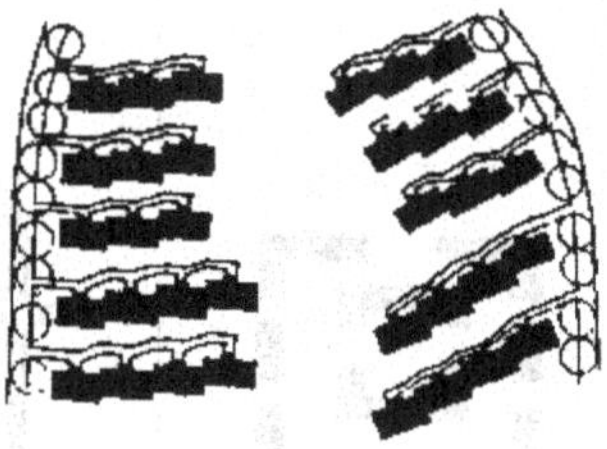 河南焦作凤凰小区住宅组
5. 成组改变朝向	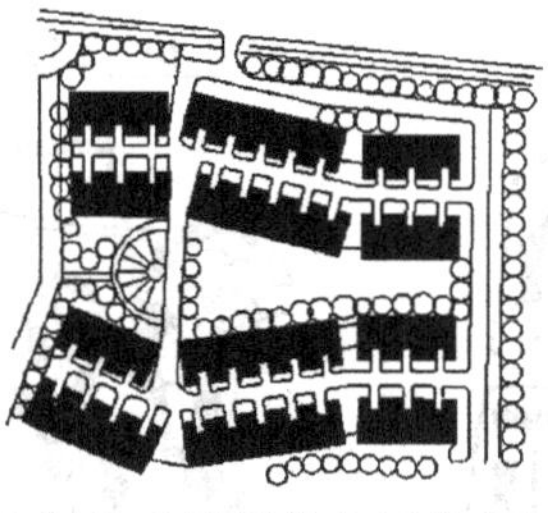 上海番瓜弄居住小区住宅组 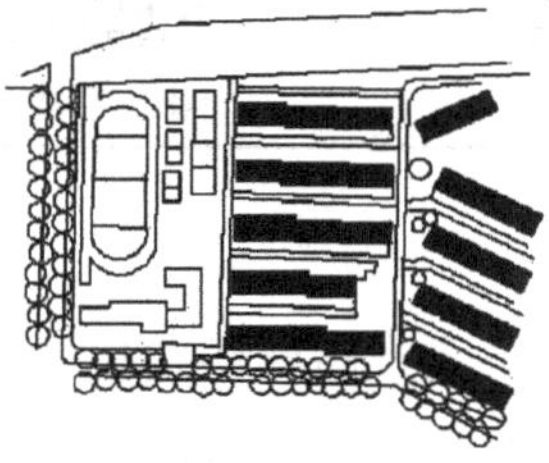 / 上海健康新村住宅组	6. 扇形排列	 上海凉城新村居住区住宅组 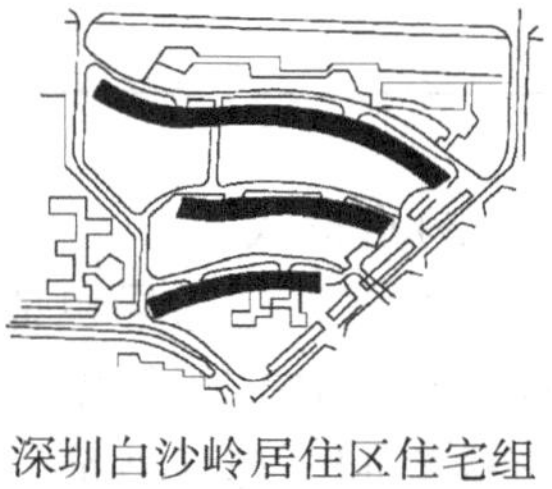 / 深圳白沙岭居住区住宅组

（2）周边式

住宅沿街坊或院落周边布置，形成封闭或半封闭的内院空间，院内安静、安全、方便，有利于布置室外活动场地、小块公共绿地和小型公建等居民交往场所，一般比较适合于寒冷多风沙地区。周边式布置可以节约用地，提高居住建筑面积密度，但是部分住宅朝向较差，转角单元空间较差，有漩涡风，噪声级干扰较大，对地形的适应性差（表5-11）。

表5-11　　　　　　　　　　　周边式基本布置手法

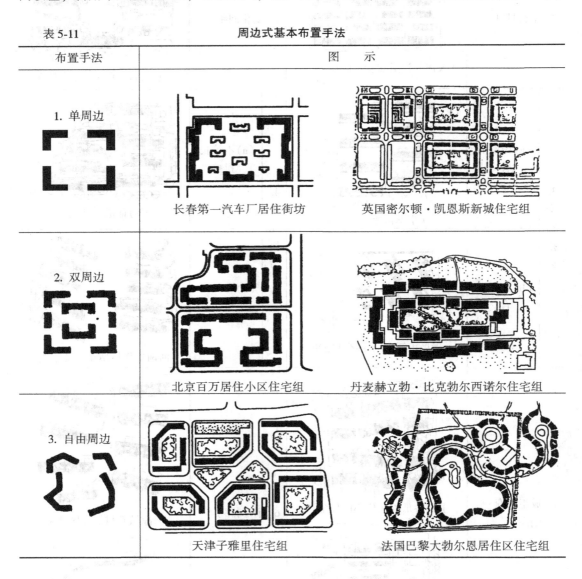

（3）点群式

点群式住宅布局包括低层独院式住宅、多层点式及高层塔式住宅布局，点式住宅自成组团或围绕住宅组团中心建筑、公共绿地、水面有规律地或自由布置，运用得当可丰富建筑群体空间，形成特征。日照和通风条件较好，对地形的适应能力强，可利用边角余地，但在寒冷地区外墙太厚对节能不利,而且识别性较差(表5-12)。

表5-12 点群式基本布置手法

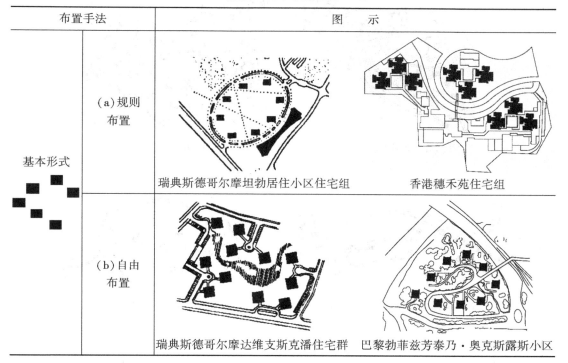

(4)混合式

三种基本形式结合地形等各种因素,在满足日照、通风等要求的前提下,组成自由灵活的空间布置(图5-29~图5-34)。

图5-29 西班牙马德里萨考娜·德希萨小区住宅组

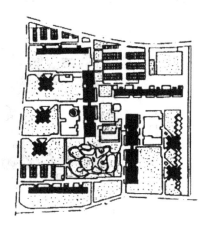

图5-30 日本大阪住宅区住宅组

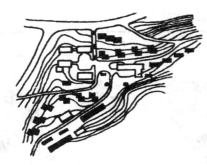
图 5-31　重庆华一坡住宅组

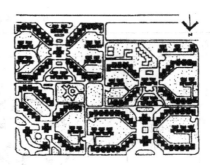
图 5-32　深圳园岭居住区住宅组

图 5-33　瑞典斯德哥尔摩涅布霍夫居住区局部

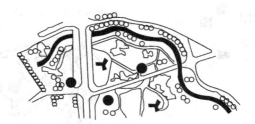
图 5-34　法国博比恩小区住宅组

2. 住宅群体空间组合形式

（1）成组成团

这种组合方式是由一定规律和数量的住宅成组成团地组合，构成居住区或居住小区的基本组合单元，其规模受建筑层数、公建配置方式、自然地形、现状条件及管理等因素的影响，一般为1000～2000人，较大的可达3000人左右。住宅组团可由同一类型、同一层数或不同类型、不同层数的住宅组合而成。

①同一类型、同一层数或不同层数的住宅组合（图 5-35）。

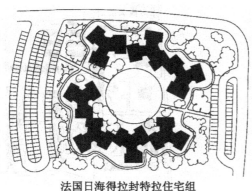
法国日海得拉封特拉住宅组

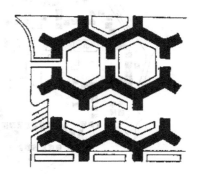
广州五羊居住区住宅组

图 5-35　同一类型、同一层数或不同层数的住宅组合方式

②不同类型、不同层数的住宅组合(图 5-36)。

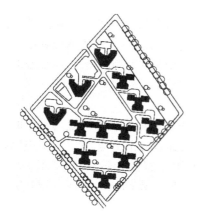
深圳碧波居住区住宅组,由高、多层点式组成

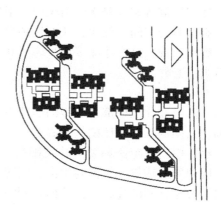
上海凉城新村住宅组

图 5-36　不同类型、不同层数的住宅组合方式

(2)成街、成坊

成街的组合方式是住宅沿街组成带形的空间,成坊的组合方式是住宅以街坊作为一个整体的布置方式。有时既成街,又成坊(图 5-37)。

上海市明园村居住街坊

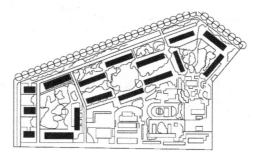
莫斯科齐辽稷仆卡9号街坊(5~9层)

图 5-37　成街的组合方式

(3)整体组合方式

将住宅或者公共建筑用连廊、高架平台等连成一体的布置方式。

5.4.3　居住建筑组群的空间组合手法

1. 重复法

在住宅群体组织时,采用相同形式与尺度的组合空间在院落、组团、甚至整个小区中重复设置,从而求得空间的统一整体性和节奏感。重复组合时容易在住宅之间、住宅组群之间形成一定规模的外部空间，可以在其中布置绿地、公共服务设施、场地等，并从整体上容易组织空间层次。

2. 母题法

在住宅组群各构成要素的组织中，采用共同的母题形式或符号，在院落、组团、小区中形成有节奏的空间主旋律，从而达到整体空间的协调统一。在整体规划中，母题必须以一定的频率出现，这样才能保证整体性和联系性，但是可以随地形、环境及其他因素的变化作适当的变异。

3. 向心法

向心法可在住区内部各层级的居住空间中使用。如在邻里生活院落组织时，将各住宅建筑围绕共同的绿化、休闲核心庭院空间布置，在组团中将住宅组群围绕组团核心空间布局，在小区中将各组团和公共建筑围绕小区中心来布置，使每一个不同层级的居住空间中，形成建筑与建筑、组群与组群、组团与组团之间一定的核心空间，相互吸引而产生向心、内聚及相互间的连续性，从而达到空间的协调统一。

4. 对比法

在住区的多个住宅群体空间组织中，任何一个住宅组群的空间形态，常可以采用与其他空间组织形式进行对比的手法予以强化。在一个住宅群空间环境设计中，除考虑自身尺度比例与变化外，还可以与其他住宅组群之间形成相互对比与变化，从空间的大小、方向、色彩、形态、虚实、围合程度、气氛等方面进行对比，在强烈的反差中突出个性，当然对比的最终目的还是要在整个住区中形成一定的韵律、节奏和整体性(表5-13)。

表5-13　　　　　　　　　住宅组群常用的对比法

常用对比法	特　点	图　示
1. 长短对比	根据地段条件，选用长短不同的住宅单元组合体或点式塔式住宅单元，在达到一定的用地指标，满足日照、通风等使用条件的同时，可使组群空间富于变化	
2. 体形对比	不同层数的或不同体形的单元组合体，可使平面或空间(包括体形高度)都有所变化和对比	

续表

常用对比法	特 点	图 示
3. 方向对比	从整个建筑的排列看，有不同方向的对比，组群空间会显得更完整，更富于变化。结合不同方向的道路，在视线的终端有了对景，加深了组群空间的层次，使空间更加丰富	
4. 疏密对比	在住宅组群布置中，由于层数不同，相应的房屋间距会有疏密之分。从整个群体空间构图看，这一高一低的对比同时也就形成建筑群的疏密对比关系，就整个居住小区的布置来看，组群之间也应有疏密相间、虚实对比的关系	
5. 高低对比	由高低不同的建筑组成高低起伏的建筑组群，既保证了住宅良好的朝向，又注意了沿街建筑艺术的要求	
6. 简单与复杂的对比	体形复杂的住宅与体形比较简单的公共建筑，每隔一段距离相间布置，使沿街空间富有变化，形成简单的重复和较复杂的重复	

本 章 小 结

1. 住宅建筑设计应该考虑住宅选型、住宅层数与节约用地、住宅的标准化和多样化等因素，同时还应满足不同家庭结构的需要，兼顾美观、实用性要求。

2. 居住区日照、通风与噪声的主要影响因素，它们的设计原则、设计要求及相应措施。

3. 建筑组群空间具有封闭和开敞、主要和次要、静态和动态、刚性和柔性的基本特性；其基本空间类型有开敞空间、定向开放空间、直线型空间、组合型空间；住区空间可以划分为公共空间、半公共空间、半私密空间、私密空间。设计时应该注意建筑组群空间的领域性和安全性。

4. 住宅组群平面组合的基本形式有行列式、周边式、点群式三种；住宅群体空间的基本组合形式有成组成团、成街成坊；居住建筑组群的空间组合手法有重复法、母题法、向心法、对比法。

思 考 题

1. 住宅建筑设计应该考虑哪些因素？如何处理好住宅建筑经济与用地经济的关系？
2. 简述居住区的日照、通风与噪声的设计原则、设计要求及相应措施。
3. 建筑空间对居住区规划设计有什么影响？建筑组群的空间组织如何体现居住区的领域性、安全性、地域性和丰富性？

第6章 居住区公建用地规划设计

居住区公建用地由各类公共建筑及其专用的道路场地、绿化及其小品等内容构成，其公共建筑设施是构成的主体。公建设施不仅与居民的生活密切相关，并体现居住区的面貌与社区精神，在经济效益方面也起着重要的作用。

6.1 公共服务设施的构成及分级

居住区作为城市体系的一部分，具有相对独立性。作为人类聚居的场所，需要满足居民不同程度的日常生活需求。由居住区的概念可以发现，一个完整的居住区必须为居民提供相应的生活服务设施以及各种配套服务，这些设施统称为居住区公共服务设施。

6.1.1 公共服务设施的作用

居住区内设置公共服务设施，有以下几个方面的要求：
(1)居住区的公共服务设施是城市公共服务设施体系的基本构成单位。

居住区的公共服务设施是为了满足居民日常基本的物质生活和精神生活方面的需求，并主要为本居住区居民服务，其设置的总体水平直接反映了城市公共服务体系的完善程度。

(2)居住区内设置公共服务设施是提高居民生活质量的必要手段。

居住区内平衡发展居住和服务设施，不仅满足居民基本的生活需求，同时有助于丰富居民的生活内容。居住区的公共服务设施还是居民日常活动的场所和重要的交往空间，有助于增加居住区的凝聚力和向心力。

(3)居住区设置公共服务设施有助于居住区的可持续发展。

居住区或综合居住区内的公共服务设施，能为居住区和周边的居民提供一定数量的就业机会，有助于减少各区域间的通勤量而降低城市交通压力，也有利于城市和社会的和谐发展。

6.1.2 公共服务设施的构成

按照功能性质分类，居住区公共服务设施(也称配套公建)，包括教育、医疗卫生、文化体育、商业服务、金融邮电、社区服务、市政公用和行政管理及其他八类设施。其中每一类又分为若干项目(表6-1)。

表 6-1　　　　　　　　　　　　　公共服务设施分级配建表

类别	项目	居住区	小区	组团
教育	托儿所	--	▲	△
	幼儿园	--	▲	--
	小学	--	▲	--
	中学	▲	--	--
医疗卫生	医院(200~300床)	▲	--	--
	门诊所	▲	--	--
	卫生站	--	▲	--
	护理院	△	--	--
文化体育	文化活动中心(含青少年活动中心、老年活动中心)	▲	--	--
	文化活动站(含青少年、老年活动站)	--	▲	--
	居民运动场、馆	△	--	--
	居民健身设施(含老年户外活动场地)	--	▲	△
商业服务	综合食品店	▲	▲	--
	综合百货店	▲	▲	--
	餐饮	▲	▲	--
	中西药店	▲	△	--
	书店	▲	△	--
	市场	▲	△	--
	便民店	--	--	▲
	其他第三产业设施	▲	▲	--
金融邮电	银行	△	--	--
	储蓄所	--	▲	--
	电信支局	△	--	--
	邮电所	--	▲	--
社区服务	社区服务中心(含老年人服务中心)	--	▲	--
	养老院	△	--	--
	托老所	--	△	--
	残疾人托养所	△	--	--
	治安联防站	--	--	▲
	居(里)委会(社区用房)	--	--	▲
	物业管理	--	▲	--

续表

类别	项 目	居住区	小区	组团
市政公用	供热站或热交换站	△	△	△
	变电室	--	▲	△
	开闭所	▲	--	--
	路灯配电室	--	▲	--
	燃气调压站	△	△	--
	高压水泵房	--	--	△
	公共厕所	▲	▲	△
	垃圾转运站	△	△	--
	垃圾收集点	--	--	▲
	居民存车处	--	--	▲
	居民停车场、库	△	△	△
	公交始末站	△	△	--
	消防站			
	燃料供应站	△	△	--
行政管理及其他	街道办事处	▲	--	--
	市政管理机构(所)	▲	--	--
	派出所	▲	--	--
	其他管理用房	▲	△	--
	防空地下室	△②	△②	△②

注：①▲为应配建的项目；△为宜设置的项目。
②在国家确定的一、二类人防重点城市，应按人防有关规定配建防空地下室。

6.1.3 公共服务设施的分级

公共服务设施的规划需要考虑居民在物质生活与文化生活方面的多层次需要，以及公共服务设施项目对自身经营管理的要求，即配建项目与其服务的人口规模相对应时，才能方便居民使用和发挥项目最大的经济效益。如一个街道办事处为 3 万~5 万居民服务，一所小学为 1 万~1.5 万居民服务，一个居委会为 300~1000 户居民服务。居住区公共服务设施采用分级制，其分级标准和居住区的人口规模相匹配。

1. 居住区级公共服务设施

整套完善的公共服务设施。为满足 3 万~5 万居民有一整套完善的日常生活需要的公共服务设施，应配建派出所、街道办、具有一定规模的综合商业服务、文化活动中心、门诊所等。

2. 小区级公共服务设施

基本生活公共服务设施。为满足 1 万~1.5 万居民有一套基本生活需要的公共服务设施，应配建托幼、学校、综合商业服务、文化活动站、社区服务等。

3. 组团级公共服务设施

基层生活服务设施。为满足 300~1000 户居民有一套基层生活需要的公共服务设施，应配建居委会、居民存车处、便民店等。

6.2 影响公共服务设施规划的主要因素

公共服务设施的规划设计，必须建立在科学研究的基础上，做出理性的安排。合理安排项目的配备与配建面积，在用地及位置的选择上考虑居民的行为特性，分析经济效益和社会效益之间的平衡，做到最大程度地满足居民的生活需求。

6.2.1 配置项目

居住区公共服务设施的配置项目，按照人口规模的级别，对应配建配套的公共服务设施项目，应符合"公共服务设施项目分级配建表"的规定。高一级配建项目含低一级项目，如居住区级配建文化体育类的项目，应包括文化活动中心、文化活动站，并宜配建居民运动场；居住小区级配建文化体育类的项目，应设文化活动站；居住组团或基层居住单位可酌情配建文化活动站等。以此类推，各类公建项目均应成套配备，不配或少配则会给居民带来不便。

当人口规模介于两级别之间时，公共服务设施配建的项目或面积也要相应增加。根据各地的建设实践，当居住人口规模大于组团小于小区时，一般增配相应的小区级配套设施等，使从满足居民基层生活需要经增配若干项目后能满足基本需要；当居住人口规模大于小区小于居住区时，一般增配门诊所和相应的居住区级配套设施等，使从满足居民基本生活需要经增配若干项目后能较完善地满足日常生活的需要；当居住人口规模大于居住区时，可增配医院、银行、分理处、邮电支局等，以满足居民多方面日益增长的基本需要。

当规划用地周围有设施可使用时，配建的项目和面积可酌情减少；当周围的设施不足，需兼为附近居民服务时，配建的项目和面积可相应增加；若处在公交转乘站附近、流动人口多的地方，可增加百货、食品、服装等项目或扩大面积，以兼为流动顾客服务；在严寒地区由于是封闭式的营业或各项目之间有暖廊相连，配建的项目和面积就应有所增加。在山地，由于地形的限制，配建的项目或面积也会稍有增加。因此，居住区的公共服务设施可根据现状条件及居住区周围现有的设施情况以及本地的特点，在配建水平上相应增减。

随着市场经济与文化水平的提高，居民的生活服务设施的内容和形式也会有所变化，会新增或淘汰一些项目，因此需要为发展留有余地。

6.2.2 配建面积

居住区公共服务设施定额指标的确定是一项较复杂和细致的工作，也是一项涉及面很广的城市建设技术政策,合理地确定居住区公共服务设施定额指标,不仅关系到居民生活的方便程度,而且涉及房地产投资及城市用地的合理使用。

居住区公共服务设施的配建水平以每千居民所需的建筑和用地面积(简称千人指标)作控制指标。千人指标是一个包含了多种影响因素的综合性指标,具有很高的总体控制作用。根据居住人口规模估算出需要配建的公共服务设施总面积和各分类面积,作为控制公建规划项目指标的依据(表6-2)。当居住人口数介于两级别之间时,可对大于组团或小区的居住人口规模所需的配套设施面积进行插入法计算。

表6-2　　　　　　　　　　公共服务设施控制指标(米²/千人)

		居住区		小区		组团	
		建筑面积	用地面积	建筑面积	用地面积	建筑面积	用地面积
总指标		1668~3293 (2228~4213)	2172~5559 (2762~6329)	968~2397 (1338~2977)	1091~3835 (1491~4585)	362~856 (703~1356)	488~1058 (868~1578)
其中	教育	600~1200	1000~2400	330~1200	700~2400	160~400	300~500
	医疗卫生 (含医院)	78~198 (178~398)	138~378 (298~548)	38~98	78~228	6~20	12~40
	文体	125~245	225~645	45~75	65~105	18~24	40~60
	商业服务	700~910	600~940	450~570	100~600	150~370	100~400
	社区服务	59~464	76~668	59~292	76~328	19~32	16~28
	金融邮电 (含银行、邮电局)	20~30 (60~80)	25~50	16~22	22~34	—	—
	市政公用 (含居民存车处)	40~150 (460~820)	70~360 (500~960)	30~140 (400~720)	50~140 (450~760)	9~10 (350~510)	20~30 (400~550)
	行政管理及其他	46~96	37~72	—	—	—	—

注:①居住区级指标含小区和组团级指标,小区级含组团级指标。
②公共服务设施总用地的控制指标应符合居住区用地平衡控制指标规定。
③总指标未含其他类,使用时应根据规划设计要求确定本类面积指标。
④小区医疗卫生类未含门诊所。
⑤市政公用类未含锅炉房。在采暖地区应自行确定。

当按照居住区、小区、组团三级规模控制时,上一级指标覆盖下一级指标,即小区含组团、居住区含小区和组团指标,这样,在总指标控制前提下,可灵活分配,既能保证总的配建控制,又可满足不同基地和多种规划布局的需要。

各类公共建筑的具体项目的面积确定,一般应以其经济合理的规模进行配建,根据各公建项目的自身专业特点要求,可参考有关建筑设计规范。一些与居住生活密切相关的基层公共服务设施,因受其本身的最小规模和合理的服务半径的制约,有时需反过来从公共服务设施自身的最小容量、规模及合理的服务半径来确定服务的人数或户数。

6.2.3 服务半径

服务半径是指各项设施所服务范围的空间距离或时间距离。在安排居住区的各项公共服务设施、交通设施、绿地以及公共空间时，各级各项设施服务半径要求的满足是规划布局考虑的基本原则，应该根据服务的人口和设施的经济规模确定各自的服务等级及相应的服务范围(表6-3)。

表6-3　　　　　　　　　　居住区公共服务设施服务半径

设施等级	服务半径(米)
居住区级	800~1000
居住小区级	400~500
居住组团级	150~250

作为居住区基本单位的邻里生活院落级服务设施的服务半径为50~120米。服务半径的确定除遵守以上要求外，不同的建筑类型对服务半径的要求也有所不同，如幼儿园的服务半径不宜超过300~500米，小学服务半径不宜超过500米，中学服务半径不宜超过1000米。另一方面，服务半径对居住区公建的数量、规模、用地选择有着重要的作用。如相同人口规模的居住区，由于其基地形状不同，公共服务设施的布置也有着不同的特征。

时间距离是指居民从家到达公共服务设施所消耗的时间。空间距离在某些情况下并不能准确地反映公共服务设施的通达程度，例如机动化的交通工具能带来更大的出行距离而使得公共服务设施的服务范围更大，所以时间距离和人们所采取的交通方式有直接的关系。

居民在使用居住区公共服务设施时多采用步行的方式，因此，居住区公共服务设施的服务半径的时间距离以步行时间为准。

图6-1是德国住宅区各项设施的时间距离服务半径。

6.2.4 使用频率

由于使用频率的不同，居住区的公共服务设施可分为居民每日或经常使用的公共设施和必要而非经常使用的公共设施两类。前者主要是指少年儿童教育设施和满足居民小商品日常性购买的小商店，如副食、市场、早点铺或小吃店等。后者主要满足居民周期性、间歇性的生活必需品和耐用商品的消费，以及居民对一般生活所需的修理、服务的需求，如百货商店、书店、日杂、理发、修配等。

使用频率是影响居住区公共服务设施布局的重要因素。居民每日或经常使用的公共设施，其服务半径一般要求较小，以满足便利性要求，一般以组团为单位进行配置，或者根

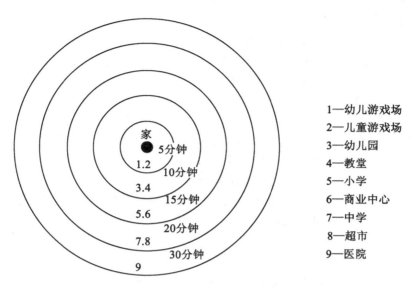

图 6-1　德国住宅区各项设施的时间距离服务半径

据用地特性灵活安排，宜分散布置。必要而非经常使用的公共设施，其服务半径较大，要求项目齐全，一般在小区公共服务中心或者居住区公共服务中心集中布置，以方便居民选购，并提供综合服务。

6.2.5　建设及管理模式

市场经济条件下居住区公共服务设施的建设和经营相对独立，这主要反映在其建设的投资主体和投入使用以后的经营模式两个方面。

从建设层面分析，居住区公共服务设施的项目按投资主体的不同可以分为政府投资和民间投资两大类，政府投资又分为政策性和公益性两小类。政策性公共服务设施是指由政府投资、不存在需求差异性、可一步到位的社区行政管理服务设施；公益性公共服务设施是指由政府投资、用于公益服务、需根据居住区人口结构和群体需求差异性来配置、但需纳入规划中预留土地的服务设施；民间性公共服务设施是指由民间投资、需根据居住区人口结构和群体需求差异性来配置、但需纳入规划中预留土地的服务设施。

从经营模式分析，居住区的公共服务设施可分为非盈利性设施和盈利性设施两大类。一般来讲，前者如教育设施（托儿所、幼儿园、小学、中学）、医疗卫生设施（医院、门诊所、卫生所等）、文化体育、社区服务、市政公用、行政管理等设施；后者如商业服务设施（百货、餐饮、服务等）。

一般来讲，由政府投资的公共服务设施项目多属于非盈利性设施，而民间性公共服务设施多属于盈利性设施。但由于居住区公共服务设施建设和经营的相对独立性，其划分的界限并不十分清晰。如政府投资的公益性服务设施，在经营管理过程中也常常实行市场化经营。而民间投资的公共服务设施，也有部分需要纳入非盈利性设施的范畴，如各级居住区配套建设的学校等。

同时，一些公共服务设施也越来越趋向功能的综合化，因此很难明确地将它们划归在某一个服务内容中，如社区中心、会所等形态可能是几种公共服务设施的综合体，其属性特征具有复合性。另一方面，随着市场经济的深入和住宅开发模式的社会化，以及社区管理模式的不断变化，以物业公司为代表的管理机构逐步成为社区管理的一种新形式。

居住区的公共服务设施的规划与布局受到其建设和管理模式的影响，需要综合考虑各种因素的影响，分析其经济效益和社会效益的平衡，处理好二者之间的关系。如作为盈利性的商业服务设施，其用地选址一般要求在交通便利、人流量大的区域，依托主要道路、入口形成块状或带状的集中用地形态，其功能除满足本居住区内的居民生活服务的要求外，也可为周边居民提供社区服务，但在实际操作过程中需要处理好公共利益和局部利益之间的关系。

6.3 公共服务设施的布置形式

6.3.1 布置原则

公共服务设施的布局是与规划布局结构、组团划分、道路和绿化系统反复调整、相互协调后的结果。居住区的规划设计需要处理好影响居住区公共服务设施布局的各个因素。在工作流程上，一般根据居住区的人口规模，合理确定其公共服务设施的项目类别以及配建面积，综合考虑具体的公建项目的设计要求，确定其数量、规模，并根据服务半径、经营模式以及其他要求，确定公建设施规划的布局形式。

在公共服务设施的规划设计中，需要考虑公共服务设施的规划特征，营造出合理的公共空间。其中，集中和分散的组织方式、集约化与混合形态、步行化及景观化是公共服务设施规划中最为常见的方法和原则。

1. 集中与分散相结合

集中与分散相结合是公共服务设施布局中最为重要的原则。根据不同项目的使用性质和居住区的规划布局形式，将商业服务与金融邮电、文体等有关项目集中布置，形成居住区各级公共活动中心。这样不仅方便使用，提高设施效益，同时可节约用地，方便经营管理、使用。

另一方面，根据居民生活需要，有的项目要适当分散以符合服务半径、交通方便、安全等的要求。其中，一类是服务半径较小的项目，如托幼、便民店、居民存车处等，一类是其使用性质要求其具有一定的独立性，如医院、学校等。

2. 集约化与混合型态

对于公共建筑群体本身，也需要综合考虑其功能布局，将功能相近或形似的形式集中布置，形成具有综合功能的混合建筑体或建筑群。集约布置将公共服务设施的各种形式和其他功能混合布局，有利于提高土地利用、节地节能、合理组织交通和物业管理，并营造出充满活力的公共空间。

从国内外的实践可以看出，最常见的混合模式在于居住和商业、服务等设施的集约使用，利用垂直交通和步行通道联系。例如将居住和办公的功能混合而形成"工作—居住平衡体"，可以有效地解决由交通所带来的城市问题。或利用地下空间和地面建筑空间结合，将地下交通、停车场、商业、餐饮、办公、住宅等功能分层设置而形成巨大的综合体，彼此通过垂直交通联系(图6-2)。

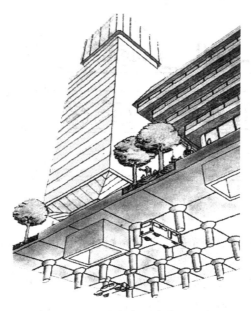

图6-2　地下空间与垂直交通混合

3. 步行化与景观化

居住区的公共服务设施尤其公共服务中心具有为居民提供商业、服务、餐饮等重要的生活功能，其人流量大，设施的使用率高。创造出安全和舒适的公共环境是一个重要的原则。

步行化是公共服务设施的重要规划特征。将车行和步行分离，将车行引向外围，在公共服务区域内禁止或限制车辆进入，以保证公共空间的安全，加强步行设施的建设，创造出舒适、宽松的公共活动氛围。同时还需考虑到少年儿童、老人以及残障人士的需求，加强无障碍设计。

另一方面，公共服务设施一般是居住区景观要素的重要组成部分，其建筑和空间布局的形态特征对居住区乃至城市街道景观有重要影响。在保证使用功能的同时组织环境景观，提高公共设施环境的文化品位，不仅可以为居民提供一个富有吸引力的公共活动空间，同时也有助于增加空间的趣味性，营造居住区特色。

6.3.2 平面布置基本形式

公建设施的平面布置形式依据集中和分散相结合的原则,分为集中布置和分散布置两种基本形式,其中集中布置可分为沿街布置、成片布置、沿街成片混合布置等多种形式。

1. 沿街布置

这是一种历史最悠久、最普遍的布置形式。街道空间的限制元素主要是各类公共建筑,它们可为商住楼也可单独布置,建筑与街道空间结合的方式灵活多样(图 6-3)。

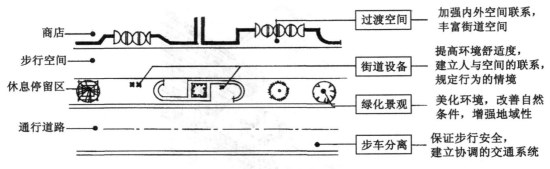

图 6-3 街道空间平面示意图

沿街布置形式还可分为双侧布置、单侧布置、混合式布置以及步行街等。

(1)沿街双侧布置

在街道不宽、交通量不大的情况下,双侧布置,店铺集中、商业气氛浓厚。居民采购穿行于街道两侧,交通量不大较安全省时。若街道较宽,当居住区的主干道超过 20 米宽时,可将居民经常使用的相关商业设施放在一侧,而把不经常使用的商店放在另一侧,这样可以减少人流与车流的交叉,居民少过马路,安全方便。

(2)沿街单侧布置

当所临的街道宽且车流较大,或街道另一侧与绿地、水域、城市干道相邻时,这种沿街布置形式比较适宜。

(3)商业步行街

在沿街布置公共设施的形式中,将车行交通引向外围,没有车辆通行或只有少量供货车辆定时出入,形成步行街。步行和车行分流形式有环型、分支型以及立体型等形式。

图 6-4 至图 6-6 为沿街布置的基本形式。

2. 成片布置

这种布置方式是指在干道临街的独立地段,以建筑组合体或群体联合布置公共设施的一种形式。它易于形成独立的步行区,方便使用、便于管理,不但方便了居民使用,且有利于获得综合的经济效益。成片布置形式有院落型、广场型、混合型等多种形式。其空间组织主要由建筑围合空间,辅以绿化、铺地、小品、广场等(图 6-7)。

第 6 章 居住区公建用地规划设计

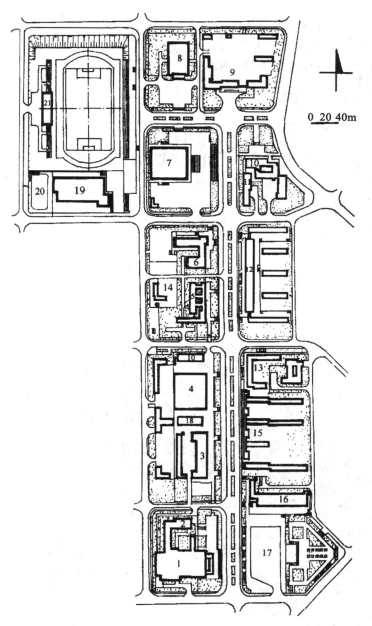

1—文化宫剧场
2—文化厅
3—百货商店
4—副食商店
5—饮食店
6—旅馆
7—体育馆
8—电影院
9—区政府办公楼
10—邮电局
11—银行
12—底层商店
13—底层商店
14—中心浴室
15—日杂商店
16—底层商店
17—文化广场
18—自行车存放处
19—游泳池
20—旱冰场
21—体育场

图 6-4 辽化生活区中心街区规划平面图

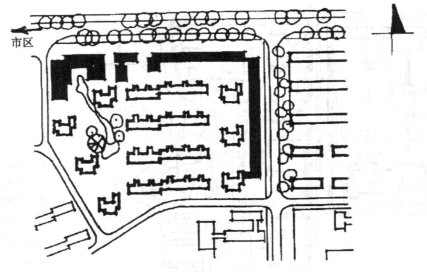

图 6-5 常州清潭小区商业平面图

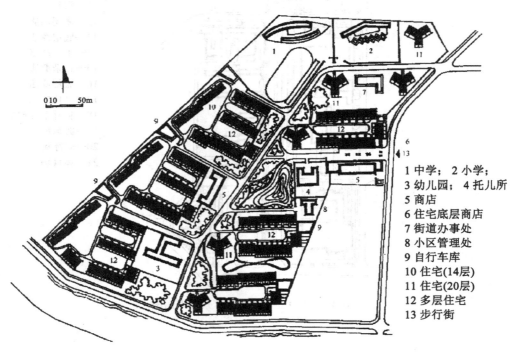

1 中学；2 小学；
3 幼儿园；4 托儿所
5 商店
6 住宅底层商店
7 街道办事处
8 小区管理处
9 自行车库
10 住宅(14层)
11 住宅(20层)
12 多层住宅
13 步行街

图 6-6 北京西罗园 11 区规划平面及步行商业街

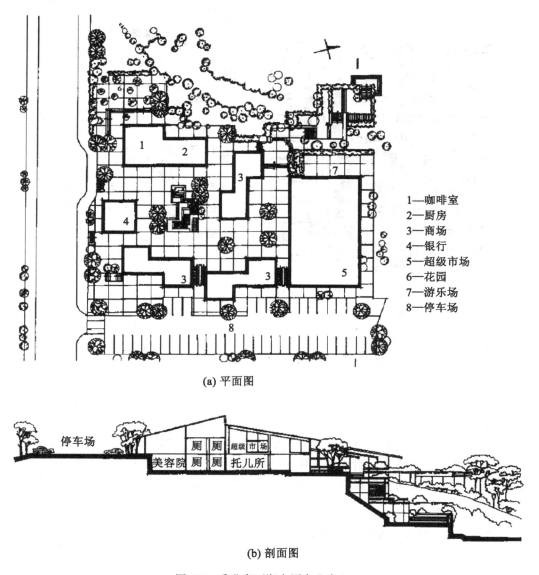

图 6-7 香港赛西湖大厦商业中心

3. 混合布置

这是一种沿街和成片相结合的形式，可综合体现两者的特点。也可以根据各类建筑的功能要求和行业特点相对成组结合，同时沿街分块布置，在建筑群体艺术上既要考虑街景要求，又要注意片块内部空间的组合，更要合理地组织人流和货流的线路（图6-8、图6-9）。

 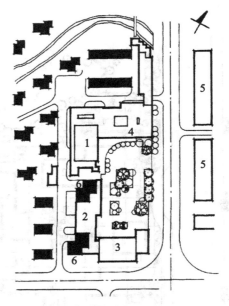

1. 药店　2. 日杂、理发、照相　3. 百货店
4. 保险、储蓄、银行　5. 饮食小吃
6. 豆腐店　7. 菜店、肉店　8. 副食店
9. 粮店　10. 综合修理

图 6-8　长沙望月村小区商业中心

1. 科技文化馆　2. 新华书店
3. 百货大楼　4. 餐厅
5. 服装、家具等商店　6. 高层住宅

图 6-9　上海宝山居住区中心

以上沿街、成片和混合布置等形式各有特点，沿街布置对改变城市面貌效果较显著，若采用商住楼的建筑形式比较节约用地，但在经营管理方面不如成片集中方式有利。在独立地段成片集中布置的形式有可能充分满足各类公共建筑布置的功能要求，易于组成完整的步行区，利于经营管理。沿街和成片相结合的混合布置方式则可吸取两种方式的优点。在具体进行规划设计时，要根据当地居民生活习惯、建设规模、用地情况以及现状条件综合考虑，酌情选用。

6.3.3　主要公共服务设施的布置

1. 各级公共活动中心

公共活动中心是由大量不同类型的公共服务设施集中布置形成的居民活动的集中地。由于居住区公共服务设施一般采用集中和分散相结合的原则，各级公共服务设施的集中布置形成不同类型的公共活动中心。公共活动中心一般有居住区级公共活动中心和居住小区级公共活动中心。

公共活动中心由于其形态集中，对城市的公共服务设施体系具有一定的影响。因此其位置的选择首先受到上位规划的影响。居住区级公共活动中心位置的选择，应以城市总体规划或分区规划为依据，小区级公共活动中心的位置选择还受到居住区公共服务设施规划布局的影响。同时考虑居住区的不同类型和所处的区位综合确定其位置。

一般来讲，各级公共活动中心的位置选择有如下的方式（图6-10）：

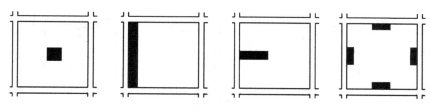

图 6-10　商业中心位置的选择

（1）地理中心

公共活动中心位于其用地的地理中心，有时与各级居住区的中心绿地相邻布置。这种布置方式服务半径小，便于居民使用，利于居住区景观组织。其服务人群主要针对居住区内部居民，环境安静，不嘈杂。但由于布置在居住区内部，不利于吸引外来人群，其经济效益受到一定影响。

（2）沿主要道路

将公共活动中心沿居住区主要道路布置，可兼为本区和相邻居住区居民及过往顾客服务，服务半径大。故经营效益好，且有利于街道景观的组织，有利于丰富沿街立面。这种方式需要注意处理好对交通的干扰，由于人流、货流量相对较大，人行、车行互有干扰，需要合理组织交通流线。

（3）主要出入口

公共活动中心位于居住区主要出入口处，由于居住区出入口处人流较为密集，同时是上下班必经之地，使用较为便利，也可兼顾其他居民使用，经济效益较好，且便于组织交通。

（4）分散在道路四周

居住区生活服务中心分散在居住区道路四周，优点是居民使用较方便，可选择性强，而且也可兼顾为过往行人及其他住区的居民服务，经济效益较好。缺点是由于过于分散，每处均难以形成一定的规模。

2．教育设施

教育设施是居住区内重要的公共服务设施。由于其占地面积一般较大，其布局对居住区的规划结构有重要影响，因此教育设施的规划布置在居住区规划设计的初步阶段就应该优先考虑。

（1）中、小学的选址（图 6-11）

①位于用地的中心。中学位于居住区中心，小学则位于居住小区中心，其特点是服务半径小，使用方便，但由于位于居民区中，对居民干扰较大。

②位于用地的一角。中学位于居住区一角，小学位于居住小区一角，其特点是服务半径相对来讲大些，但由于位于角落，对居住生活干扰较小。

③位于用地的一侧。中学位于居住区边缘一侧，小学位于居住小区一侧，其特点是服务半径较小，对居民生活干扰也较小。

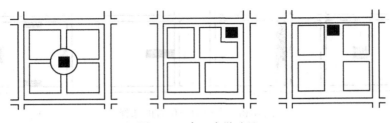

图 6-11 中、小学选址

另外，当居住区、小区规模较大时，可以分别设置两所或两所以上的中学、小学，其位置可分别位于居住区及小区的两侧，特点是对居民生活干扰较小，服务半径较小。

(2) 中、小学设置的一般规定

依据现行的《中小学建筑设计规范》，中小学设置需要满足以下要求：

①校址选择

学校校址选择应符合下列规定：

——校址应选择在阳光充足、空气流通、场地干燥、排水通畅、地势较高的地段。校内应有布置运动场的场地和提供设置给水排水及供电设施的条件。

——学校宜设在无污染的地段。学校与各类污染源的距离应符合国家有关防护距离的规定。

——学校主要教学用房的外墙面与铁路的距离不应小于 300 米；与机动车流量超过每小时 270 辆的道路同侧路边的距离不应小于 80 米，当小于 80 米时，必须采取有效的隔声措施。

——学校不宜与市场、公共娱乐场所，医院太平间等不利于学生学习和身心健康以及危及学生安全的场所毗邻。

——校区内不得有架空高压输电线穿过。

——中学服务半径不宜大于 1000 米；小学服务半径不宜大于 500 米。走读小学生不应跨过城镇干道、公路及铁路。有学生宿舍的学校，不受此限制。

②学校用地

——学校用地包括建筑用地、运动场地和绿化用地三部分。

——学校建筑用地。学校的建筑容积率可根据其性质、建筑用地和建筑面积的多少确定，小学不宜大于 0.8，中学不宜大于 0.9；有住宿生的中学宜有部分学生住宿用地；学校的自行车棚用地应根据城镇交通情况决定；在采暖地区，当学校建在无城镇集中供热的地段时，应留有锅炉房、燃料、灰渣的堆放用地。

——学校运动场地。运动场地应能容纳全校学生同时作课间操之用。小学每学生不宜小于 2.3 平方米，中学每学生不宜小于 3.3 平方米。学校田径运动场应符合表 6-4 的规定；每六个班应有一个篮球场或排球场；运动场地的长轴宜南北向布置，场地应为弹性地面；有条件的学校宜设游泳池。

表6-4　　　　　　　　　　　　学校田径运动场尺寸

跑道类型＼学校类型	小学	中学	师范学校	幼儿师范学校
环形跑道(m)	200	250~400	400	300
直跑道长(m)	二组60	二组100	二组100	二组100

注：1. 中学学生人数在900人以下时，宜采用250m环形跑道；学生人数在1200~1500人时，宜采用300m环形跑道。
2. 直跑道每组按6条计算。
3. 位于市中心区的中小学校，因用地确有困难，跑道的设置可适当减少，但小学不应小于一组60m直跑道；中学不应小于一组100m直跑道。

——学校绿化用地。中学不应小于每学生1平方米；小学不应小于每学生0.5平方米。

图6-12所示为学校教学区、生活区、运动区及绿化区的关系。

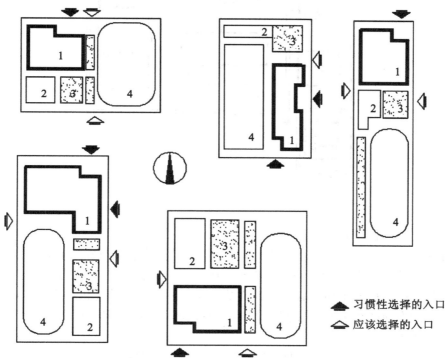

1. 教学区　2. 生活区　3. 绿化与球场区　4. 田径场

图6-12　学校教学区、生活区、运动区及绿化区的关系

③总平面布局

教学用房、教学辅助用房、行政管理用房、服务用房、运动场地、自然科学园地及生活区应分区明确、布局合理、联系方便、互不干扰。

风雨操场应离开教学区、靠近室外运动场地布置。

音乐教室、琴房、舞蹈教室应设在不干扰其他教学用房的位置。

学校的校门不宜开向城镇干道或机动车流量每小时超过 300 辆的道路。校门处应留出一定缓冲距离。

建筑物的间距：教学用房应有良好的自然通风；南向的普通教室冬至日底层满窗日照不应小于 2 小时；两排教室的长边相对时，其间距不应小于 25 米。教室的长边与运动场地的间距不应小于 25 米。

植物园地的肥料堆积发酵场及小动物饲养场不得污染水源和临近建筑物。

图 6-13 至图 6-16 所示为一些学校的总平面布局。

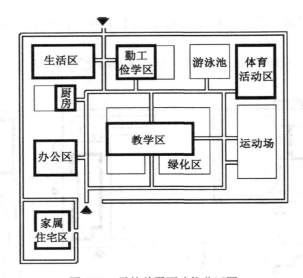

图 6-13　学校总平面功能分区图

(3) 幼儿园、托儿所

幼儿园、托儿所是对幼儿进行保育和教育的机构。接纳 3 周岁以下幼儿的为托儿所，接纳 3~6 岁幼儿的为幼儿园。幼、托建筑是居住组团级公共建筑中占地较大的项目，其布置对居住小区的规划布局也有较大的影响。幼托的规模与幼托机构类型、办园单位性质、条件、所在地区幼儿园入托率以及均匀合理的服务半径等因素有关。

①一般规定

——幼儿园的规模。幼儿园的规模(包括托、幼合建的)分为：

大型：10~12 个班。

中型：6~9 个班。

小型：5 个班以下。

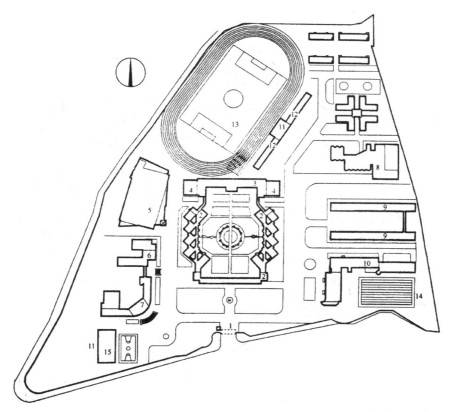

1. 主要入口 2. 教学楼 3. 试验室 4. 阶梯教室 5. 体育馆 6. 图书馆 7. 办公楼 8. 学生食堂 9. 学生宿舍 10. 培训楼 11. 主席台 12. 室外跑道 13. 400米环形跑道田径场 14. 25m×50m 露天游泳池 15. 自行车棚

图 6-14 广州市华南师大附属中学总平面

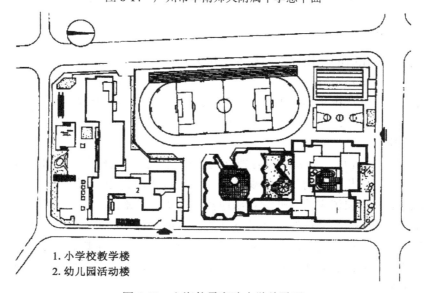

1. 小学校教学楼
2. 幼儿园活动楼

图 6-15 上海仙霞实验小学总平面

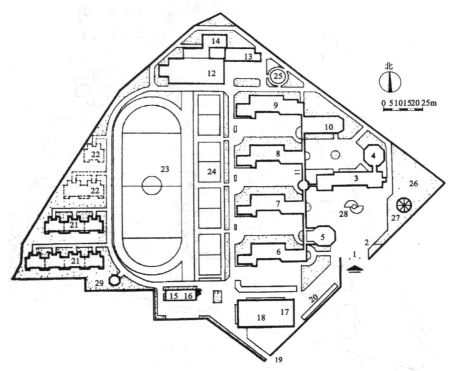

1. 主校门 2. 传达室 3. 综合办公楼 4. 会议接待室 5. 小学多功能教室 6. 小学普通教室
7. 小学专用教室 8. 中学普通教室 9. 中学专用教室 10. 中学阶梯教室 11. 联系廊
12. 多功能体育教室 13. 家政中心 14. 音乐教室 15. 配电房 16. 汽车库 17. 食堂
18. 劳动技术用房 19. 侧门 20. 自行车棚 21. 职工住宅 22. 备用住宅 23. 250米跑道田径场
24. 篮球场 25. 气象园地 26. 自然科学试验园地 27. 温室 28. 泥塑 29. 厕所

图6-16 桂林清风试验学校总平面图

——单独的托儿所的规模以不超过5个班为宜。
——托儿所、幼儿园每班人数：
托儿所：乳儿班及托儿小、中班15～20人，托儿大班21～25人。
幼儿园：小班20～25人，中班26～30人，大班31～35人。

②基地选择

4个班以上的托儿所、幼儿园应有独立的建筑基地，并应根据城镇及工矿区的建设规划合理安排布点。托儿所、幼儿园的规模在3个班以下时，也可设于居住建筑物的底层，但应有独立的出入口和相应的室外游戏场地及安全防护设施。

托儿所、幼儿园的基地选择应满足下列要求：远离各种污染源，并满足有关卫生防护标准的要求；方便家长接送，避免交通干扰；日照充足，场地干燥，排水通畅，环境优美或接近城市绿化地带；能为建筑功能分区、出入口、室外游戏场地的布置提供必要条件。

③总平面布局

托儿所、幼儿园应做到功能分区合理，方便管理，朝向适宜，游戏场地日照充足，创造符合幼儿生理、心理特点的环境空间。

托儿所、幼儿园室外游戏场地应满足下列要求：

必须设置各班专用的室外游戏场地。每班的游戏场地面积不应小于60平方米。各游戏场地之间宜采取分隔措施。

应有全园共用的室外游戏场地，其面积不宜小于下式计算值：

室外共用游戏场地面积（平方米）= 180+20(N-1)　（N 为班数，其中乳儿班不计）

室外共用游戏场地应考虑设置游戏器具、30米跑道、沙坑、洗手池和贮水深度不超过0.3米的戏水池等。

托儿所、幼儿园宜有集中绿化用地面积，严禁种植有毒、带刺的植物。

托儿所、幼儿园宜在供应区内设置杂物院，并单独设置对外出入口。基地边界、游戏场地、绿化等用的围护、遮拦设施，应安全、美观、通透。

图6-17所示为国内居住区中幼儿园位置实例。

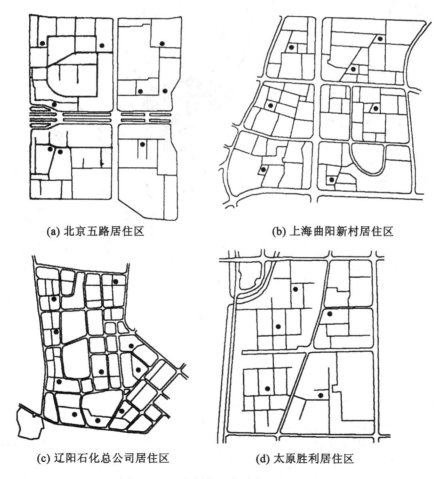

(a) 北京五路居住区　　　　　　　(b) 上海曲阳新村居住区

(c) 辽阳石化总公司居住区　　　　(d) 太原胜利居住区

图6-17　国内居住区中幼儿园位置实例

6.3.4 住区会所及布局

住区会所是我国住宅商品化后逐渐发展起来的住区配套服务设施,是以所在居住区居民为主要服务对象,提供商业、娱乐、文体等配套服务的场所。图 6-18 所示为上海东利苑景会所总平面图及西立面图。

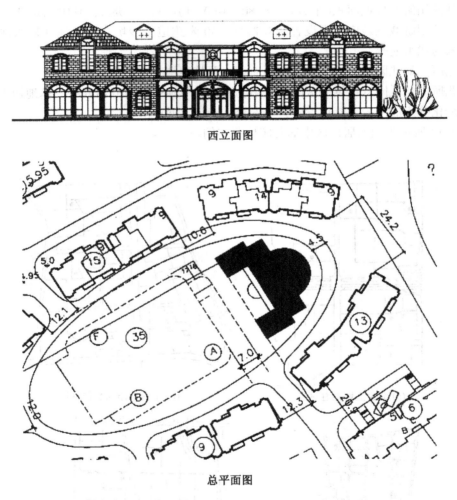

图 6-18 上海东利苑景会所

1. 经营方式

住区会所的经营一般可分为封闭式会所、半封闭式会所、开放式会所三类,而经营方式的不同会带来居住区会所的选址以及功能设置的不同。

全封闭式会所一般仅针对住区内部居民开放,大多采取会员制。这类模式有助于居住区的物业管理的便利,且有助于保证住区内部的相对安全与私密性,但经济效益较难得到保证。

半封闭式会所既对内经营,也对外开放。这种模式有利于保持自身发展和住区居民安全之间的平衡。在运营方式上一般对住区内部居民实行优惠消费和优先制度。

开放模式以承包经营方式为主,将住区内部分或者全部设施外包。物业公司不再负责其具体的经营,只提供经营指导意见。其经营风险和收益由外包公司承担。这一类会所一般选择用地通达性好的地段,以获得更好的经济效益。

2. 功能要素构成

住区会所是居住区内公共服务设施的集约布置,其功能要素并无明确的规定。目前我国国内住区会所的功能主要是各类康乐运动项目,辅以餐饮、超市、物业管理等其他功能,另有部分规模较大或者较高档次的居住区设置有商业项目等特殊服务。在进行居住区的会所设计时,其功能构成以及会所规模的合理定位是会所设计的重要前提。

3. 布局基本形式

目前我国的居住区存在有多种形态,按照不同的分类标准可以分为别墅、多层、高层、山地、滨水、开放、封闭等等。针对不同的住区形态,作为住区特色或标志的会所必然有各自独特之处,会所的功能设置方式也必然有所不同。而其中最主要的不同可以分为两大类:集中式和分散式。

(1) 集中式

集中式是指会所的功能设置相对集中。如康乐设施中球类活动可集中于一两个大空间内,其淋浴可与桑拿的淋浴等设在一处,可以提高综合利用的效率;在餐饮设施中餐厅与酒吧或毗邻或共处一室,仅以各种方式进行空间划分,厨房的部分就可以共用集中式的会所空间。距离上的紧凑布局以外,在不同的时间段也可以对相同的场地进行综合利用,如同样在康乐设施中,大空间的活动场地早上可供老人集体晨练、打太极或健身操,下午可以作为篮球场地,而到了周末的夜晚这里又是莺歌燕舞的社区舞会的最佳场所。

(2) 分散式

根据住区的建设规模设置两个或两个以上的住区会所,以满足居民的使用需要。如在住区入口处设商业服务功能的会所,而在住区中心设康乐功能的会所;松散而有机地安排会所的功能设置,不要求所有的功能都紧密地组合在一起或都在一个单体建筑中,而是以一种群体的方式来解决,各功能之间以一种相对宽松的方式连接,强调与环境的融合。

这种对会所功能集中式或分散式的设置方式,其集约化的程度要根据居住区的具体情况来设定,如会所的用地情况、住区的建筑形态、住区居民的需求,等等。在具体规划形式上有如下方式:

①独立地段

其建筑形体独立成型,不与其他建筑类型如住宅等拼联或组合。因其在住区中地理位置的不同可分为入口会所和住区中心会所。

②与住宅集约使用

将住区会所的功能集中设置在某栋住宅中。这种会所类型十分适用于位于城市市区内用地条件相对紧张的高层住宅居住区。

③一体式布局

会所的功能形态及功能空间被分散设置在临街的多层或小高层住宅的首层平面，通过街区将主要的功能空间如入口超市、骑楼商业购物街、住区会所、观景塔、住区诊所、体育设施等串联起来。会所的形式与住宅的形式甚至整个街区的景观进行一体化设计。

本 章 小 结

1. 居住区公共服务设施包括教育、医疗卫生、文化体育、商业服务、金融邮电、社区服务、市政公用和行政管理及其他八类设施。

2. 影响公共服务设施规划的主要因素包括居住区中公共服务设施的配置项目、配置面积、使用频率、服务半径、建设及管理模式等。

3. 公建设施的平面布置形式依据集中和分散相结合的原则，分为集中布置和分散布置两种基本形式，其中集中布置可分为沿街布置、成片布置、沿街成片混合布置等多种形式。

4. 主要公共服务设施的布置需要考虑各级公共活动中心、教育设施、会所等因素。

思 考 题

1. 居住区的公共服务设施有哪些作用？
2. 简述居住区的公共服务设施布局和交通工具的关系。
3. 简述公共服务设施的建设管理模式和公共服务设施选址之间的关系。

第7章 居住区道路规划设计

居住区道路是城市道路的延续,是居住区的重要组成要素,在居住区中的作用极为重要。居住区道路的规划设计,与居民日常生活息息相关,在很大程度上对整个居住区生活质量产生重要的影响。

7.1 居住区道路的功能及设计原则

7.1.1 居住区道路的功能

居住区道路具有一般道路交通的普通功能,既要满足居民各种出行的需要,如上下班、上放学、购物等,使他们能顺利地到达各自的目的地,也要保证垃圾车、送货车、救护车、消防车等服务和紧急救援车辆的通行便利,同时还要考虑到非机动车和行人的方便安全。居住区道路同时又是居住区空间形态构成的骨架和基础,合理有序的道路系统能创造丰富、生动的空间环境和多变的空间序列。

7.1.2 居住区道路的设计原则

1. 顺而不穿,通而不畅

居住区拥有各方面的内外交通联系,避免往返迂回。防止外部交通穿行或进入住宅区,使住宅区居民能安全、便捷地到达目的地,保持住宅区内居民生活的完整与舒适。

2. 分级明确,逐级衔接

保证住宅交通安全、环境安静以及居住空间领域的完整性。应该根据道路所在的位置、空间性质和服务人口,确定道路等级、宽度和断面形式,不同等级的道路归属于相应的空间层次内,做到逐级衔接。

3. 因地制宜,合理布局路网

根据地形、气候、用地规模和四周的环境条件以及居民的出行方式,选择经济、便捷、合理的道路系统和道路断面形式。道路的走向要便于居民日常活动,有利于通风日照。路网的设计应有利于各种设施的合理安排,满足地下工程管线的埋设要求。住宅区的路网应该将住宅、服务设施、绿地等区内外的设施联系为一个整体,并使其成为属于其所在地区或城市的有机组成部分。

4. 功能复合,营造人性化的道路空间

构筑方便、系统、丰富和整体的住宅区交通、空间和景观网络。

5. 避免影响城市交通

应该考虑住宅区居民的交通对周边城市交通可能产生的不利影响,避免在城市的主要交通干道上设出入口或控制出入口的数量和位置,并避免住宅区的出入口靠近道路交叉口设置。

7.2 居住区道路分级及其设计

7.2.1 居住区道路类型

根据居住区交通组织的要求,住区内的道路一般分为车行道和步行道。车行道担负着居住区与外界及内部机动车、非机动车的交通联系;步行道则联系各级绿地、户外活动区、公共建筑。

在人车分行的路网中,车行路以解决机动车通行为主,并兼有少量的非机动车和人行交通;步行路解决步行交通兼有散步等步行休闲功能和非机动车通行。在人车混行的路网中,机动车、非机动车和步行三种交通共用同一条道路,其中机动车和非机动车使用同一空间——车行道;步行空间与之分开,形成专门的步行系统,并兼有散步休闲等功能。人车混行与分行相结合的路网中,一般小区级或组团级道路与人车混行方式一致,组团或邻里生活院落内的道路按步行道设计,但应考虑服务性车辆的进出需求。

7.2.2 居住区道路分级

《城市居住区规划设计规范》根据交通方式、交通工具、交通量和市镇管网的敷设要求,将我国居住区道路分为4级。

1. 居住区级道路

是居住区的主要道路,主要解决居住区内外交通的联系,道路红线宽度一般为20~30米,山地城市不小于15米。

2. 居住小区级道路

是居住区的次要道路,主要解决居住区内部的交通联系,道路红线宽度一般为10~14米。

3. 居住组团级道路

是居住区内的支路,主要解决住宅组团的内外交通联系,车行道宽度一般为4~6米。

4. 宅间小路

通向各户或各单元门前的小路,一般宽度不小于2.5米。连接高层住宅时其宽度不宜小于3.5米。

7.2.3 居住区道路设计

1. 居民出行行为分析

居住区道路系统是为居住区内居民服务的,居民的要求是道路交通规划设计的主要依据。居民的出行目的、出行方式和出行频率,是规划道路所必须考虑的重要因素。

一般而言，居民首要的出行目的为上班及上学；购物、文娱活动居其次；再次为社交、看病等活动。从出行方式看，步行、骑自行车和公共交通占绝大部分比重。

居民出行方式与行程远近有直接的联系。按一般人的体力，步行300~500米是轻松愉快的，超过1千米人就开始感到疲惫；骑自行车2~3千米感到轻松自如，但距离若超过5千米，人就觉得费劲了。由此，在面积有限的小城市中，居民出行以步行为主；中等城市骑自行车更为便捷；而在规模大的城市中，当出行距离在5千米以内时骑自行车较方便，距离更远时居民则往往会选择以公共交通工具代步。

2. 居住区道路设计

（1）居住区级道路

居住区道路是居住区内外交通联系的重要道路，是居住区内的主干道，划分并联系着居住区内的各个小区。它与城市道路一起组成道路网络。当居住区规模过大时，要考虑城市公共电车、汽车的通行，但必须妥善地选择公交车辆的通行路线，防止车速过快，尽量减少干扰。

居住区道路断面形式多采用一块板形式，在规模较大的居住区中，也有部分道路采用三块板的断面形式。机动车与非机动车一般采用混行方式。车行道宽度不应小于9米，如需设置公共交通，应增至10~14米，在车行道的两旁，各设2~3米宽的人行道（图7-1）。

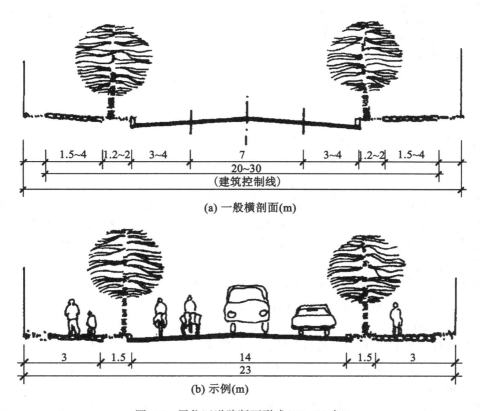

图7-1 居住区道路断面形式（20~30米）

(2)居住小区级道路

小区路是居住区内外联系的主要道路，划分并联系着住宅组团，同时还联系着小区的公共建筑和中心绿地。小区路主要考虑小区内部的车行和人行交通，为防止城市交通穿越小区内部，小区路不宜横平竖直，一通到头。这样既能避免外来车辆的随意穿行，又能使街景发生变化，丰富空间环境。

小区路是居民出行的必经之路，也是他们交往活动的生活空间，因此要搞好绿化、铺地、小品等的设计，创造好的环境。小区路的布置要因地制宜，如为节约造价，可只在一侧设人行道，另一侧留出进行绿化。

小区路多采用一块板的道路断面形式(图7-2)，建筑控制线之间的宽度采暖区不宜小于14米，非采暖区不宜小于10米。车行道宽度6~8米，考虑到平时小区内车辆较少通行，人行可在车行道上进行，若单设人行道，其宽度为1.5~2米。

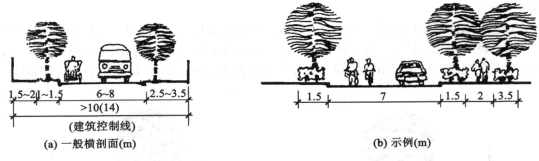

图7-2 居住小区级道路断面形式(10~14米)

(3)居住组团级道路

组团路是居住区住宅组群内的主要道路，是从小区路分支出来通往住宅组团内部的道路。组团级道路路面人车混行，主要通行自行车、行人、轻机动车等，还需要满足消防车通行要求。

为了维护组团内部的领域性，防止外来特别是无关车辆随意进入，在组团入口处应设置有明显的标志。同时，组团路可在适当地段作节点放大，铺装路面，设置座椅供居民休息、交谈。有的小区规划不主张机动车辆进入组团，常在组团入口处设置障碍，以保证小孩、老人活动的安全。

组团路的建筑控制线的宽度，采暖区不宜小于10米，非采暖区不宜小于8米。车行道宽度为5~7米，一般不需专设人行道(图7-3)。

(4)宅间小路

宅间小路是居住区道路系统的末梢，是连接住宅单元与单元、单元与组团级的道路。宅间小路主要供自行车和人行交通，为方便居民生活，宅间小路还应满足清除垃圾、救护和搬家等需求。

考虑到宅前单元入口处是居民使用最频繁的场所，宜将住宅与宅间小路之间这块场地铺装起来，在满足步行的同时还可以作为过渡领域供居民使用，也便于自行车的临时

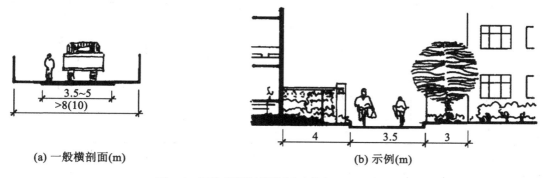

图 7-3 居住组团级道路断面形式(8~10米)

停放。

宅间小路的路面宽度一般为 2.5~3 米，不宜小于 2.5 米。为兼顾必要时大货车和消防车通过，两边还要留出不小于 1 米的宽度。除此之外，还有些景观用的步道，交通要求不是很高，形式多样、材质丰富，仅供居民步行休闲之用(图 7-4)。

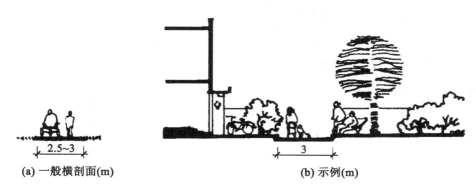

图 7-4 宅间小路断面形式(2.5~3米)

3. 居住区道路设计的其他规定

根据规范要求，一个较大规模的住宅区(如居住小区)一般至少需要两个对外联系的道路出入口。当住宅区向城市交通性干道开出入口时，其出入口之间的间距不应小于 150 米。当住宅区的主要道路(指高于居住小区级的道路或道路红线宽度大于 10 米的道路)与城市道路相交时，其交角不宜小于 75 度。住宅区内应该设置为残疾人服务的无障碍通道，通行轮椅的坡道宽度不应小于 2.5 米，纵坡不应大于 2.5%。

住区道路尽端路的长度不宜超过 120 米，在尽端处应设置 12 米×12 米的回车场地。地面坡度大于 8% 时应辅以梯步解决竖向通行(15~18 级，设置一级平台 1.5 米)，并在梯旁设置自行车推行车道。多雪地区，清扫路面，道路可酌情放宽。考虑私人小汽车和单位通勤车的停放场地。道路纵坡应符合居住区(小区)内道路纵坡控制指标(表 7-1)。山区、丘陵地区，人行、车行宜自成系统，因地制宜，主道宜平缓。注意排水沟、截洪沟的设置。

表 7-1　　　　　　　　　　住宅区道路纵坡控制指标(%)

道路类别	最小纵坡	最大纵坡	多雪严寒地区最大纵坡
机动车	≥0.3	≤8.0 L≤200 米	≤5.0 L≤600 米
非机动车	≥0.3	≤3.0 L≤50 米	≤2.0 L≤100 米
步行道	≥0.5	≤8.0	≤4.0

注：L 为坡长，车道 i<1%时，采用最大横坡(排水迅速)，路面宽度小于 4 米时，用单坡。人行道排水往路面流，机动车、非机动车混行，纵坡执行非机动车道，当纵坡较大，应设置缓冲段与城市道路相接。

道路边缘至建筑物、构筑物的最小距离应符合规定(表 7-2)，以满足建筑底层开门、开窗，行人出入，不影响道路通行以及安排地下工程管线，地面绿化，减少对底层住户视线干扰等要求。

表 7-2　　　　　　住宅区道路边缘至建、构筑物最小距离(米)

	居住区级道路	小区道路	组团路及宅间小路
建筑物面向道路(无出入口)	高层　5 多层　3	高层　3 多层　3	高层　2 多层　2
建筑物面向道路(有出入口)	——	5	2.5
建筑物山墙面向道路	高层　4 多层　2	高层　2 高层　2	高层　1.5 多层　1.5
围墙面向道路	1.5	1.5	1.5

注：居住区道路边缘指道路红线；小区、组团、宅前路边缘指路面边线；当小区设有人行便道时，指便道边线。

路口转弯半径(车行道)应符合要求(表 7-3)。

表 7-3　　　　　　　　　　路口转弯半径(车行道)(米)

道路级别	居住区路或城市干道	小区路	组团路
居住区或城市干道	9~15	9	——
小区路	9	6~9	6
组团路	——	6	4.5~6

注：宅间入口转弯半径 R=3~4.5 米。沿街建筑物长度超过 160 米时，应设置高度和宽度不小于 4 米的消防车通道。人行出入口间距不宜超过 80 米，若建筑物长度超过 80 米，底层应设人行通道(消防规范要求)。

7.3 居住区道路系统规划设计

居住区道路系统规划，通常是在居住区交通组织规划下进行的。一般居住区交通组织规划可分为"人车分行"和"人车混行"两种基本形式。在这两类交通组织体系下，综合考虑居住区的地形、住宅特征和功能布局等因素，进行合理的居住区道路系统规划。

7.3.1 人车分行的道路系统

"人车分行"的居住区交通组织原则，是20世纪20年代由C.佩里首先提出的。其特点为：

(1) 保持居住区内部的安全和安宁，保证区内各项生活与交往活动正常舒适地进行。

(2) 居住区内汽车和行人分开，以免大量私车对生活环境产生影响。

(3) 车行道分级明确，多设在居住区(小区)或住宅组群周围，且以枝状或环状尽端道路伸入小区或住宅组群内，在尽端路尽端须设停车场或回车场。

(4) 步行道贯穿于居住区或居住小区内部，将绿地、户外活动场地、公共建筑和住宅联系起来(图7-5、图7-6)。

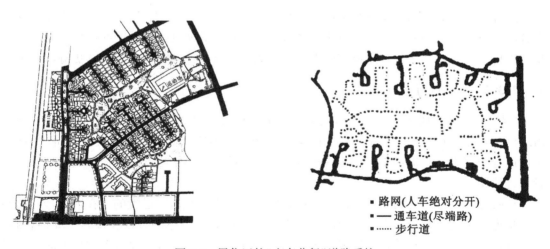

图7-5　居住区的"人车分行"道路系统

1933年，美国新泽西州的雷德朋(Radburn)居住区规划，率先体现了这一原则，较好地解决了私人汽车发达时代的人车矛盾，成为西方国家居住区内交通处理的典范。雷德朋居住区道路布置呈树枝状尽端式，主要车行道设在各邻里单位四周，联系着各组团、各邻里单位及城市道路。枝状尽端车行道深入每一个住宅组团，尽端设有回车场地。步行系统与绿地结合设于邻里单位中央，枝状尽端步行道深入每一个住宅组团与枝状车行尽端路相间布置，使每个住宅单元均有车行道联系外围车道均有步行道联系内部绿地和公共服务设施。

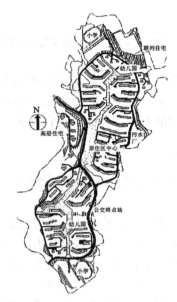

图 7-6 日本百草居住区道路系统

此外，除平面上的人车分行组织外，居住区(小区)还可通过立体空间的处理达到人车分流的目的。这种方式一般是以步行系统整体或局部高架处理，做一些两层步行平台或步行天桥，使人行和车行在立体空间上得以分离，达到比一般平面人车分行更好的效果。

7.3.2 人车混行的道路系统

"人车混行"是居住区道路交通规划组织中一种最常见的体系。与"人车分行"的交通组织体系相比，在私人汽车不发达的国家和地区，采用这种交通组织方式既经济又方便。车行道分级明确，并贯穿于居住区或小区内部；道路系统多采用互通式、环状尽端式或两者结合使用。

在我国，根据居民的出行方式，在居住区内保持人车合流是适宜的。在人车合流的同时，将道路按功能划分主次，在道路断面上对车行道和步行道的宽度、高差、铺地材料、小品等进行处理，使其符合交通流量和生活活动的不同要求；在道路线型规划上防止外界车辆穿行，等等。道路系统多采用互通式、环状尽端式或两者结合使用。

在人车混行的住区，通常使用完全人车混行或局部人车混行的方式布局道路。

1. 完全人车混行

即机动车和步行道路完全重合，如图 7-7 所示，机动车可直接行驶进入宅间道路，停车于住宅边缘，全部路段人车混行。

2. 局部人车混行

在住区大的范围内采用人车混行形式(如小区级道路、组团道路)，小的范围内采用人车分行方式布局道路，既方便了居民的出行(机动车道路及停车位离住户较近，方便居民私家车交通),又提供了居民独立的步行及休闲活动空间(图7-8)。

除采用尽端路,也有采用"U"字形回路的,构成机动车回路,有一定的人车交叉,但交通量少,人车分离度仍然较高。

图7-7 人车混行的道路系统

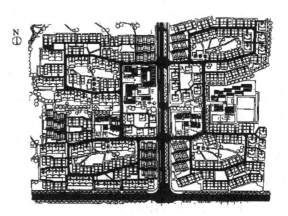

图7-8 局部人车混行的道路系统

7.4 居住区静态交通的组织

所谓居住区静态交通组织,是指居住区内机动车和非机动车停放的组织问题。静态交通组织的好坏,直接影响着居民生活的舒适性与方便性,同时也对居住区景观环境产生较大的影响。

7.4.1 自行车的停车组织

自行车在今后相当长的一段时期内仍将是城市居民出行的主要交通工具。近几年来,随着低碳设计理念在城市生活中运用,居民拥有的自行车数量不断增长,自行车库的设计是当前居住区建设中亟待解决的问题。

当前,居住区自行车存放的基本形式如下。

1. 集中式自行车库

许多居住区采用了这种形式的自行车库。一般在一个住宅区中按国家指标或按服务半径单独设置2~3栋1~2层的大型自行车库,有专人24小时值班看守。

这种车库也存在一定的缺点。通常集中式自行车库的服务半径和容量比较大,居民上班取车和下班存车十分不便,容易形成存取车的"高峰"。

2. 单间式自行车库

这种形式的自行车库多设在底层住宅院墙处,优点是独幢独用,或2~3幢合用。这类车库管理和使用均较为方便，除了存放自行车外，还可兼放其他杂物。这种形式的自行车库多见于单位自建的住宅组群内。

其存在的主要问题有：车库占用了较多的绿化地段，有碍环境绿化、空间布置及其他设施的统一安排。在一定程度上影响了底层住户的采光和通风。

3. 简易开敞式自行车棚

这种形式的自行车棚位置一般与单间式相同，它只是提供一个自行车免受日晒雨淋的存放场所，可以勉强满足住户的基本要求。由于其空间开放，防盗安全度差。加之自行车存放经常出现的无序性而显得杂乱无章，有碍居住区整体景观效果。因此，这种形式的自行车库除非有特别的管理方式或良好的治安状况，否则就不尽如人意。

4. 住宅底层自行车库

这种形式的自行车库一般采用住宅底层架空，或利用地形和单元错开半层设半地下式车库。调查表明，这类自行车库比较受居民欢迎，它改变了集中式车库存在的缺点，居民使用十分方便，但其使得住宅的造价相对提高。

通常，通过位置、规模、服务半径要求而配置的集中式自行车库可以满足居民的行为特征要求。从现有类似车库的小区来看，这样的自行车库还是比较受欢迎的。另外，采用住宅底层作自行车库也不失为一种用户较为满意的存车方式。

7.4.2 机动车的停车方式

随着居民经济水平的提高，小汽车大量进入居民区，对停车方式有了很大的需求。目前的停放方式有路面停车、集中式停车场、集中式停车库、住宅底层停车等几种，在实际组织中应根据不同情况选择相应的停车方式。

1. 路面停车

根据对多种形式路面停车的调查结果统计，路面停车的车位平均用地为16平方米（图7-9）。全部采用路面停车的居住区，停车面积在道路总面积中所占比例一般不超过40%。受道路用地指标限制，多层住宅区以及多层、高层混合住宅区可供路面停车的适宜面积分别为1.2米^2/人和0.8米^2/人。

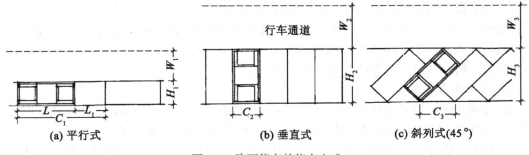

图7-9 路面停车的停车方式

2. 住宅底层停车

比较路面停车而言，住宅底层停车能够腾出路面停车占用的开放空间，增加公共绿地面积，对改善居住环境贡献较大。同时住宅底层停车可以有效缩短住宅与车库之间的步行距离，并完全避免不良气候干扰，最大程度地体现汽车门到户门的优越性（图7-10）。

图7-10 住宅底层停车方式

3. 集中车库停车

（1）地面独立式车库

采用地面独立停车库停车能改善居住区的环境质量，但在经济上要付出较地面停车更大的代价。为了方便住区居民，车库的服务范围不宜过大（图7-11）。

(a) 长直线型　　(b) 短直线型　　(c) 曲线型　　(d) 倾斜楼板型

图7-11 地面独立式车库停车方式

（2）集中地下车库

利用居住区或小区公共服务中心，大面积绿化或广场的底部作车库，其优点是停车面积极大，且停车相对集中，不利条件是增大了停车与住宅之间的步行距离。这种停车方式能充分利用土地，易于统一管理，减少居住区的路面机动车的行驶数量，削弱因此而产生的噪音和废气污染，为居民创造一个安静祥和的环境，特别是可以保证老年人和儿童的安全（图7-12）。

4. 混合式停车

居住区机动车停车库（场）的规划布局应根据整个居住区和小区的整体道路交通组织规划来安排，以方便、经济、安全为原则。一般地，居住区机动车停车库（场）采用集中与分散相结合的布局方式。集中的停车库（场）多设于居住区或小区的主要出入口或服务中心周围，以方便购物并限制外来车辆进入居住区或小区；分散的停车库（场）则设于住宅组团内或组团外围，靠近组团入口以方便使用，同时应注意设置步行路与住宅出入口及

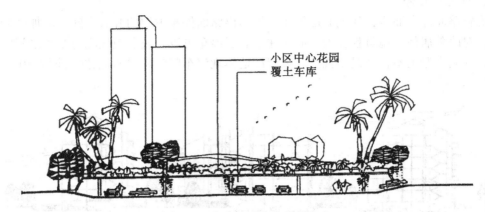

图7-12 集中地下车库停车方式

区内步行系统相联系，以创造良好的居住环境（图7-13）。

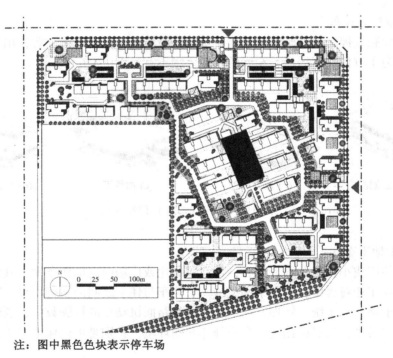

注：图中黑色色块表示停车场

图7-13 混合式停车方式

7.4.3 停车场的无障碍设计

在人们的生活中停车场是一个很重要的场地组成部分，安全和便利是停车场设计的主要原则。要注意为行动不便的人保留合理的停车位。

1. 无障碍车位的设计

方便车位应该为残疾人提供方便行动的基本活动空间。

标准方便停车位是以普通标准型车位为基准的残疾人专用车位。标准方便车位建议为 2.5 米宽，并有 1.5 米的方便车道与之相连。除了成角度停车外，两个车位可以共用一个车道。通常应该设计成垂直角度停车；当设计车位为成角度停车时，应保证每个车位都有方便车道与之相连（图 7-14）。

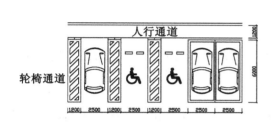
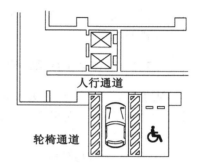

图 7-14　方便车位设计图

2. 停车场无障碍流线设计

无障碍流线的含义是：一条联系于建筑或设施的各个位置的连续的无障碍的通路。外部的无障碍通路包括停车车道、道牙坡道、人行道、便道和升降梯。无障碍通路应满足以下要求：方便车位应当安排在停车场或停车设施的周边，并有无障碍通路与行人入口相连。由电梯经过车道直达车位也是可行的。但这种情况下行人穿行的位置必须在车道上清楚地标出来，但是由电梯穿过车道停车不如在停车位前安排方便通路更合适。在设计中可以考虑将方便车位与楼梯间或电梯间相连。

7.5　居住区步行系统规划设计

居住区步行系统是居住区内所有室外步行空间的综合，包括居住区级、小区级绿地和公建中心，以及各级道路边上的人行道。由步行道、小广场、小游园、老年人或儿童活动场地等组成。居住区步行系统是市民的出行和生活最为密切的步行系统，其设计的好坏直接影响到居民室外生活的方便与舒适。

7.5.1　步行系统的规划设计原则

1. 系统整体原则

步行系统应该是一个具有相对独立性的整体，使步行于其中的行人免受汽车的干扰。步行空间穿插渗透于居住区的各个空间，其规划设计应当纳入整个公共空间网络中，建筑、活动场地、健身场地、绿地空间等应通过步行系统融为一个有机的整体。

2. 人本共享原则

步行系统应该是所有居民共享的场所。步行系统及其体系应立足于步行及相关活动的需求取向，组织合理的步行线路，为人创造舒适、方便、多样、亲切的活动场所。

3. 景观生态原则

住区的步行空间体系应当因地制宜，充分利用自然环境与生态条件，尽量减小对生态系统的破坏，最大限度地保持自然状态，使人工环境与自然景色融为一体。

4. 安全便捷原则

步行系统的设计应安全便捷，满足当今快节奏、高效率的现代社会人们的生活观念和生活方式的需要。

7.5.2 居住区步行系统的基本模式

从步行系统和车流的关系来说，步行系统有以下几种常见的模式："同路式"、"上下式"、"中间式"、"立交式"、"混合式"。

1. 同路式

"同路式"的道路断面是在车行道的单侧或双侧利用道牙变化，抬起一个高度，使人流与车流分离。这种组织方式使居住区内车行道分级明确，贯穿于居住区或小区内部，道路系统多采用互通式、环状尽端式或两者结合使用。在私人汽车不多的地区，这种交通组织方式既经济又方便，是目前居住区中比较常用的一种模式，对节地、节约投资比较有利。

2. 上下式

"上下式"是一种将车流引入地下，使地面成为人的行走和休闲空间的一种居住区步行系统组织方式。这种模式中地面仍预留有机动车道，但只有在紧急的情况下才允许机动车进入。这种模式的特点是利用高层的地下空间和小区的社区中心、活动场地、集中绿地之下设置停车场。在居住区小汽车拥有率较高的小高层以及高层居住区，采用住宅底层（包括地面、地下和半地下）成片车库停车具有独特优点，避免了不良气候干扰，最大限度地体现汽车门到家门联系的优越性。

3. 中间式

"中间式"是采用周边环状道路用于汽车交通，中间为人流活动空间，从而有效地使汽车交通和步行交通分离开，并可就近通达居住单元的交通组织模式。这种模式适用于住宅层数为多层、用地面积不是很大的居住区。

4. 立交式

"立交式"是指在居住区内部空间架设与各住宅楼相连的架空平台，平台下为车行道和车库，平台上作为步行空间和居民户外活动空间。这种模式避免了机动车对行人的干扰，又使机动车接近住户，可较好地解决人流与车流的矛盾。相对与"中间式"，这种模式造价较高，人的活动受到了一定的限制。

5. 混合式

大多数情况下居住区的交通规划模式并不是单一的，而是以上几种模式的综合。这种混合模式的优点是：可发挥以上不同模式的特点，结合地形和建筑物布置，在不同的区域设置经济合理的步行道布置方式。

7.5.3 居住区步行系统规划设计

在居住区内，步行是人们的主要空间转移方式，也是人们日常的重要活动。步行系统中有很多的节点空间，它们扮演着重要角色，它可以是平台、楼梯、广场、公园、绿地，是人们自由交流和交往的场所。因此，步行系统规划设计要考虑以下几个方面的因素：

1. 确定适当的步行距离

从体力上来说，步行距离也是有限制的，步行系统的设置应该控制在一定的范围之内。

在步行道上可安排各种丰富的小空间，如良好的休憩场所和交流活动场所，从而创造出良好的外部步行条件(图 7-15、图 7-16)。

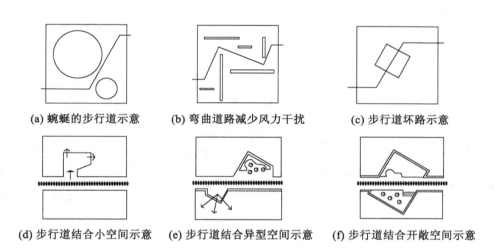

(a) 蜿蜒的步行道示意　　(b) 弯曲道路减少风力干扰　　(c) 步行道坏路示意

(d) 步行道结合小空间示意　(e) 步行道结合异型空间示意　(f) 步行道结合开敞空间示意

图 7-15　步行路线中小空间的插入方式

2. 设计合理的步行路线

步行道设置最好经过住区内的各活动场地，相互连通形成环路。步行路线应避免漫长而笔直的线路，宜采用短捷而富于变化的道路，以使居民的步行变得更加有情趣，而且弯曲的道路比笔直的道路能很好地减少风力的干扰(图 7-17)。

3. 建立完善的循环路线

为方便住区的居民，道路应该是安全方便的循环系统。循环路线是一个分层次系统，这种分层次的道路系统也加强了进入各种空间的控制。步行空间的连续性对于一个功能完善的步行系统来说是非常重要的，完善的步行线路，将使整个道路系统具有更大的吸引力。

4. 处理好空间的高差变化

考虑到步行的舒适和安全，步行路高差应该尽量减少变化。大起大落的道路耗费体力，并会打乱步行的韵律。在步行交通必须上下起伏时，应设置相对平缓的坡道，使步行

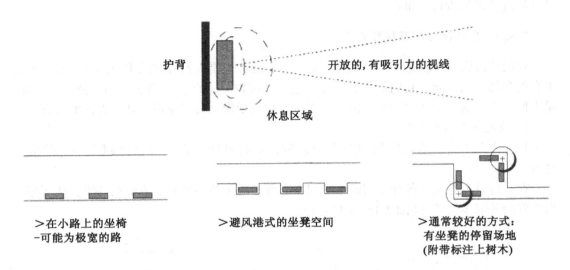

图 7-16　步行路线中坐椅的插入方式

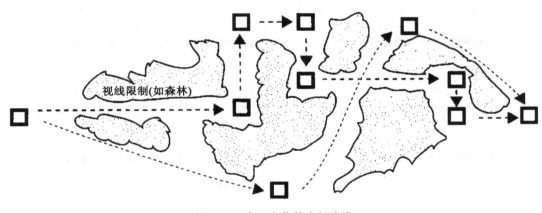

图 7-17　富于变化的步行路线

的节奏不受到太大的影响。

5. 综合考虑步行路线与道路系统

步行空间一般与道路系统结合为一体综合考虑，道路走向及位置应易于辨别。道路系统应按等级设计，同一目的地应该有多种道路选择的可能，道路应能回到场地内的主体建筑或主出入口。还应布置一些有标志性或地域特征的景观，具有指引方向的作用。应尽量减少人行道、自行车道和机动车道交叉口的设置。

7.5.4　居住区步行系统的无障碍设计

无障碍设计是居住区人性化设计的主要内容。老人、盲人和下肢体残疾人是无障碍设计的重点照顾对象。步行系统作为人们社区活动的重要场所，无障碍设计也就成了步行系统设计的重要内容。步行系统无障碍设计包括各种标识、坡道、地面铺装、自动扶梯、升降机的设计,使残疾人士便捷舒适地享受良好的步行空间品质(图7-18)。

图 7-18　居住区步行系统的无障碍设计

理想的无障碍步行线路是从建筑入口处开始的。主要循环路线联系邻近的活动地点,沿路应设置具有遮阴和座位的休息区。为了避免天气的影响,主要通路沿线的设施应该有所遮挡。

同时,步行系统的设计应遵循相关无障碍设计规范。如在遇到高差设置台阶的时候,附近应设有坡道,以便于轮椅的通行;步行道路路面应使用防滑的不耀眼的材料,且路面在铺装颜色、质地上应该加以改变,以预示着交通或高差将发生变化;应避免地面材料的质地不规则或连接处不规则;步行道上应避免排水沟及一些摩擦物给那些使用拐杖的步行者带来安全的隐患等。

本 章 小 结

1. 居住区内的道路一般分为车行道和步行道。车行道担负着居住区与外界及内部机动车、非机动车的交通联系;步行道则联系各级绿地、户外活动、公共建筑。我国居住区道路分为居住区级道路、居住小区级道路、居住组团级道路、宅间小路。

2. 居住区道路系统规划,一般可分为"人车分行"和"人车混行"两种基本形式。在这两类交通组织体系下,综合考虑居住区的地形、住宅特征和功能布局等因素,进行合理的居住区道路系统规划。

3. 居住区静态交通组织,是指居住区内机动车和非机动车停放的组织问题。静态交通组织的好坏,直接影响着居民生活的舒适性与方便性,同时也对居住区景观环境产生较大的影响。

4. 居住区步行系统是居住区内所有室外步行空间的综合,包括居住区级、小区级绿地和公建中心,以及各级道路边上的人行道,由步行道、小广场、小游园、老年人或儿童活动场地等组成。

思 考 题

1. 居住区规划设计中,如何综合考虑地形、住宅特征和功能布局等因素,合理地进行道路系统规划?
2. 如何组织良好的居住区静态交通,为居民提供安全、低碳、舒适、方便的社区生活?
3. 居住区步行系统规划设计应该考虑哪些问题?

第8章 居住区绿地景观规划设计

绿地景观在居住区中发挥着重要的作用，城市人一半甚至三分之二的时间花费在住区中，居住区环境景观质量直接影响到人们的心理、生理以及精神生活。那么，如何创造出人性化的宜人的住区景观呢？本章将分别从住区景观要素构成和类型划分、住区绿地设计以及各景观要素的设计重点等角度来详细论述。

8.1 居住区绿地

8.1.1 绿地的作用与功能

居住区绿地是城市园林绿地系统的组成部分，是居住区环境设计的核心所在，它不仅能为居民创造良好的休息环境，还能为他们提供丰富多彩的活动场地。如果将住宅建筑比喻为居住区的主体与骨架，则绿地就是居住区的肌肤，起着保护和丰富居住环境的作用。

1. 绿地的生态功能

绿地是城市生态系统的重要组成部分，是城市生态平衡的调控者，具有改善城市空气质量、调节小气候等多种生态功能。

(1) 净化空气

城市化带来人类生态平衡的破坏。绿色植物通过光合作用，能吸收对健康有害的二氧化碳，放出人类赖以生存的氧气，从而避免或减轻了二氧化碳给人体带来的伤害。

(2) 吸收有害气体

绿色植物素有"生物过滤器"之美称，可以吸收二氧化硫、一氧化碳等有害气体。有些植物还可以吸收氟化氢、致癌物质等有害物质，并具有吸收和抵抗光化学烟雾污物的能力，起到重要的空气净化作用。

(3) 滞尘降尘

植物构成的绿色空间对烟尘和粉尘有明显的阻挡过滤和吸附作用。特别是叶面粗糙或带有分泌物的叶片和枝条，很容易吸附空气中的尘埃，大大减少粉尘污染，是天然的除尘器。

(4) 杀菌能力

植物所释放的分泌物还具有明显的杀菌作用。悬铃木、紫薇、橙、雪松等均有较强的杀菌力。樟、桉的分泌物能杀死蚊虫，驱走苍蝇。测试表明，一般城市马路空气中的含菌量比公园高5倍。

(5) 净化水体和土壤

绿地可以滞留大量有害重金属物质，植物的根系也能吸收地表污物和和水中溶解质，减少水中细菌的含量，在一定程度上起到了净化水体的作用。

(6) 调节和改善城市气候

由于绿色植物具有蒸腾水分的能力，可以有效改善和降低温度，堪称最好的"生物加湿器"，是理想的城市空调。同时，合理的城市绿化布局也能有效地改善城市通风条件。

2. 绿地的物理功能

(1) 隔声减噪

植物是一种特殊的有生命的材料，它的茎、叶表面粗糙不平，有大量微孔和绒毛，就像凹凸不平的吸声器，可减弱声波传递或使声波发生偏转和折射，降低声能。因此，绿色植物又被人们称为"绿色消声器"。

(2) 隔热与防风

居住绿化空间中，常用树木隔热蔽荫。炎炎夏季，在住宅建筑的西南面、西面或西北面种植乔木，可以有效地减少西晒之苦。树林还有明显的防风效果。当气流穿过树木时，受到阻截、摩擦和过筛，消耗了气流的能量，起到降低风速的作用。

(3) 防灾避灾

居住区绿化具有防震、防火、防空等作用。自然灾害发生时，公园绿地可成为居民的避难所。此外，绿地的植物还能防御放射性污染，过滤、吸收和阻隔放射性物质，减低光辐射的传播和冲击波对人的杀伤力。

3. 绿地的美学功能

植物是构成居住区绿地的主角，有丰富的色彩，优美的形态，并随着季节的变化呈现出不同的景观外貌。种类繁多的植物材料，为人居环境的创造提供了丰富的资源，使原本生硬的空间变得温馨自然、生机勃勃。同时，美好的环境可以激发人的思想情操，提高人的生活和审美情趣。

4. 绿地的心理功能

绿色象征青春、活力与希望。绿色使人感到舒适，调节人的神经系统。人置身于这样的环境中，不自觉地就会放松心情，生活和工作的压力也随之减轻。回归自然是人的基本需求，徜徉于疏朗的自然空间之中，与树木花草、山石流水等自然元素亲密接触，园林绿地的心理功能为这种感受奠定了基础。

5. 绿地的经济功能

绿地创造的价值远高于其本身的价值。在住房商品化发展的今天，居住区的绿化景观具有直接影响房地产价格的能力，并且随着时间的推移而增加。据统计，绿化环境良好的居住区房价比同地段一般住区的房价可高出 20%~50%，而且这样的住区中的商品房升值潜力也大大高于一般住区的住房。

8.1.2 居住区绿地的组成

依照居住区设计规范，居住区绿地可分为公共绿地、宅旁绿地、配套公建所属绿地和道路绿地四大类。是城市园林绿地系统中分布最广、使用率最高、与居民最贴近、最经济的一种绿地，它们共同构成了居住区"点、线、面"相结合的绿地系统。

1. 公共绿地

居住区公共绿地是居住区居民公共使用的绿地,包括居住区公园、小区游园、组团绿地及防护绿地。这类绿地常与服务中心、文化体育设施、老年人活动中心及儿童活动场地结合布置,有利于居民购物、观赏、游乐、休息和聚会等使用,形成居民日常生活的绿化游憩场所,也是深受居民喜爱的公共空间或半公共空间。

2. 公共服务设施所属绿地

又称为配套公建所属绿地,包括居住区的医院、学校、影剧院、图书馆、老年人活动站、青少年活动中心、托幼设施等专门使用的绿地。由本单位使用管理,是居住区绿地的重要组成部分。

3. 宅旁绿地

指居住建筑四旁的绿化用地及居民庭院绿地,包括住宅前后及两栋住宅之间的绿地。是居民使用的半私密空间或私密空间,是住宅空间的转折与过渡,也是住宅内外结合的纽带。遍及整个住宅区,和居民的日常生活有密切关系。宅旁绿地的功能是美化环境,阻挡外界视线、噪声、灰尘和保证居民夏天乘凉、冬天晒太阳等。

4. 道路绿地

指居住区道路两旁,为满足遮阴防晒、保护路面、美化街景等功能而设的绿地和行道树(道路用地范围内的)。道路绿地是联系居住区内各项绿地的纽带,对居住区的面貌有着极大的影响。

8.1.3 居住区绿地的指标

作为城市园林绿地系统的组成部分,居住区绿地的指标也是城市绿化指标的一部分,它间接地反映了城市绿化水平。随着社会进步和人们生活水平的提高,绿化事业日益受到重视,居住区绿化指标也已成为人们衡量居住区环境的重要依据。

目前我国衡量居住区绿地的几个主要指标是人均公共绿地指标(米^2/人)、人均非公共绿地指标(米^2/人)和绿化覆盖率(%)(表8-1)。

表8-1　　　　　　　　　　　居住区绿地指标

指标类型	内　　容	计算公式
人均公共绿地指标(米^2/人)	包括公园、小游园、组团绿地、广场花坛等,按居住区内每人所占的面积计算	居住区人均公共绿地面积=居住区公共绿地面积(米^2)/居住区总人口(人)
人均非公共绿地指标(米^2/人)	包括宅旁绿地、公共建筑所属绿地、河边绿地以及设在居住区的苗圃、果园等非日常生活使用的绿地,按每人所占的面积计算	人均非公共绿地面积=[居住区各种绿地总面积(米^2)-公共绿地面积(米^2)]/居住区总人口(人)
绿地覆盖率(%)	在居住区用地上栽植的全部乔木、灌木的垂直投影面积及花卉、草坪等地被植物覆盖的面积,以占居住区总面积的百分比表示,覆盖面积只计算一层,不重复计算	绿地覆盖率=全部乔木、灌木的垂直投影面积及地被植物覆盖的面积(米^2)/总用地面积(米^2)×100%

城市居住区规划设计规范中明确指出：居住区内一切可绿化的用地均应绿化，并宜发展垂直绿化。新区建设绿地率不应低于30%，旧区改建不宜低于25%。居住区内公共绿地的总指标，应根据居住区人口规模分别达到：组团不小于0.5米^2/人、小区(含组团)不小于1米^2/人，居住区(含小区与组团)不小于1.5米^2/人，并根据居住区规划布局形式统一安排、灵活使用。其他带状、块状公共绿地应同时满足宽度不小于8米、面积不小于400平方米的环境要求。

规范中还规定了居住用地平衡表中公共绿地应有的构成比例，对各级中心绿地设置规定了内容与规模。居住区公园最小规模为1.0公顷，小游园0.4公顷，组团绿地最小规模0.04公顷。

8.1.4 居住区绿地分类分级

居住区内的绿地规划，应根据居住区的规划组织结构类型、不同的布局方式、环境特点及用地的具体条件分类分级，采用集中与分散相结合，点、线、面相结合的绿地系统。设置相应的中心公共绿地，包括居住区公园(居住区级)、小游园(小区级)和组团绿地(组团级)(表8-2)，以及儿童游戏场和其他块状、带状公共绿地等。并宜保留和利用、规划或改造范围内的已有树木和绿地。

表8-2　　　　　　　　　　　　各类公共绿地规划要求

分　　级	组团级	小区级	居住区级
类型	儿童游戏休息场	小游园、儿童公园	居住区公园、儿童公园
使用对象	住宅组团居民，特别是儿童和老人	小区内居民尤其是老年人、青少年及儿童	住区内全体居民以及临近的城市居民
设施内容	幼儿游戏设施、座凳椅、树木、草地、花卉等	儿童游戏设施、成年人活动休息场地、小型运动健身场地、座凳椅、树木、草地、花卉、凉亭、花架等	树木、草地、花卉、水面、凉亭、花架、雕塑、小卖部、座凳椅、儿童游戏场、运动健身场地、老年成人活动休息场地等
用地规模	大于0.04(公顷)	大于0.4(公顷)	大于1.0(公顷)
步行时间	3~5(分钟)	5~8(分钟)	8~15(分钟)
步行距离	100米	300~500米	500~1000米
布局要求	灵活布置	园内有一定的功能划分	园内有明确的功能划分

8.2 居住区绿地的规划设计

8.2.1 居住区绿地的规划设计原则

居住区绿地规划设计时，首先要考虑的是如何满足不同居民对空间的不同要求，除了对空间的功能性需求之外，人们对空间文化性和地域性特色的要求也越来越高，这就要求我们在绿地设计中要融功能、意境和艺术于一体。

1. 以人为本适应居民的生活

居住区绿地最贴近居民生活，因此在设计时必须以人为本，更多地考虑居民的日常行为和需求，使住区的绿化空间设计由单纯的绿化及设施配置，向营造能够全面满足人的各层次需求的生活环境转变。

2. 方便安全满足基本需求

居住区公共绿地，无论集中或分散设置，都必须选址于居民经常经过并能顺利到达的地方。要考虑居民对绿化空间的安全性要求，特别是在公共场所，要创造有安全、防卫感的环境，以促进居民开展室外活动和社会参与。

3. 生态优先营造四季景色

依托生态优先理念，以植物学、景观生态学、人居学、社会学、美学等为基础，遵循生态原则，使人与自然界的植物、环境因子组成有机整体，体现生物多样性，实现人与自然的和谐统一。

4. 系统组织注重整体效果

居住区绿地的规划设计应该为居民提供一个能满足生活和休憩多方面需求的复合型空间，多层次、多功能、序列完整地布局，形成一个具有整体性的系统，为居民创造幽静、优美的生活环境。

5. 形式功能注意和谐统一

具有实际功用的绿化空间才会具有明确的吸引力，绿地规划应提供游戏、晨练、休息与交往等多功能场所。既要注意绿化空间的观赏效果，又要发挥绿化空间的各种功能作用，达到绿化景观空间形式与功能的和谐统一。

6. 经济可行重视实际功能

本着经济可行性的原则，注重绿化空间的实用性。用最少的投入，最简单的维护，达到设计与当地风土人情及文化氛围相融合的境界。尽量减低绿地修建和维护费用，最大限度地发挥绿地系统的实用功能。

7. 尊重历史把握建设时机

自然遗迹、古树名木是历史的象征，是文化气息的体现。居住区规划设计中应尽量尊重历史，保护和利用历史性景观，特别是对景观特征元素的保护。有些景观建设应提早考虑而不是把它们放在开发的后期。

8.2.2 居住区公共绿地的规划设计

居住区公共绿地是城市绿化空间的延续，主要是为居民提供日常活动场所。居住区公共绿地要统一规划，合理分布和组织，采取集中与分散、重点与一般相结合的原则，形成以中心公园为核心，道路绿化为网格，庭院与宅旁绿化为基础的点、线、面为一体的绿地组成部分。

在规划设计中通常与居住区的公共服务设施结合设置，形成整个居住区居民共享空间。此外，居住区公共绿地应与其同级的道路相邻，即小区级的小游园应与小区级道路相邻，并在道路上开设主要出入口，以方便居民使用。

1. 居住区公共绿地的形式

居住区公共绿地按造园形式一般可分为规则式、自然式、混合式三种。

(1) 规则式

也称整形式、对称式。规则式绿地通常采用几何形布置方式，有明显的轴线，从整个平面布局、立体造型到建筑、广场、道路、水面、花草树木的种植上都要求严整对称。绿化常与整形的水池、喷泉、雕塑融为一体，主要道路旁的树木也依轴线成行或对称排列。在主要干道的交叉处和观赏视线的集中处，常设立喷水池、雕塑，或陈放盆花、盆树等。绿地中的花卉布置也多以立体花坛、模纹花坛的形式出现。

规则式绿地具有庄重、雄伟、整齐的效果，但不够活泼、自然，在面积不大的绿地内采用这种形式，往往会使景观一览无遗(图 8-1)。

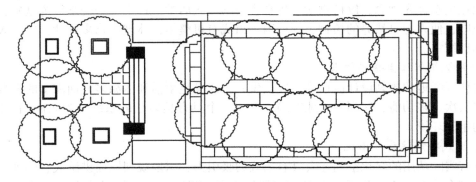

图 8-1 规则式绿地——纽约市中心的微型公园

(2) 自然式

又称风景式，不规则式。自然式绿地以模仿自然为主，不要求严整对称。其特点是道路的分布、草坪、花木、山石、流水等都采用自然的形式布置，尽量适应自然规律，浓缩自然的美景于有限的空间之中。在树木，花草的配置方面，常与自然地形、人工山丘、自然水面融为一体。水体多以池沼的形式出现，驳岸以自然山石堆砌或呈自然倾斜坡度。路旁的树木布局也随其道路自然起伏蜿蜒，与我国传统的造园艺术手法接近。

自然式绿地景观自由、活泼，富有诗情画意，曲折流畅的弧线型道路，结合地形起伏变化，易创造出别致的景观环境，给人以幽静的感受。居住区公共绿地普遍采用这种形式，在有限的面积中，能取得理想的景观效果(图 8-2)。

(3) 混合式

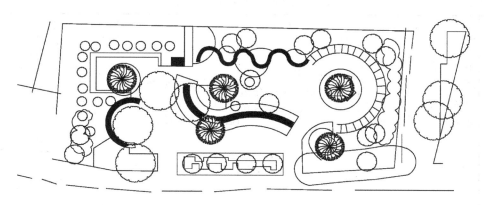

图 8-2　自然式绿地——天津市马场道 124 号临街绿地

混合式绿地是规则式与自然式相结合的产物，它根据地形和位置的特点，灵活布局，既能和周围建筑相协调，又能兼顾绿地的空间艺术效果，在整体布局上，产生一种韵律和节奏感，是居住区绿地一种较好的布局手法(图 8-3)。

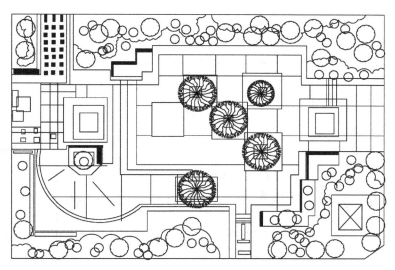

图 8-3　混合式绿地——日本川崎富士小游园

2. 住区公共绿地布局模式

住区绿地布局模式多样化，且各种不同布局模式有各自的优缺点和一定的适用范围。并没有一种或几种标准的模式。常见的住区公共绿地布局模式有以下五种，如表 8-3 所示。

表 8-3　　　　　　　　　　　常见住区公共绿地布局模式

模式	特点	优点	缺点	图示
中心集中式	集中布置在住区或小区中心地带，且多为面状绿地。是一种常见的相对封闭布局模式	有效服务半径可服务整个用地。居民有相对平等的共享机会和使用权利	绿地容易被道路穿越或环绕，成为大型交通岛，缺乏安全性	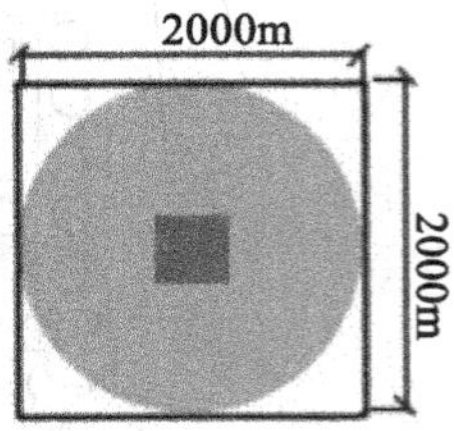 (2000m×2000m 示意图)
中心一侧式	公共绿地集中布置在紧邻城市道路一侧，且比较靠近中央位置	常作为城市带状绿地的一个终结点，与城市联系性强	有效服务半径覆盖用地一半左右，对侧居民使用不便	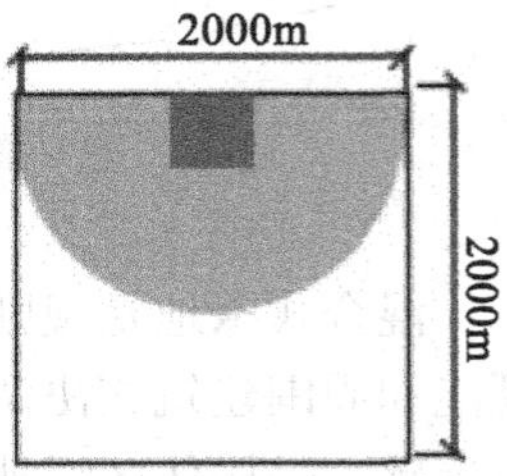 (2000m×2000m 示意图)
边角式	集中在用地的一角，主要用于道路交叉口或异形用地	开放性较强，可供住区居民和其他城市居民共用	有效服务半径为1/4，对角线上的居民到达较为不便	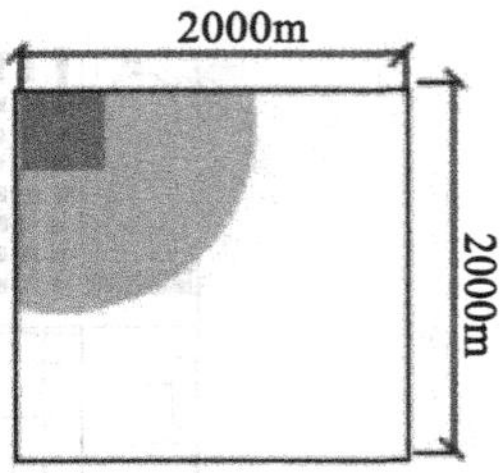 (2000m×2000m 示意图)
带状中心式	呈带状布置于住区中央。可作为城市带状绿地的延伸，也可结合高压走廊或自然河道等线性要素布置	有效服务面积可覆盖整个用地，且绿地与住户的接触面最大。区域连通性较强	相对较为狭长，对大型活动场地布置有所限制	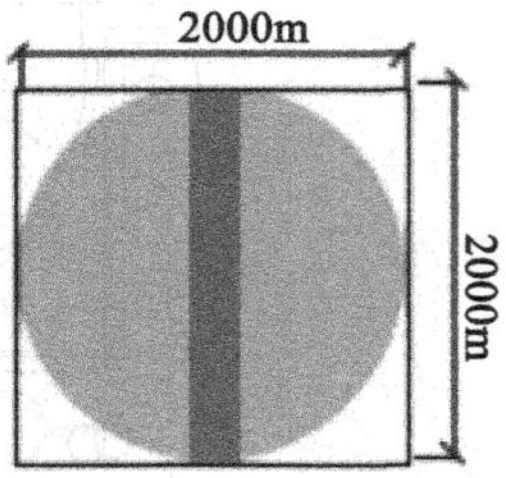 (2000m×2000m 示意图)
带状侧边式	集中布置在紧邻城市道路一侧。绿地与住户接触面较大	可为住区居民和城市居民服务，利用率高；还可美化城市道路；分割住区与城市道路；可为住区阻滞风沙，降低噪音，净化空气，调节气候	有效服务半径覆盖用地一半左右。住区对侧居民使用不便	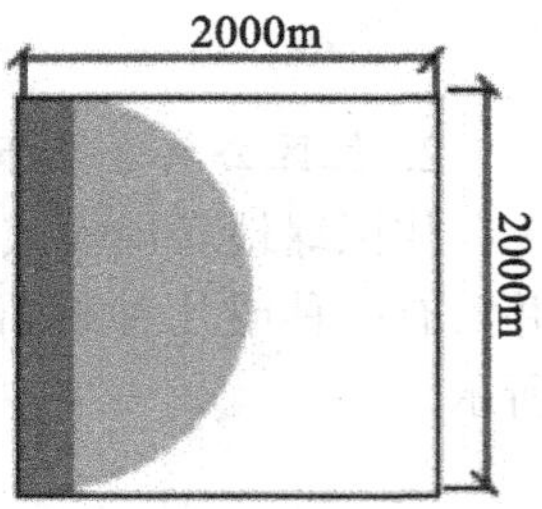 (2000m×2000m 示意图)

3. 居住区公共绿地的设计方法

(1) 居住区公园

居住区公园是居住区绿地中规模最大，服务范围最广的中心绿地，为整个居民区居民提供交往、游憩的绿化空间。为了方便住区居民，居住区级公园一般设在住区的中心位置，最好与居住区的公建、社会服务设施结合布置形成居住区的公共活动中心，提高公园与服务设施的使用率，节约用地。居住区公园应根据居民各种活动的要求布置休息、文化娱乐、体育锻炼、儿童游戏及人际交往等各种活动场地与设施，满足功能要求。规划设计以景取胜，注意意境的创造，充分利用地形、水体、植物及人工建筑物塑造景观，组成具有魅力的景色，满足景观审美的要求。公园空间的构建与园路规划应结合组景，园路既是交通的需要，又是游览观赏的线路，满足游览的需要。多种植树木、花卉、草地，改善居住区的自然环境和小气候，满足净化环境的需要(图8-4)。

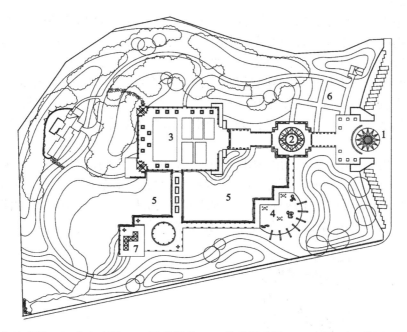

1. 入口广场 2. 中心广场 3. 运动场地 4. 儿童活动场 5. 水景 6. 草坪 7. 亭

图8-4　居住区公园

居住区公园是为整个居民区服务的。公园的面积比较大，其布局与城市小公园相似，设施比较齐全，内容比较丰富，有一定的地形地貌、小型水体；有功能分区、景区划分，除了花草树木以外，还有一定比例的建筑、活动场地、园林小品、活动设施(表8-4)。

居住区公园布置紧凑，各功能分区或景区间的节奏变化快，与城市公园相比，游人主要是本居住区的居民，并且游园时间比较集中，多在一早一晚，特别在夏季，晚上是游园高峰，因此应加强照明设施、灯具造型、夜香植物的布置，使之成为居住区公园的特色。

表 8-4	居住区公园主要功能配置
功能分区	物质要素
休息、漫步、游览区	休息场地、散步道、凳椅、廊、亭、榭、老人活动室、展览室、草坪、花架、花径、花坛、树木、水面等
游乐区	电动游戏设施、文娱活动室、凳椅、树木、草地等
运动健身区	运动场地及设施、健身场地、凳椅、树木草地等
儿童活动区	儿童游乐园及游戏器具、凳椅、树木、花草等
服务网点	茶室、餐厅、售货亭、公厕、凳椅、花草等
管理区	管理用房、公园大门、暖房、花圃等

(2) 小游园

小游园是小区内的中心绿地，供小区内居民使用。小游园用地规模根据其功能要求来确定，采用集中与分散相结合的方式。小游园的服务对象以老年人和青少年为主，提供休息、观赏、游玩、交往及文娱活动场所，通常与小区中心结合。

住区小游园应与小区总体规划密切配合，使小游园能妥善地与周围城市园林绿地衔接，尤其要注意小游园与道路绿化衔接。应尽量方便附近地区的居民使用，并注意充分利用原有的绿化基础，尽可能与小区公共活动中心结合起来布置形成一个完整的居民生活中心。

小游园的用地规模根据其功能要求来确定，在国家规定的定额指标上，采用集中与分散相结合的方式，使小游园面积占小区全部绿地面积的一半左右为宜。应根据游人不同年龄特点划分活动场地和确定活动内容，场地之间既要分隔，又要紧凑，将功能相近的活动布置在一起。尽量利用和保留原有的自然地形及原有植物(图 8-5)。

1. 活动场地 2. 卵石铺地 3. 树阵广场 4. 儿童活动场地 5. 铺装场地

图 8-5 小游园

(3)组团绿地

组团绿地供本组团居民集体使用,为组团内居民提供室外活动、邻里交往、儿童游戏、老人聚集等良好的室外条件。随着组团的布置方式和布局手法的变化,其大小、位置和形状也相应变化。组团绿地用地小、投资少、见效快、易于建设。由于位于住宅组团中,利用率比小区公园高。既使用方便,又无机动车干扰,为居民提供了一个安全、方便、舒适的游憩环境和社会交往场所。

随着组团的布置方式和布局手法的变化,其大小、位置和形状也相应地发生变化。常见的布局模式可以归纳为表8-5所示的几种。

表8-5 　　　　　　　　　　常见宅住区组团绿地布局模式

绿地模式	特　点	图　示
行列式住宅山墙一侧式	绿地通常位于组团的一侧,是一种相对开放的布局模式。可结合不便于布置住宅的不规则地块进行布置	
行列式住宅山墙中间式	绿地位于住宅山墙之间,形成一种封闭感较强的空间,多用于相对单调的行列式住区空间,适当增加建筑山墙之间的距离,开辟为狭长的绿地空间,可以打破这种行列式布局的单调感,同时可以促进空气流动,形成微风环境	
扩大组团围合式	绿地位于扩大的住宅间距之间,也是一种封闭感比较强的布局模式。通过扩大住宅之间的间距,开辟组团绿地,可以改变行列式布局所形成的单调的庭院空间。但相对封闭,流通性不强	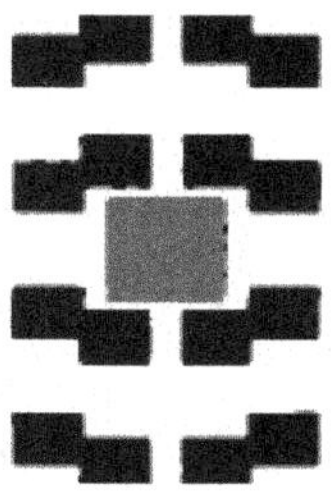

续表

绿地模式	特　点	图　示
组团围合式	绿地位于两个住宅组团之间，适用于用地紧张的条件下。两个组团共用一块组团绿地，有利于附近居民之间的充分交流，其缺点在于有部分居民的步行距离较远	
周边式住宅组团中间式	绿地位于周边式住宅围合空间，封闭感和领域感强。在建筑密度相同时，此种绿地可获得较大面积的绿地，但绿地之间的流通性有一定的限制	
自由式住宅组团中间式	绿地位于自由组合的住宅建筑时间，绿地形式较为灵活。是一种相对封闭的空间，但绿地与外界流通性有一定的限制	
临街侧边式	绿地采用临街布置，是一种开放的布局模式。不仅可以塑造良好的街道景观，同时可以供过往行人提供休息之处，利于形成沿街廊道绿带，比较利于低碳，但其管理上有一定的困难，且部分居民使用不便	
沿河带状式	绿地采用沿河道布置，是一种亲水性的布局模式。水的清洁和安全是这种布局模式的关键。既要保证居民在休闲时不会受到水质的影响，又要保证居民(尤其是老人和儿童)的人身安全。但是从低碳的角度，这种模式可以形成良好的风道，利于住区微气候的形成	

住宅组团绿地应满足邻里居民交往和活动要求，布置幼儿游戏场地和老年人休息场地，设置小沙地、游戏器具、座椅及凉亭等。利用植物种植围合空间，树种包括灌木、长绿和落叶乔木，地面除硬地外铺草种花，以美化环境。避免靠近住宅种树过密，会造成底层房间阴暗及通风不良等。

组团绿地设计内容决定于服务对象和活动内容。从我国城市年龄结构的调查来看；老人和儿童约占全部人口的20%，加上青少年可达30%左右。因此，在设计组团绿地时，要着重考虑老人和儿童的需要，精心安排不同年龄层次居民的活动范围和活动内容，为其提供舒适的休息和娱乐条件。

组团绿地不宜建许多园林建筑小品，应该以花草树木为主，适当设置桌、椅、简易儿童游戏设施等，以使组团绿地适应居住区绿地功能的需求为设计出发点，慎重采用假山石和大型水池。一般绿化覆盖率在50%以上，游人活动面积率在50%~60%，从感观上和使用上都比较理想。解决矛盾的办法是，在绿地内开辟一部分以种植乔木为主，允许游人进入活动的开敞绿地，同时在成片的铺装用地中间开树穴、种大树。这样就可以在保证足够活动面积的同时提高绿化覆盖率(图8-6)。

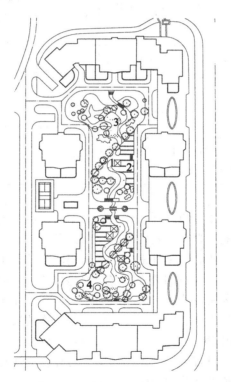

1. 景观亭 2. 活动场地 3. 水景 4. 微地形
图8-6 组团绿地

8.2.3 宅旁绿地的规划设计

宅旁绿地是住宅区绿化的最基本单元，与居民日常生活密切相关，其设计适当与否将直接影响居民的日常活动。通常宅旁绿地在居住(小)区总用地中占35%左右的面积，比小区公共绿地多2~3倍，一般人均绿地可达4~6平方米。常见的宅旁绿地布局模式有表8-6所示的几种。

表8-6　　　　　　　　　　　　常见宅旁绿地布局模式

布局类型	特点	植物配置方式
树林型	简单、粗放，大多为开放式绿地，对调节住区小气候有明显的作用，但缺少花灌木与草坪，较为单调	以高大乔木为主，快生、慢生、常绿、落叶、观果、色叶、花期，多种树种
花园型	层次较为丰富，相邻住宅间可取到遮挡视线、隔声、防风、美化的作用，封闭性强	以绿篱或栅栏围成一定的范围，可布置花草树木及其他园林设施
草坪型	有一定的景观效果，但是改善住区热环境效果较差，养护和管理成本高	以草坪绿化为主，边缘可种植灌木绿篱和乔木
棚架型	美观、实用、经济，较受居民喜爱	以棚架绿化为主，选用开花、结果藤蔓植物为主，具有良好的遮阴和降温作用
园艺型	在绿化基础上兼有实用性，居民多种植瓜果蔬菜，富有田园特色	根据居民喜好，种植果树、蔬菜等。如橘树等

宅旁绿地的设计应结合住宅的类型、建筑的平立面特点、宅前道路的形式等因素进行布置，创造宜人的宅旁绿地景观，有效地划分空间，形成公共与私密各自不同的空间真实感。宅旁绿地的设计应充分考虑居民日常生活、休闲活动及邻里交往等的需求，为这些需要提供适宜的空间。因此，应考虑日常的晒衣、贮物、家务等生活行为与宅旁绿地的关系，考虑使用频率最高的老人及儿童，适当增加老人与儿童休闲活动的设施等。

宅旁绿地设计应以绿化为主。树种选择上应注意植物的尺度、色彩、季相等因素与院落的大小、建筑的形式等因素的配合，应尽量选择乡土树种及居民喜爱的树种，创造优美的院落绿地景观特色，使居民有认同感及归属感。另外，应注意控制植物的种植密度，保证绿地有良好的通风，以减少细菌的滋生，更好地发挥绿地的生态效益。

宅旁绿地设计还应考虑绿地内的乔木、灌木与近旁的建筑、管线和工程构筑物之间的关系。一方面应注意乔木、灌木与各种管线及建筑基础的相互影响，另一方面应避免乔木、灌木影响建筑的采光及通风等(图8-7)。

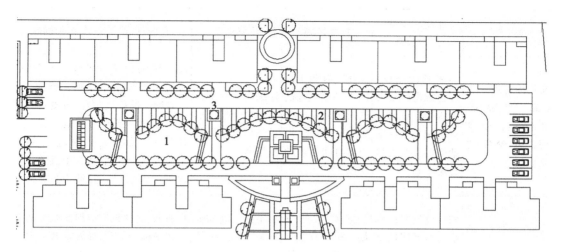

1. 绿地 2. 硬质铺装 3. 树池
图 8-7 宅旁绿地

8.2.4 公共服务设施所属绿地

公共服务设施所属绿地,是指居住区或居住小区里公共建筑及公共设施用地范围内的附属绿地。这类绿地由各使用单位管理,其使用频率虽不如公共绿地和宅旁院落绿地,却同样具有改善居住区小气候、美化环境、丰富居民生活的作用,是居住区绿地系统中不可缺少的部分。

居住区配套公建绿地的规划设计应根据不同公共建筑及公共设施的功能要求进行,结合不同功能的建筑可将其分为医疗卫生类配套公建绿地、文化体育类配套公建绿地、商业饮食服务类配套公建绿地、教育设施类配套公建绿地、行政管理机构类配套公建绿地及其他配套公建绿地,不同功能的建筑有不同的要求(表 8-7)

表 8-7　　　　　　　　居住区配套公建绿地的规划设计要点

类　　别	绿化与环境空间关系	环境措施	环境感受	设施构成	树种构成
医疗卫生类(如:医院门诊)	半开敞的空间与自然环境(植物、地形、水面)相结合,有良好的隔离条件	加强环境保护,防止噪声、空气污染,保护良好的自然条件	安静、和谐,使人消除恐惧和紧张感。阳光充足、环境优美、适宜病员休息、散步	树木花坛、草坪、条椅及无障碍设施,道路无台阶,宜采用缓坡道,道路平整	宜选用树冠大、遮阴效果好、病虫害少的乔木、中草药及具有杀菌作用的植物

续表

类 别	绿化与环境空间关系	环境措施	环境感受	设施构成	树种构成
文化体育类（如：电影院、文化馆、运动场、青少年之家）	形成开敞空间，各建筑设施呈辐射状与广场绿地直接相连，使绿地广场成为大量人流中心	绿化应有利于组织人流和车流，同时要避免遭受破坏，为居民提供短时间休息的场所	用绿化来强调公共建筑个性，形成亲切热烈的交流场所	设有照明设施、条凳、果皮箱、广告牌。路面要平整，以坡道代替台阶，设置公用电话、公共厕所	宜以生长迅速、健壮、挺拔、树冠整齐的乔木为主。运动场上的草皮应有耐修剪、耐践踏、生长期长的草类
商业、饮食、服务类（如：百货商店、副食店、菜场、饭店等）	构成建筑群内的步行道及居民交往的公共开敞空间；绿化应点缀并加强其商业气氛	防止恶劣的气候、噪声及废气排放对环境的影响；人、车分离；避免互相干扰	由不同空间构成的环境是连续的，从各种设施中可以分辨出自己所处的位置和要去的方向	具有连续性的、有特征标记的设施树木、花池、条凳、果皮箱、电话亭、广告牌等	应根据地下管线埋置深度，选择深根性树种；根据树木与架空线的距离选择不同树冠的树种
教育类（如：托幼所、小学校、中学校）	构成不同大小的围合空间，建筑物与绿化、庭院相结合、形成有机统一、开敞而富有变化的活动空间	形成连续的绿色通道，并布置草坪及文化活动场所，创造由闹到静的过渡环境，开辟室外学习园地	形成轻松、活泼、幽雅、宁静的气氛，有利于学习、休息及文娱活动	游戏场及游戏设备、操场、沙坑、生物实验园、体育设施、座椅或石桌凳、休息亭廊等	结合生物园设置菜园、果园、小动物饲养园，选用生长健壮、病虫害少、管理粗放的树种
行政管理类（如：居委会、街道办事处、物业管理）	以乔木、灌木将各孤立的建筑有机地结合起来，构成连续围合的绿色前庭	利用绿化弥补和协调与建筑之间在尺度、形式色彩上的不足，并缓和噪声及灰尘对办公的影响	形成安静、卫生、优美、具有良好小气候条件的工作环境，有利于提高工作效率	设有简单的文化设施和宣传画廊、报栏、以活跃居民业余文化生活	栽植庭阴树，多种果树，树下可种植耐阴经济植物。利用灌木、绿篱围成院落
其他类（如：垃圾站、锅炉房、车库）	构成封闭的围合空间，以利于阻止粉尘向外扩散，并利用植物作屏障，控制外部人员的视线	消除噪声、灰尘、废气排放对周围环境的影响，能迅速排除地面水，加强环境保护	内院具有封闭感，且不影响院外的景观	露天堆场（如煤渣等）、运输车、围墙、树篱、藤蔓	选用对有害物质抗性强、能吸收有害物质的树种。枝叶茂密、叶面多毛的乔灌木；墙面、屋顶用爬藤植物绿化

8.2.5 道路绿化设计

居住区道路绿地对于改善居住区环境及景观、增加居住区绿化覆盖面积等都起着积极的作用。道路绿地有利于保护路基，防尘减噪，遮阳降温，通风防风，疏导人流，美化道路景观，可保持居住环境的安静、清洁，并有利于居民散步及户外活动。

居住区道路绿地是指居住区内各级道路红线范围内的绿地，是居住区绿化系统的有机组成部分，在居住区绿化系统中，它作为"点、线、面"绿化系统中的"线"部分，起到连接、导向、分割、围合等作用。随着道路沿线的空间收放，道路绿化设计使人产生观赏的动感。

居住区道路绿地设计应注意满足改善环境、美化景观以及行人行车交通安全的要求。居住区道路共分四级，各级道路绿地在设计中应与各道路的功能相结合，因而具有不同的设计要点。

1. 道路绿化的断面布置形式

道路绿化断面形式与道路横断面组成密切相关，我国居住区现有道路断面多采用一块板的形式，规模较大的居住区也有局部采用三块板的断面形式，相应道路绿化断面为一板两带式、三板四带式。

一板两带式中间是车行道，在车行道两侧的人行道上种植行道树，其优点是简单整齐，用地经济，管理方便，但是当车行道较宽时遮阴效果较差，比较单调，不能解决机动车与非机动车混合行驶的矛盾（图8-8）。

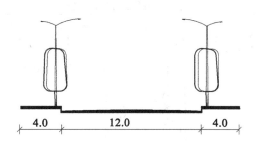

图8-8　一板两带式道路绿化断面形式

三板四带式是用两条分隔带把车行道分成三块，中间为机动车道，两侧为非机动车道，连同车行道两侧的行道树共有3条绿带，蔽荫效果好。夏季能使行人和各种车辆驾驶者都感到凉爽舒适，同时也解决了机动车与非机动车混合行驶互相干扰的矛盾。在非机动车特别多的情况下，这种断面形式较为理想（图8-9）。

2. 道路绿化设计

（1）居住区道路

居住区道路绿化设计，首先应充分考虑行车安全的需要。在道路交叉口及转弯处种植树木不能影响行驶车辆的视线，必须留出安全视距，在此范围内一般不能选用体型高大的树木，只能用高度不超过0.7米的灌木、花卉与草坪等（图8-10）。居住区行道树的设置

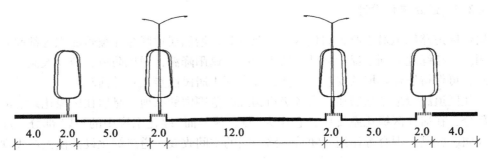

图 8-9 三板四带式道路绿化断面形式

要考虑行人的遮阴,并且不影响车辆通行。同时,还应考虑利用绿化减少噪声、灰尘对居住区的影响。

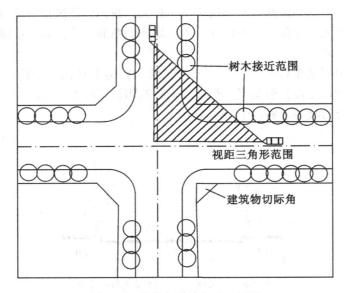

图 8-10 植物与道路交叉口间距

(2) 小区路绿化设计

居住小区级道路是居住区的次要道路,其特点为车流量相对较少,但绿化布置上仍应考虑车辆行驶的安全要求。当道路离住宅建筑较近时,要注意防尘减噪。在有地形起伏的地区,道路应灵活布置,道路断面可不在同一高度上,道路绿地的形式也可多样化,可根据不同地坪标高形成不同台地(图 8-11)。

(3) 组团路绿化设计

居住组团道路是居住区内的支路,用以解决住宅组群的内外联系。一般以通行自行车和人行为主,绿化与建筑的关系较为密切。道路绿地的布置应满足通行消防车、救护车、清除垃圾及搬运家具等车辆的通行要求。在尽端式道路的回车场地周围,应结合活动的设

图 8-11 不同高度的道路绿化断面形式

置等布置绿化。

(4) 宅间小路

宅间小路是通向各住户或各单元入口的道路，主要供人行。绿化设计时，道路两侧的种植宜适当后退，便于必要时急救车和搬运车辆等可直接通达单元入口。在步行道的交叉口布置时可结合绿化适当放宽，与休息活动场地结合，形成小景点。这级道路的绿化一般不用行道树的方式，可根据具体情况灵活布置。树木既可连续种植，也可成丛地配植，可与宅旁绿地、公共绿地的布置相结合，形成一个完整的整体。

居住区主要道路两旁的行道树可选择与城市主干道行道树不同的树种，以区别于城市的公共部分。居住区其他各级道路的绿化则应结合建筑及其公用设施灵活布置，形成乔木、灌木及花卉、草坪合理配植的绿化景观。另外，在植物的选择及搭配上应突出各居住区的特色，加强其识别性和归属感。

3. 行道树的种植设计

行道树的生长环境条件一般较差，无论是日照、通风、水分，还是土壤条件，都不能与一般园林和大自然中生长的树木相比拟。除辐射温度高、空气干燥、烟尘较多外，还要受到管网线路的限制，影响树木的正常生长和发育。因此，居住区道路绿化，选择适宜的行道树是十分重要的。

此外，居住区道路绿化，主路两旁行道树的选择还应注意避免与城市道路的树种相同，要能体现居住区不同于城市街道的性质。在道路两旁种植设计时要灵活自然，与两侧的建筑物、各种设施相结合，形成疏密相间、高低错落、层次丰富的景观效果。

居住区道路绿化还应考虑弥补住宅建筑的单调雷同，强调组团的个性，增强住宅建筑的可识别性，有利于居民找到自己的"家"。为此，应在配置方式与植物材料的选择、搭配上形成自己的特色，采取多样化，以不同的行道树、花灌木、绿篱、地被、草坪组合成不同的绿色景观。

树木株距、行距的确定要根据树冠及苗木树龄（苗木规格）的大小来确定（表 8-8）。株距亦要考虑树木生长的速度。一般道路上种植的树木 30~50 年后就需要更新，壮龄期只有 10~20 年。其次，还应考虑的其他因素如交通、市容等。在一些重要的建筑物前不宜遮挡过多，株距应加大，或不种行道树，以显示出建筑的全貌。若考虑经济因素，则初期以较小的株距种植，几年后间移，作为培养大规格苗木的措施，以节约用地。

表 8-8　　　　　　　　　　　　乔木与灌木种植株距

名称		通常采用的株距	
		不宜小于/米	不宜大于/米
单行行道树		4.0	6.0
两行行道树		3.0	5.0
乔木群栽		2	—
乔木与灌木		0.5	—
灌木群栽	大灌木	1.0	3.0
	中灌木	0.75	1.5
	小灌木	0.3	0.8

人行道绿化带可起到保护环境卫生和为居民创造安静、优美的生活环境的作用，同时亦是居住区道路景观艺术构图中的一个生动的组成部分。

人行道绿化带通常有如下几种种植形式(图 8-12)：

(1) 落叶乔木与常绿绿篱相结合

用侧柏绿篱将车行道及人行道隔离开来，可减少灰尘及汽车尾气对行人的侵害，又可防止行人随意横穿街道。

(2) 以常绿树为主的种植

种植常绿乔木及常绿绿篱，并点缀各种开花灌木，可产生较好的艺术效果。由于常绿树生长缓慢，在初期遮阴效果差，故在常绿树之间应种植窄树冠的落叶乔木。

(3) 以落叶乔木及灌木为主的种植

在一些次要道路上采用以落叶树为主的种植较为经济。但冬季景观较差，可用常绿树点缀在视线集中的重要地段。

(4) 草地和花卉

只种植草皮和花卉，艺术效果好，特别适宜于绿化带下管线多、有地下构筑物、土层薄不宜栽植乔木、灌木的情况。

(5) 带状自然式种植

树木三五成丛、高低错落地布置在车行道两侧，需要有较好的施工和养护条件，并有一定规格的绿化材料。

(6) 块状自然式种植

由大小不同的几何绿地块组成人行道绿化带，在绿地块间布置休息广场、花坛。绿地块按自然式种植，用草地的底色衬托观赏树木。

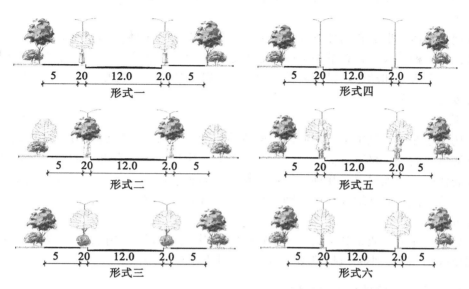

图 8-12　人行道绿化带的种植形式

8.3　居住区绿地景观的构成

绿地景观在居住区中发挥着重要的作用，如前所述，城市人一半甚至三分之二的时间花费在住区中，居住区环境景观质量会直接影响到人们的心理、生理以及精神生活。在人们活动的步行道、广场、休息观景的空间中，创造性地设计应能赋予空间一定的特色，给人留下深刻的印象。

8.3.1　绿地景观构成的要素

景观的使用几乎渗透到了居住区环境的各个角落，在景观设计中如何对这些设计元素进行综合取舍、合理配置乃是景观设计的要点。

1. 绿化

绿化是环境景观的基本构成元素。现代居住区的园艺绿化呈现几种趋势：绿化乔木、灌木、花、草结合，高低错落、远近分明、疏密有致，绿化景观层次丰富；种植绿化平面与立体结合，居住区绿化已从水平方向转向水平和垂直相结合；种植绿化实用性与艺术性结合，追求构图、颜色、对比、质感，同时讲究和硬质景观的结合使用，也注意绿化的维护和保养。

2. 道路

道路是居住区的构成框架。按使用功能划分，居住区道路一般分为车行道和宅间人行道；按铺装材质划分，居住区道路又可分为混凝土路、沥青路以及各种石材、仿石材、铺装路，等等。在进行居住区道路设计时，我们有必要对道路的平曲线、竖曲线、宽窄和分幅、铺装材质、绿化装饰等进行综合考虑，以赋予道路美的形式。

3. 水景

景观中水体的形成有两种方式：一种是自然状态下的水体，如自然界的湖泊、池塘、溪流等；另一种是人工状态下的水体，如水池、喷泉、壁泉等。按水体景观的存在形式可将其分为静态水景和动态水景两大类，静态水景赋予环境娴静淡泊之美，动态水景则赋予环境活泼灵动之美。

4. 铺地

广场铺地在居住区中是人们通过和逗留的场所，是人流集中的地方。在规划设计中，通过它的地坪高差、材质、颜色、肌理、图案的变化创造出富有魅力的路面和场地景观。目前在居住区中铺地材料有几种，如：广场砖、石材、混凝土砌块、装饰混凝土、卵石、木材，等等。优秀的硬地铺装往往别具匠心，极富装饰美感。

5. 小品

小品在居住区硬质景观中具有举足轻重的作用，精心设计的小品往往成为人们视觉的焦点和小区的标识。小品包括雕塑小品、园艺小品和设施小品等。

8.3.2 居住区绿地景观的类型

居住区环境景观设计导则中景观设计分类是依居住区的居住功能特点和环境景观的组成元素而划分的，不同于狭义的"园林绿化"。它以景观来塑造人的交往空间形态，突出了"场所+景观"的设计原则，具有概念明确、简练实用的特点，有助于工程技术人员对居住区环境景观的总体把握和判断。

1. 按照构成的要素来分

按照住区内各绿地景观中的主要构成要素，可将居住区的绿地景观分为：绿化种植景观、道路和场所景观、水景观和庇护性景观。目前，"场所"的概念越来越被人们提起和突出。因此，以上各种景观中，场所景观是核心，其他类的景观往往与场所景观融合在一起，为人们创造良好的活动场所。

（1）绿化种植景观

植物是绿地构成的基本要素。植物种植不仅有美化环境的作用，还有围合室外活动场地的功能。同时，植物配植具有环境识别性，可以创造具有不同特色的住区景观。

（2）道路和场所景观

道路绿地是指居住区内各级道路红线范围内的绿地，是居住区绿化系统的有机组成部分，在居住区绿化系统中，它作为"点、线、面"绿化系统中的"线"部分，起到连接、导向、分割、围合等作用。随着道路沿线的空间收放，道路绿化设计使人产生观赏的动感。

场所景观包括健身运动场、休闲广场和游乐场等。场所景观是为居民提供锻炼身体、信息交流和休闲娱乐的居住区内部的公共场所。在该类场所景观中常常会设置一些要素，如雕塑、亭、花架、垃圾箱、照明灯具，等等。

（3）水景景观

水景景观以水为主。水景设计应结合场地气候、地形及水源条件。南方干热地区应尽可能为居住区居民提供亲水环境，北方地区在设计不结冰期的水景时，还必须考虑结冰期的枯水景观。主要表现水景景观的要素有驳岸、景观桥、木栈道、瀑布跌水、溪流、泳池水景和喷泉，等等。

（4）庇护性景观

庇护性景观通常以点状的形式出现，如亭，廊，花架，等等。该类景观能够为住区居民提供一片可以遮挡风雨、遮蔽阳光的场地。

2. 根据不同的住区进行的居住区景观分类

从住区分类上看，住区景观结构布局的方式如表8-9所示。

表8-9　　　　　　　　根据住区类型不同的居住区景观分类

住区分类	景观空间密度	景观布局	地形及竖向处理
高层住区	高	采用立体景观和集中景观布局形式。高层住区的景观布局可适当图案化，既要满足居民在近处观赏的审美要求，又需注重居民在居室中俯瞰时的景观艺术效果	通过多层次的地形塑造来增强绿视率
多层住区	中	采用相对集中、多层次的景观布局形式，保证集中景观空间合理的服务半径，尽可能满足不同的年龄结构、不同心理取向的居民的群体景观需求，具体布局手法可根据住区规模及现状条件灵活多样，不拘一格，以营造出有自身特色的景观空间	因地制宜，结合住区规模及现状条件适度地形处理
低层住区	低	采用较分散的景观布局，使住区景观尽可能接近每户居民，景观的散点布局可结合庭院塑造尺度适人的半围合景观	地形塑造不宜过大，以不影响低层住户的景观视野又可满足其私密度要求为宜
综合住区	不确定	宜根据住区总体规划及建筑形式选用合理的布局形式	适度地形处理

8.3.3　居住区景观设计过程

1. 人文环境的分析

景观的人文环境分析主要包括人们对物质功能、精神内涵的需求以及地域群体的社会文化背景等几个方面。

（1）使用功能分析

景观具有使用功能，因为它是人们日常户外活动所必需的空间、场所，空间的实用性是景观的基本要求之一。人们休闲、聊天、娱乐、活动锻炼、孩子们的游乐嬉戏等，都需要景观提供相应的环境、空间和条件。

整体环境空间组织应随着使用功能的要求展开，以满足人们可坐、可立、可观、可靠、可行的日常活动行为对它的需要，要既能挡风，又能避雨遮阳。其道路、坡道、台阶、林木、植被的面积大小、间隔距离、设施项目、内容都要加以认真考虑。桌、椅、凳的尺寸，疏密布局应根据人员的流量，景观的规模加以规划。空间形态到各要素的组织，完全服从于人的尺度，把人们的生活尺度作为景观空间的比例、大小、高低和起伏等设计的基本标准。

（2）景观的精神功能分析

人们对景观有一种精神思想上的要求。借助景观的造型、色彩、肌理、材料以及空间表达某种特定的精神含义，渲染某种特定的气氛，如历史文化感、积极向上的精神、民俗文化的表现、宗教气氛的渲染等。反映精神内涵给人们精神上带来寄托，鼓舞某种启迪或追忆。

这类景观的空间形态组织，应当侧重于环境气氛的营造，以加强、烘托主体的表现。景观组织以反映主题思想为中心，其余作为次要因素对主体进行必要的补充、渲染。主景宜放置于景区的视觉中心，如围合形式的中心区，散点形式的地势最高点，纵向形式的道路尽头。主体宜面对景区的主入口，让其醒目、突出，以更好地强调主题。主景与次景应有一定的距离，以保证良好的视野，避免过于的局促感。人们对景观的精神需求，其本质上是一种对历史文化、民族文化、地域文化的需求，这种需求程度往往与一个人的文化层次紧密相关。它反映了一个地域的社会文化状态。

（3）社会文化背景分析

不同的社会文化结构导致人们对景观的不同要求。

文化是一种多层面、多元素、内容极其广泛复杂的社会科学。文化具有民族性、区域性，不同民族、地区的文化成分，构件各异、组合形式也不一样。一般来讲，一个民族都有着共同的地域特征、共同的经济关系、共同的语言、共同的心理以及共同的伦理道德。也就是说同一个民族有着相同的文化内涵，相同的文化结构。

不同的历史时期有不同的文化特征，但它的内涵是较为稳定的，这表明了文化又具有时代性以及历史的传承性，是随着时代而发展变化的。

正因为文化具有民族性、地域性和时代性，因此，人们对景观的民族风格、地域特征、时代精神的要求都各有不同，对反映文化特征的景观建筑形式、建筑风格和所包含的文化取向也不同。同一民族不同时代的建筑文化也有所不同，这就是各民族、各时代景观艺术呈现丰富多彩的社会文化背景的原因。我们从东西方景观建筑形式风格、精神反映的迥异以及传统、现代文化观念的不同，可以清晰明了地看到这一点。而不同文化层次的人群对景观的要求也不同。

2. 自然环境的分析

自然环境的差异对景观的格局内涵、文化和构建方式影响极大。如热带和亚热带的景观布局与气候环境寒冷的地方布局就有明显的差别。

植被的选用必须考虑地质、土壤及环境气候条件，应从改善城市环境、整个区域生活环境及生态环境着眼，对景观环境及周边环境内的绿化作整体规划。

景观设计不仅要考虑自身的因素，还包括一切外部条件的关联框架。

景观设计场所的地形考察，应对其所处的地理位置、面积、用地的形状、地表起伏变化的状况、走向、坡度、裸露岩层的分布情况进行全面的调查了解。自然地形千姿百态，如何利用应视其所处的地理位置和面积的不同而异，地理位置对景观设计与规划至关重要，是处于北方还是南方，是城市中心还是郊区，它的地理资源情况如何，有利因素，不利因素，如何发展及规划等，都必须认真分析。面积的大小也影响着规划与布局，不同面积的景观可以按照场所选择不同的开发方式。大面积的景观可以采用人工景观和自然景观相结合的形式。人工景观可在平地上开凿水体，堆砌假山，配以花木栽植和完善的服务设施，把天然山水摹拟在一个一个的小范围景观中。景观环境应根据地势高低来考虑布局，因为观景是从地势中获得的，眺望观景得益于高地势。幽幽漫步在较为平坦的林间小道，地形的变化能给人带来不同的心情，也能产生不同的心理反应。居住区景观环境地形可分为三类：平地、坡地、山地。

图 8-13 平地地形

（1）平地

平地是较为开敞的地形，可促进通风，增强空气流动，视野开阔，生态景观良好。这里是人们集体活动较为频繁的地段，也方便人流疏散，可创造开阔的景观环境，也方便人们欣赏景色和游览休息。平地地面的材质可用土地面，运用天然的岩石、卵石、沙砾等镶嵌的地面，创造富有变化的地面肌理，用砖、片石、广场砖、预制板等铺地，形成观赏景观的停留地，运用植被铺地，运用花草、树木、草皮作为观赏用的景观（图 8-13）。

（2）坡地

是指有一定坡度的地形，其倾斜度以 0.3%～2% 为好，斜坡地形可以消除视景的幽闭感，从而使景观有更丰富的层次。坡地景色比平地景色优美，坡地不仅通风好，而且自然采光和日照时间长，微气候容易调节，有利于排除雨雪积水，比在平面上作景观规划好（图 8-14）。

（3）山地

山地的倾斜度一般在 50%，景观在山地的规划中往往利用原有地形，适当的加以改造，通过山地的变化来组织空间，使景观更加丰富。坡地：是指有一定坡度的地形，其倾斜度以 0.3%～2% 为好，斜坡地形可以消除视景的幽闭感，从而使景观有更丰富的层次。坡地景色比平地景色优美，坡地不仅通风好，而且自然采光和日照时间长，微气候容易调节，有利于排除雨雪积水，比在平面上作景观规划好(图 8-15)。

图 8-14　坡地地形

图 8-15　山地地形

景观及其周边环境的地形、地貌和植被等自然条件，常常是景观设计师要考虑的问题，也常常是倾心利用的自然素材，许许多多优美的景观，大多与其所在的地域特点紧密结合，通过精心的设计和利用，形成景观的艺术特色和个性。

任何一个环境景观都应有一定的目的性，即满足一定的功能要求。景观设施都具有物质功能、精神功能和审美需求功能。在集三种功能的同时，由于目的的不同和地点位置的差异，一个景观所体现的这三种功能都会有所侧重；为了创造出高品质和丰富美学内涵的居住区景观，在进行居住区环境景观设计时，硬软景观要注意美学风格和文化内涵的统一。值得指出的是，在具体的设计过程中，景观基本上是建筑设计领域的事，又往往由园林绿化的设计师来完成绿化植物的配置，这种模式虽然能发挥专业化的优势，但若得不到沟通就会割裂建筑、景观、园艺的密切关系，带来建筑与景观设计上的不协调。美国设计纽约中央公园的"景观之父"阿姆斯德(Flederic Law Olmstead)于 1957 年首倡"景观建筑(landscape architecture)"概念，此后，景观建筑成为专业的研究对象。这些年，境外事务所参与居住区规划设计时也带来这一概念。其最大特点就是在居住区规划设计之初即对居住区整体风格进行策划与构思，对居住区的环境景观作专题研究，提出景观的概念规划，这样从一开始就把握住硬质景观的设计要点。在具体的设计过程之中，景观设计师、建筑工程师、开发商要经常进行沟通和协调，使景观设计的风格能融入居住区整体设计之中。因此景观设计应是发展商、建筑师、景观设计师和城市居民四方互动的过程。

8.4　居住区各类景观要素的设计要点

8.4.1　绿化种植景观

1. 植物配置的原则

(1)适应绿化的功能要求，适应所在地区的气候、土壤条件和自然植被分布特点，选择抗病虫害强、易养护管理的植物，体现良好的生态环境和地域特点。

（2）充分发挥植物的各种功能和观赏特点，合理配置，常绿与落叶、速生与慢生相结合，构成多层次的复合生态结构，达到人工配置的植物群落自然和谐。

（3）植物品种的选择要在统一的基调上力求丰富多样。

（4）要注重种植位置的选择，以免影响室内的采光通风和其他设施的管理维护。

2. 植物配置类型

适用居住区种植的植物分为六类：乔木、灌木、藤本植物、草本植物、花卉及竹类。植物配置按形式分为规则式和自由式，配置组合基本方式如表 8-10 所示。

表 8-10　　　　　　　　　　　居住区植物配置组合

组合名称	组合形态及效果	种植方式
孤植	突出树木的个体美，可成为开阔空间的主景	多选用粗壮高大、体型优美、树冠较大的乔木
对植	突出树木的整体美，外形整齐美观，高矮大小基本一致	以乔灌木为主，在轴线两侧对称种植
丛植	以多种植物组合成的观赏主体，形成多层次绿化结构	由遮阳为主的丛植多由数株乔木组成。以观赏为主的多由乔灌木混交组成
树群	以观赏树组成，表现整体造型美，产生起伏变化的背景效果，衬托前景或建筑物	由数株同类或异类树种混合种植，一般树群长宽比不超过 3∶1，长度不超过 60 米
草坪	分观赏草坪、游憩草坪、运动草坪、交通安全草坪、护坡草皮，主要种植矮小草本植物，通常成为绿地景观的前提	按草坪用途选择品种，一般容许坡度为 1%~5%，适宜坡度为 2%~3%

3. 植物组合的空间效果

植物作为三维空间的实体，以各种方式交互形成多种空间效果，植物的高度和密度影响空间的塑造（表 8-11）。

表 8-11　　　　　　　　　　　居住区植物组合空间效果

植物分类	植物高度(cm)	空间效果
花卉、草坪	13~15	能覆盖地表，美化开敞空间，在平面是暗示空间
灌木、花卉	40~45	产生引导效果，界定空间范围
灌木、竹类、藤本类	90~100	产生屏障功能，改变暗示空间的边缘，限定交通流线

续表

植物分类	植物高度(cm)	空间效果
乔木、灌木、藤本类、竹类	135~140	分隔空间,形成连续完整的围合空间
乔木、藤本类	高于人水平视线	产生较强的视线引导作用,可形成较私密的交往空间
乔木、藤本类	高大树冠	形成顶面的封闭空间,具有遮蔽功能,并改变天际线的轮廓

8.4.2 道路和场所景观

1. 道路景观

道路作为车辆和人员的汇流途径,具有明确的导向性,道路两侧的环境景观应符合导向要求,并达到步移景异的视觉效果。道路边的绿化种植及路面质地色彩的选择应具有韵律感和观赏性。

在满足交通需求的同时,道路可形成重要的视线走廊,因此,要注意道路的对景和远景设计,以强化视线集中的观景。

休闲性人行道、园道两侧的绿化种植,要尽可能形成绿荫带,并串联花台、亭廊、水景、游乐场等,形成休闲空间的有序展开,增强环境景观的层次。

居住区内的消防车道与人行道、院落车行道合并使用时,可设计成隐蔽式车道,即在4米幅宽的消防车道内种植不妨碍消防车通行的草坪花卉,铺设人行步道,平日作为绿地使用,应急时供消防车使用,有效地弱化了单纯消防车道的生硬感,提高了环境和景观效果。

2. 场所景观

(1) 健身运动场

居住小区的运动场所分为专用运动场和一般的健身运动场,小区的专用运动场多指网球场、羽毛球场、门球场和室内外游泳场,这些运动场应按其技术要求由专业人员进行设计。健身运动场应分散在住区方便居民就近使用又不扰民的区域。不允许有机动车和非机动车穿越运动场地。

健身运动场包括运动区和休息区。运动区应保证有良好的日照和通风,地面宜选用平整防滑适于运动的铺装材料,同时满足易清洗、耐磨、耐腐蚀的要求。室外健身器材要考虑老年人的使用特点,要采取防跌倒措施。休息区布置在运动区周围,供健身运动的居民休息和存放物品。休息区宜种植遮阳乔木,并设置适量的座椅。有条件的小区可设置直饮水装置(饮泉)。

(2) 休闲广场

这一类场地的功能主要在于满足小区的人车集散、社会交往、老人活动、儿童玩耍、散步、健身等需求。设计应从功能出发,为居民提供方便和舒适的小空间。尽量将大型广场化整为零,分置于绿色组团之中,小区内尽量不设置市政设计中常出现的集中式大型广场。别墅区中则绝对不要设,不仅尺度不合适,而且也难以适应小区的休闲、交往等功能。

休闲广场应设于住区的人流集散地(如中心区、主入口处),面积应根据住区规模和规划设计要求确定,形式宜结合地方特色和建筑风格考虑。广场上应保证大部分面积有日照和通风条件。

小区广场的形式,不宜一味追求场地本身形式的完整性,应考虑多用一些不规则的小巧灵活的构图方式。特别是广场的外延可采用虚隐的方式以避其生硬,与周围的小区环境有机地结合。

广场周边宜种植适量庭荫树并设置休息座椅,为居民提供休息、活动、交往的设施。同时,在不干扰邻近居民休息的前提下保证适度的灯光照度。

广场铺装以硬质材料为主,形式及色彩搭配应具有一定的图案感,不宜采用无防滑措施的光面石材、地砖、玻璃等。广场出入口应符合无障碍设计要求。

(3) 游乐场

儿童游乐场应该在景观绿地中划出固定的区域,一般均为开敞式。游乐场地必须阳光充足,空气清洁,能避开强风的袭扰。应与住区的主要交通道路相隔一定距离,减少汽车噪声的影响并保障儿童的安全。游乐场的选址还应充分考虑儿童活动产生的嘈杂声对附近居民的影响,离开居民窗户10米远为宜。

儿童游乐场周围不宜种植遮挡视线的树木,保持较好的可通视性,便于成人对儿童进行目光监护。

儿童游乐场设施的选择应能吸引和调动儿童参与游戏的热情,兼顾实用性与美观。色彩可鲜艳但应与周围环境相协调。游戏器械选择和设计应尺度适宜,避免儿童被器械划伤或从高处跌落,可设置保护栏、柔软地垫、警示牌等。

居住区中心较具规模的游乐场附近应为儿童提供饮用水和游戏水,便于儿童饮用、冲洗和进行筑沙游戏等。

8.4.3 水景观

水体作为一个造景要素,不仅具有生态价值,且可以调节温湿度,净化空气,滋润土壤,可用来灌溉花木和灭火。增强居住舒适感,水的形态、风韵、气势、声音蕴含着无穷的诗意、画意和情意,丰富了空间环境,给人美的享受和无限的联想。古人所谓:"水者,天地之血也"、"城有水则秀,居有水则灵"、"仁者乐山,智者乐水",山水已然成为居住区回归自然的最高境界。

1. 居住区水景常见类型

(1) 自然水体与人工水体

自然水体包括河流、湖泊、溪、涧和泉等形态,一般水面较大,是住区的重要自然景观,可以结合自然水体设计成绿化休闲步道或是结合住区公共建筑设计成休闲活动中心。临水的居住小区景观在设计时应为居民提供更多的近水亲水条件,保持自然水体的特有风貌。设计中还要考虑到在风平浪静时,水面会产生强烈的反射效果,倒影映于如镜面般的水中,将会呈现出梦幻世界般的静谧空间景象,诗情画意尽在其中。

人工水体包括各种喷泉、跌水、瀑布等。因水流和水声可以渲染空间气氛，活跃空间情趣，这些人工水体在居住小区景观环境中往往是其所在空间的"核心"和最活跃的因素。在进行人工水体的设计时，要考虑居住环境里小气候和人们居住行为和活动方式的需要。因此设计手法大多比较灵活，并不仅限于观赏，而着重考虑的是如何满足现代居住生活的要求，以便使人们在获得水的美感的同时，又充分利用水进行各种有益身心健康的活动。人工水体的设计要切合居住环境里的自然条件，掌握人们居住心理的特征和规律，在选址、造型和尺度的确立等方面，更广泛地综合考虑多方面的功能和要求。

(2) 动态与静态水景

居住环境里的水体还有动态与静态之分。动态的水景如喷泉、瀑布、溪流等，静水如湖泊、水潭等。流动的水可以使整个园林变动活泼、有生气，因此在造园中多采用不规则的溪流贯穿园林，每个环境空间都有水的影像，满足了人们亲水性的要求。静水则体现宁静、深远的视觉效果。引水造景，无论是动态还是静态的水，均可获得各种意境。如静态的水平稳、安详，给人以宁静和舒坦之感；动态的水则以其水的动势和水声，给居住环境产生各种引人入胜的魅力和环境气氛。

在居住小区景观环境中，水的处理往往是和各种小品相辅相成。与静水相关的小品，有的以"动"的形象和静水形成对比，以取得静中求动、妙趣横生的效果；有的则以一种内在的统一感，相互协调于某一特定的居住环境内。处于动态水环境里的小品，其主要功能是与水相结合产生观赏价值，同时也在水的循环、清洁等方面起到相关的技术处理作用。在居住环境里的住宅组团中心、小区中心、居住区中心，如果水与小品结合得体、位置适宜，就会成为居住环境里各建筑群体空间的视觉焦点，从而丰富住区外部空间的景观层次，形成空间序列的效果，激发人们的兴趣，满足人们的心理需求和活动要求。

2. 居住区水景设计要点

(1) 因地制宜，节约资源，制造特色景观

在居住区规划中的运用与布置一般要依造景的面积、形式及水源供给情形而定。造园基地或附近充足的天然水源是利用自然水景的最好机会。否则可充分利用小区的地形地貌特点，结合小区内的建筑风格，当地的民俗文化特色建成各具特色的镜池、溪流、瀑布、涌泉等自然景观。考虑水声、风声、风向及湿水雾气对周围环境的影响，在适当的范围内由人工筑造。为了节约用水量，人工筑造的水景多采用循环利用的方式，突出体现水的灵性，努力与自然相协调，使城市中的人们找到自己的田园式住所。可见，形成水体要有两个基本条件：一是水源。最好要与当地的流动水系沟通，能经常供应清洁的水。如果不能与流动水系沟通，也应有其他人工供水来源，不至于因缺水干涸成为死水而污染环境。二是气候适宜。我国北方冬季时间长，气温低，水体的作用难以充分发挥。

(2) 充分重视与周围环境的配合

在实际中，静水、流水、落水、喷泉往往组合在一起形成动静有致、虚实相生的丰富水景。在设计中，要充分重视与周围环境的配合。一般在优美的自然风光中，以静水倒影出湖光山色会相得益彰。大面积的静水切忌空而无物、松散而无神韵，应是曲折和丰富的。如果置身于整齐封闭的建筑群中，则以动态水景来活跃环境的氛围，丰富人们的视野。此外，居住区户外环境中还有一些可以考虑的内容，如石景、亭廊和构架等。这些景

观性的地形处理或建筑物，一般不宜单独安排。如石景一般与水体结合，亭廊通常与地形处理和植物种植结合形成景观点，或在户外场地中考虑休息设施时统一布置，构架则通常设于步行通道或场地的入口处。总之，只要设计时从水入手，充分尊重地形、依山就势，巧妙组合建筑群体，使建筑与滨水、山体绿色空间形成相互融合的统一体。在现代建筑中，居住环境尤其注重与动态的水结合的建筑小品，并考虑建筑物、技术和物质条件等因素，创造出美好的居住环境。因为动态的水很少孤立存在，而是与各种建筑小品相辅相成构成水景。随着人们鉴赏水平的不断提高，水环境里的建筑小品和设施的规划设计手法，要求新颖别致、不落俗套，这样才会富有时代感和地方特色。

(3) 创造亲水环境

将水体自然地融会在绿化与建筑之间，关键是处理好岸型，使其曲线流畅。还要注意水面与地面尽量接近，给人以相互渗透之感。使人近水、亲水，使水景更具吸引力是水景设计的追求。过去，水环境设计是以分隔空间、观赏景色为主。在现代居住空间环境里，水环境不但要有上述功能，而且还能亲临其境，下水玩耍，所以人们称之为亲水环境。居住区中的水体应该特别注意两个方面的问题，即水的深度和水体边缘的处理。如果砌筑堤岸，则宜采用天然材料，地面与水面高差大时可做成缓坡或采取分层跌落的办法使两者接近。这种亲水空间池底铺面要注意避免孩子玩耍时受伤，而且水深也要控制，一般在 0.3 米左右，否则就具有潜在的危险性。另外，也必须注意水体的清洁问题，要进行经常性的维护，保证水质。若水被污染将会破坏整个小区的居住环境。

3. 居住区常见的几种水形式

(1) 跌水

跌落有很多形式，日本有关园林营造的书《作庭记》把瀑布分为"向落、片落、传落、离落、棱落、丝落、左右落、横落"等 10 种形式，不同的形式表达不同的感情。人们不仅可以欣赏到优美的落水形象，还可以听落水的声音。

(2) 溪流

居住区里的溪涧是回归自然的真实写照。小径曲折多次，溪水忽隐忽明，因落差而造成的流水声音，叮咚作响，人达到了仿佛亲临自然的境界。溪流的坡度应根据地理条件及排水要求而定。普通溪流的坡度宜为 0.5%，急流处为 3% 左右，缓流处不超过 1%。溪流宽度宜在 1~2 米，水深一般为 0.3~1 米，超过 0.4 米时，应在溪流边采取防护措施(如石栏、木栏、矮墙等)。为了使居住区内环境景观在视觉上更为开阔，可适当增大宽度或使溪流蜿蜒曲折。溪流水岸宜采用散石和块石，并与水生或湿地植物的配置相结合，减少人工造景的痕迹。

(3) 生态水池

生态水池是适于水下动植物生长，又能美化环境、调节小气候供人观赏的水景。在居住区里的生态水池多饲养观赏鱼虫和习水性植物(如鱼草、芦苇、荷花、莲花等)，营造动物和植物互生互养的生态环境。水池的深度应根据饲养鱼的种类、数量和水草在水下生存的深度而确定，一般在 0.3~1.5 米。为了防止陆上动物的侵扰，池边平面与水面需保证有 0.15 米的高差。水池壁与池底需平整以免伤鱼。池壁与池底以深色为佳。不足 0.3 米的浅水池，池底可做艺术处理，显示水的清澈透明。池底与池畔宜设隔水层，池底隔水层上覆盖0.3~0.5米厚土，种植水草。

(4) 泳池水景

泳池水景以静为主，营造一个让居住者在心理和体能上的放松环境，同时突出人的参与性特征(如游泳池、水上乐园、海滨浴场等)。居住区内设置的露天泳池不仅是锻炼身体和游乐的场所，也是邻里之间的重要交往场所。居住区泳池设计必须符合游泳池设计的相关规定。池边尽可能采用优美的曲线，以加强水的动感。泳池根据功能需要尽可能分为儿童泳池和成人泳池，儿童泳池深度为0.6~0.9米为宜，成人泳池为1.2~2米。儿童池与成人池可统一考虑设计，一般将儿童池放在较高位置，水经阶梯式或斜坡式跌水流入成人泳池，既保证了安全又可丰富泳池的造型。池岸必须作圆角处理，铺设软质渗水地面或防滑地砖。

4. 相关工程方面的问题

水质、水形是居住区水景设计的要点，要有水容易做到，要有景就不容易，要保持更加困难。"死水一潭"，会让住户掩鼻而过，会让物业叫苦连天。因此，在成景的同时，更要对水补充排泄、循环、净化等一系列问题进行考虑，做到生态，才可以持续发展。

(1) 水体净化

居住区水景的水质要求主要是确保景观性(如水的透明度、色度和浊度)和功能性(如养鱼、戏水等)。水景水处理的方法通常有物理法、化学法、生物法。

(2) 水景处理常用方法

居住区内的一条水流，即使在地面上不便沟通的地方，也以地下暗管沟通，这样没有死水断头之虞。

不同的水体环境，布置各种不同的动植物，如水中的荷莲，水边的芦苇，鱼类等。在小环境中，体现生物的多样性。如能选择一些环保生物，则更有利。

以瀑布、涌泉作为动力，创造水位高差，让水体自然循环流动，产生溢水、跌水、湍流、紊流等动态水景观。增加水体与大气、沙石的接触，提高含氧量。古谚"流水不腐"，是水景设计的座右铭。

在流域附近的绿地，采用自然水灌溉，形成水的生态良性循环。雨水的回收利用，是绿色生态居住区的重要标准。

建筑属于刚性，水属于柔性。刚性建筑与柔性的水相搭配才能相得益彰，更显出协调的美感。水景设计要注重美学感受的营造。在保证环境健康发展的前提下，注重水景的开发利用，尺度节制，在有限的资源条件下建立优美的自然环境和开放空间，增强邻里交往。

8.4.4 庇护性景观

庇护性景观构筑物是住区中重要的交往空间，是居民户外活动的集散点，既有开放性，又有遮蔽性。主要包括亭、廊、棚架、膜结构等。庇护性景观构筑物应邻近居民主要步行活动路线布置，易于通达。并作为一个景观点在视觉效果上加以认真推敲，确定其体量大小。

1. 亭

亭是供人休息、遮阴、避雨的建筑,个别属于纪念性建筑和标志性建筑。亭的形式、尺寸、色彩、题材等应与所在居住区景观相适应、协调。亭的高度宜在 2.4~3 米,宽度宜在 2.4~3.6 米,立柱间距宜在 3 米左右。木制凉亭应选用经过防腐处理的耐久性强的木材。

2. 廊

廊以有顶盖为主,可分为单层廊、双层廊和多层廊。廊具有引导人流,引导视线,连接景观节点和供人休息的功能,其造型和长度也形成了自身有韵律感的连续景观效果。廊与景墙、花墙相结合增加了观赏价值和文化内涵。

廊的宽度和高度设定应按人的尺度比例关系加以控制,避免过宽过高,一般高度宜在 2.2~2.5 米之间,宽度宜在 1.8~2.5 米之间。居住区内建筑与建筑之间的连廊尺度控制必须与主体建筑相适应。

柱廊是以柱构成的廊式空间,是一个既有开放性,又有限定性的空间,能增加环境景观的层次感。柱廊一般无顶盖或在柱头上加设装饰构架,靠柱子的排列产生效果,柱间距较大,纵列间距 4~6 米为宜,横列间距 6~8 米为宜。柱廊多用于广场、居住区主入口处。

3. 棚架

棚架有分隔空间、连接景点、引导视线的作用,由于棚架顶部由植物覆盖而产生庇护作用,同时减少太阳对人的热辐射。有遮雨功能的棚架,可局部采用玻璃和透光塑料覆盖。适用于棚架的植物多为藤本植物。棚架形式可分为门式、悬臂式和组合式。棚架高宜 2.2~2.5 米,宽宜 2.5~4 米,长度宜 5~10 米,立柱间距 2.4~2.7 米。棚架下应设置供休息用的椅凳。

4. 膜结构

张拉膜结构由于其材料的特殊性,能塑造出轻巧多变、优雅飘逸的建筑形态。作为标志建筑,应用于居住区的入口与广场上;作为遮阳庇护建筑,应用于露天平台、水池区域;作为建筑小品,应用于绿地中心、河湖附近及休闲场所。联体膜结构可模拟风帆海浪形成起伏的建筑轮廓线。居住区内的膜结构设计应适应周围环境空间的要求,不宜做得过于夸张,位置选择需避开消防通道。膜结构的悬索拉线埋点要隐蔽并远离人流活动区。

本 章 小 结

1. 居住区绿地景观的构成。按构成要素来分,包括绿化种植景观、道路场所景观、硬质景观和水景观;按绿地在住区的分布位置来分,包括公共绿地、公共服务设施所属绿地、宅旁绿地和道路绿地;按住区的不同类型来分,包括高层住区景观、多层住区景观、底层住区景观和综合住区景观。

2. 居住区的绿地指标和绿地分级,以及规划设计总的原则。居住区公共绿地(含居住区公园、小游园、组团绿地)、宅旁绿地、专用绿地等的规划设计要点。

3. 居住区绿地种植景观、道路场所景观、硬质景观、水景景观、庇护性景观等各类景观要素的设计要点。

思 考 题

1. 无论从住区生态安全的角度,还是从住区景观的角度考虑,如何创建低碳生态住区?
2. 在住区景观设计中,如何协调好硬质景观和软质景观之间的矛盾?

第9章 居住区综合技术经济指标和设计成果

影响设计方案和设计质量的因素繁多，如何评级和分析规划设计的优劣需要客观的评价体系。确立统一的指标体系和设计成果要求对于科学评价规划设计起着重要作用，有助于对设计质量优劣和设计方案的先进性、科学性、合理性、经济性进行定量分析。通过科学的技术与经济的分析、计算、比较和评价，为居住区的规划设计及决策提供依据。

9.1 居住区规划指标

居住区的技术经济指标一般由两部分组成：用地平衡及主要技术经济指标。综合技术经济指标有必要指标和选用指标之分，即反映基本数据和习惯上要直接引用的数据为必要指标；习惯上较少采用的数据或根据规划需要有可能出现的内容列为可选用指标（表9-1）。

表9-1 综合技术经济指标系列一览表

项目	计量单位	数值	所占比重(%)	人均面积（m^2/人）
一、居住区规划总用地	hm^2	▲	—	—
1. 居住区用地(R)	hm^2	▲	100	▲
①住宅用地(R01)	hm^2	▲	▲	▲
②公建用地(R02)	hm^2	▲	▲	▲
③道路用地(R03)	hm^2	▲	▲	▲
④公共绿地(R04)	hm^2	▲	▲	▲
2. 其他用地(E)	hm^2	▲	—	—
居住户(套)数	户(套)	▲	—	—
居住人数	人	▲	—	—
户均人口	人/户	▲	—	—
二、总建筑面积	万 m^2	▲	—	—
1. 居住区用地内建筑总面积	万 m^2	▲	100	▲
①住宅建筑面积	万 m^2	▲	▲	▲

续表

项目	计量单位	数值	所占比重(%)	人均面积（m²/人）
②公建面积	万 m²	▲	▲	▲
2. 其他建筑面积	万 m²	△	—	—
住宅平均层数	层	▲	—	—
高层住宅比例	%	△	—	—
中高层住宅比例	%	△	—	—
人口毛密度	人/hm²	▲	—	—
人口净密度	人/hm²	△	—	—
住宅建筑套密度(毛)	套/hm²	▲	—	—
住宅建筑套密度(净)	套/hm²	▲	—	—
住宅建筑面积毛密度	万 m²/hm²	▲	—	—
住宅建筑面积净密度	万 m²/hm²	▲	—	—
居住区建筑面积毛密度(容积率)	万 m²/hm²	▲	—	—
停车率	%	▲	—	—
停车位	辆	▲	—	—
地面停车率	%	▲	—	—
地面停车位	辆	▲	—	—
住宅建筑净密度	%	▲	—	—
总建筑密度	%	▲	—	—
绿地率	%	▲	—	—
拆建比	—	△	—	—

注：▲必要指标，△选用指标。

居住区综合技术经济指标是针对居住区规划设计的技术经济评估项目。技术经济指标项目中每一项都有针对性地评价和反映着某些方面的控制作用和使用意义，每一项都是居住区整体居住水平的反映，居住区规划设计、方案评价、使用评估都要通过这每一项指标来表达。另外，技术经济指标项目不是孤立地起作用，而是相互起制约作用。评价或优化规划方案时，应综合各项技术经济指标，整体地、综合性地评价和优化。

9.1.1 用地平衡表

居住区用地包括住宅用地、公共服务设施用地(也称公建用地)、道路用地和公共绿地四项，它们之间存有一定的比例关系，主要反映土地使用的合理性与经济性，它们之间的比例关系及每人平均用地水平是必要的基本指标。在规划范围内还包括一些与居住区没有直接配套关系的其他用地，居住区用地加"其他用地"即为居住区规划总用地(表 9-2)。

表 9-2　　居住区用地平衡表

项目		面积(公顷)	所占比例(%)	人均面积(m²/人)
一、居住区用地(R)		▲	100	▲
1	住宅用地(R01)	▲	▲	▲
2	公建用地(R02)	▲	▲	▲
3	道路用地(R03)	▲	▲	▲
4	公共绿地(R04)	▲	▲	▲
二、其他用地(E)		△	—	—
居住区规划总用地		△		

注："▲"为参与居住区用地平衡的项目。

1. 居住区各项用地的范围及面积计算技术性规定

2002年版国家标准《城市居住区规划设计规范》对居住区各项用地的范围及面积计算做出如下规定：

(1) 规划总用地范围的确定

规划总用地范围应按下列规定确定：

①当规划总用地周界为城市道路、居住区(级)道路、小区路或自然分界线时，用地范围划至道路中心线或自然分界线；

②当规划总用地与其他用地相邻时，用地范围划至双方用地的交界处。

(2) 住宅用地范围的确定

住宅用地是住宅建筑基底占地及其四周合理间距内的用地(含宅间绿地和宅间小路等)的总称。合理间距是指住宅前后左右必不可少的用地，以满足日照要求为基础，综合考虑采光、通风、消防、管线埋设、视觉卫生等要求确定。也可用算式表达为：

住宅用地＝居住区规划总用地－公建用地－道路用地－公共绿地－其他用地

(3) 公共服务设施用地范围的确定

公共服务设施用地一般按其所属用地范围的实际界线来划定。当其有明显的界线(如围墙)时，按其界线计算；当无明显界线时，应按其实际占用的用地计算，包括建筑后退道路红线的用地。

(4) 道路用地范围的确定

居住区用地内道路用地面积按下列规定确定：

①按与居住人口规模相对应的同级道路及其以下各级道路计算用地面积，外围道路不计入；

②居住区(级)道路，按红线宽度计算；

③小区路、组团路按路面宽度计算。当小区路设有人行便道时，人行便道计入道路用地面积；

④居民汽车停放场地，按实际占地面积计算；

⑤宅间小路不计入道路用地面积。

(5) 公共绿地范围的确定

公共绿地包括中心绿地(居住区公园、小游园、组团绿地)，老年人、儿童活动场地和其他的块状、带状公共绿地，不包括宅旁绿地、配套公建所属绿地和道路绿地。其中，块状带状公共绿地应同时满足宽度不小于8米、面积不小于400平方米的要求。

院落式组团绿地面积计算起止界限应符合如下规定：绿地边界距宅间路、组团路和小区路路边1米；当小区路有人行便道时，算到人行便道边；临城市道路、居住区级道路时算到道路红线；距房屋墙脚1.5米(图9-1)。

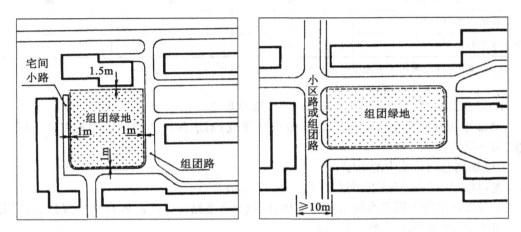

图 9-1 组团绿地范围界定

开敞型院落组团绿地，应符合院落式组团绿地设置规定的要求；至少有一个面向小区路，或向建筑控制线宽度不小于10米的组团级主路敞开，并向其开设绿地的主要出入口。院落式组团绿地设置规定见表9-3。

表 9-3   院落式组团绿地设置规定

封闭型绿地		开敞型绿地	
南侧多层楼	南侧高层楼	南侧多层楼	南侧高层楼
$L \geqslant 1.5L_2$ $L \geqslant 30m$	$L \geqslant 1.5L_2$ $L \geqslant 50m$	$L \geqslant 1.5L_2$ $L \geqslant 30m$	$L \geqslant 1.5L_2$ $L \geqslant 50m$
$S_1 \geqslant 800m^2$	$S_1 \geqslant 1800m^2$	$S_1 \geqslant 500m^2$	$S_1 \geqslant 1200m^2$
$S_2 \geqslant 1000m^2$	$S_2 \geqslant 2000m^2$	$S_2 \geqslant 600m^2$	$S_2 \geqslant 1400m^2$

注：L——南北两楼正面间距(m)；
　　L_2——当地住宅的标准日照间距；
　　S_1——北侧为多层楼的组团绿地面积；
　　S_2——北侧为高层楼的组团绿地面积。

(6)复合用地面积的确定

居住区内还存在多功能的建筑形态,如底层为公共服务设施或者为住宅公建综合楼,或者底层架空。其计算方式遵循如下规定:

①底层公建住宅或住宅公建综合楼用地面积应按下列规定确定:按住宅和公建各占该幢建筑总面积的比例分摊用地,并分别计入住宅用地和公建用地;底层公建突出于上部住宅或占有专用场院或因公建需要后退红线的用地,均应计入公建用地。

②底层架空建筑用地面积的确定,应按底层及上部建筑的使用性质及其各占该幢建筑总建筑面积的比例分摊用地面积,并分别计入有关用地内。

(7)其他用地面积的确定

其他用地面积包括外围道路或保留的企事业单位不能建设的用地、城市级公建用地、城市干道、自然村等,这些都不能参与用地平衡,但"其他用地"在居住区规划中也必定存在(如外围道路),因此它也是一个基本指标。

①规划用地外围的道路算至外围道路的中心线;

②规划用地范围内的其他用地,按实际占用面积计算。

2. 居住区各项用地的定额指标

居住区内各项用地所占比例的平衡指标体系,应符合表9-4的规定。

表9-4　　　　　　　　　　居住区用地平衡控制指标(%)

用地构成	居住区	小区	组团
1. 住宅用地(R01)	50~60	55~65	70~80
2. 公建用地(R02)	15~25	12~22	6~12
3. 道路用地(R03)	10~18	9~17	7~15
4. 公共绿地(R04)	7.5~18	5~15	3~6
居住区用地(R)	100	100	100

9.1.2 经济技术指标

1. 规模指标

反映居住区的规模特征,包括其人口、用地、建筑三方面内容。

(1)人口指标

居住区的人口指标包含居住区的居住户(套)数、居住人数。

$$居住人数 = 居住户(套)数 \times 户均人口$$

(2)用地面积指标

居住区人口规模与用地规模之间存在一定关系,其确定应符合表9-5的规定。

(3)建筑面积指标

住宅和配建公共服务设施的建筑面积及其总量也是基本数据为必要指标。非配套的其他建筑面积可有可无,因此,是一个可选用的指标。

公共服务设施的配备需满足表9-6的要求。

表 9-5　　　　　　　　　　　人均居住区用地控制指标（m²/人）

居住规模	层数	建筑气候区划		
		Ⅰ、Ⅱ、Ⅵ、Ⅶ	Ⅲ、Ⅴ	Ⅳ
居住区	低层	33～47	30～43	28～40
	多层	20～28	19～27	18～25
	多层、高层	17～26	17～26	17～26
小区	低层	30～43	28～40	26～37
	多层	20～28	19～26	18～25
	中高层	17～24	15～22	14～20
	高层	10～15	10～15	10～15
组团	低层	25～35	23～32	21～30
	多层	16～23	15～22	14～20
	中高层	14～20	13～18	12～16
	高层	8～11	8～11	8～11

注：本表各项指标按每户 3.2 人计算。

表 9-6　　　　　　　　　　　公共服务设施控制指标（m²/千人）

		居住区		小区		组团	
		建筑面积	用地面积	建筑面积	用地面积	建筑面积	用地面积
总指标		1668～3293 (2228～4213)	2172～5559 (2762～6329)	968～2397 (1338～2977)	1091～3835 (1491～4585)	362～856 (703～1356)	488～1058 (868～1578)
其中	教育	600～1200	1000～2400	330～1200	700～2400	160～400	300～500
	医疗卫生(含医院)	78～198 (178～398)	138～378 (298～548)	38～98	78～228	6～20	12～40
	文体	125～245	225～645	45～75	65～105	18～24	40～60
	商业服务	700～910	600～940	450～570	100～600	150～370	100～400
	社区服务	59～464	76～668	59～292	76～328	19～32	16～28
	金融邮电(含银行、邮电局)	20～30 (60～80)	25～50	16～22	22～34	—	—
	市政公用(含居民存车处)	40～150 (460～820)	70～360 (500～960)	30～140 (400～720)	50～140 (450～760)	9～10 (350～510)	20～30 (400～550)
	行政管理及其他	46～96	37～72	—	—	—	—

注：①居住区级指标含小区和组团级指标，小区级含组团级指标；
②公共服务设施总用地的控制指标应符合相关规定；
③总指标未含其他类，使用时应根据规划设计要求确定本类面积指标；
④小区医疗卫生类未含门诊所；
⑤市政公用类未含锅炉房。在采暖地区应自行确定。

2. 密度指标

居住密度指标是关于居住区环境质量和建设强度的重要控制性指标之一，指单位用地面积上居民和住宅的密集程度。毛密度用于反映居住区用地中的总指标，反映在总体上相对的经济合理性，所以它对开发的经济效益、征地的数量等具有很重要的控制作用；而净密度反映住宅用地的指标体系，是衡量住宅开发质量的重要指标。

(1) 人口密度

人口毛密度＝规划总人口/居住用地面积(人/hm²)

人口净密度＝规划总人口/住宅用地面积(人/hm²)

密度的确定应该在考虑城市总体规划、分区规划和控制性详细规划要求的同时，从居住的物质环境质量和社会环境质量两方面综合考虑，以保证舒适的城市生活。过高的人口密度将会降低居住环境的质量，而过低的人口密度将不利于居民间的接触与交往，同时也不符合节约土地的原则。

居住区的人口密度一般随着居住区与城市中心距离的增大而减小，适宜的居住区人口密度宜控制在 300~800 人/hm²，在人口密度 80 人/hm²左右或以上的居住区应该考虑户外公共空间的立体化和复合化利用的方式，扩展其户外公共使用空间，保证小区的户外生活环境质量。

(2) 住宅建筑套密度

住宅建筑套密度是一个日渐被人认识、重视的指标，在详细规划的实施阶段根据户型的比例、标准的要求等去选定住宅类型后，可以通过居住区用地、住宅用地等基本数据计算。

住宅建筑套密度(毛)＝住宅建筑套数/居住区用地面积(套/hm²)

住宅建筑套密度(净)＝住宅建筑套数/住宅用地面积(套/hm²)

(3) 建筑密度

建筑密度反映居住区的土地的使用强度，影响到居住区的户外环境质量和其他设施的安排。建筑密度包括总建筑密度和住宅建筑净密度。

总建筑密度＝各类建筑的基地总面积/居住用地面积(%)

住宅建筑净密度＝住宅建筑基底总面积/住宅用地面积(%)

(4) 建筑面积密度

建筑面积密度反映了居住区的开发强度。住宅建筑面积净密度是与居住区的用地条件、建筑气候分区、日照要求、住宅层数等因素对住宅建设进行控制的指标，是一个实用性强、习惯上也是控制居住区环境质量的重要指标之一，属必要指标；建筑面积毛密度是每公顷居住区用地内住宅有公建的建筑面积之和，它可由居住区用地内的总建筑面积推算出来。

容积率＝各类建筑的总建筑面积(万 m²)/居住区用地(万 m²)

住宅建筑面积毛密度＝住宅建筑面积/居住区用地面积(万 m²/hm²)

住宅建筑面积净密度＝住宅建筑面积/住宅用地面积(万 m²/hm²)

3. 环境质量指标

环境质量主要反映在空地率和绿地率等指标上。

(1) 空地率

与住宅环境最密切的是住宅周围的空地率,习惯上以住宅建筑净密度来反映,即以住宅用地为单位 1.00,空地率=1-住宅建筑净密度。居住区的空地率习惯上以建筑毛密度反映,即居住区的空地率为 1-建筑(毛)密度。住宅建筑净密度和建筑毛密度越低,其对应的空地率就越高,为环境质量的提高提供了更多的用地条件。

(2) 绿地率

绿地率是反映居住区内可绿化的土地比率,它为搞好环境设计、提高环境质量创造了物质条件,为此属必要指标。绿地包括:公共绿地、宅旁绿地、公共服务设施所属绿地和道路绿地(即道路红线内的绿地),其中包括满足当地植树绿化覆土要求、方便居民出入的地下或半地下建筑的屋顶绿地,不应包括屋顶、晒台的人工绿地。

公共绿地面积的计算见本章第 1 节。

宅旁(宅间)绿地面积计算的起止界限应符合如下规定(图 9-2):

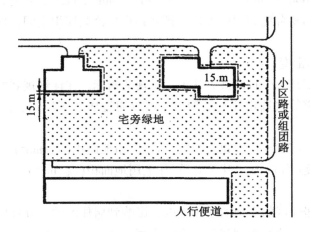

图 9-2 宅旁绿地面积计算起止界限规定

①绿地边界对宅间路、组团路和小区路算到路边,当小区路设有人行便道时算到便道边,沿居住区路、城市道路则算到红线;距房屋墙脚 1.5m;对其他围墙、院墙算到墙脚;②道路绿地面积计算,以道路红线内规划的绿地面积为准进行计算。

(3) 人均绿地

人均绿地反映绿地的使用强度,人均公共绿地反映公共绿地的使用强度。

人均绿地面积=绿地总面积/规划总人口(m^2/人)

人均公共绿地面积=公共绿地面积/规划总人口(m^2/人)

(4) 停车率

居住区的停车包括:居民汽车停车位和公共服务设施配建的公共停车位。停车率主要针对居民汽车而言。

停车率＝居民汽车停车位数量/居住户数(%)
地面停车率＝居民汽车地面停车数量/居住户数(%)
停车率不应小于10%，其中地面停车率不宜超过10%。

居住区内公共活动中心、集贸市场和人流较多的公共建筑，必须相应配建公共停车场(库)，并符合表9-7的规定。

表9-7　　　　　　　　　配建公共停车场(库)停车位控制指标

名称	单位	自行车	机动车
公共中心	车位/100m² 建筑面积	大于或等于 7.5	大于或等于 0.45
商业中心	车位/100m² 营业面积	大于或等于 7.5	大于或等于 0.45
集贸市场	车位/100m² 营业场地	大于或等于 7.5	大于或等于 0.30
饮食店	车位/100m² 营业面积	大于或等于 3.6	大于或等于 0.30
医院、门诊所	车位/100m² 建筑面积	大于或等于 1.5	大于或等于 0.30

注：①本表机动车停车车位以小型汽车为标准当量表示；
②其他各型车辆停车位的换算办法，应符合表9-8中有关规定。

表9-8　　　　　　　　　　各型车辆停车位换算系数

车型	换算系数
微型客、货汽车机动三轮车	0.7
卧车、两吨以下货运汽车	1.0
中型客车、面包车、2~4t 货运汽车	2.0
铰接车	3.5

4. 其他指标

由于旧区改建规划范围内一般都有拆迁，因此"拆建比"在一定程度上可反映开发的经济效益，是旧区改建中的一个必要的指标，在新建居住区中不作为必要的指标。

拆建比＝拆除的原有建筑总面积/新建的建筑总面积

9.2　居住区规划设计的内容与成果

9.2.1　居住区规划设计的内容

居住区规划设计应根据城市总体规划要求和建设基地的具体情况确定，一般包括如下内容：

(1)选择、确定用地位置、范围(包括改建范围)。
(2)根据规划用地条件，研究确定居住区的定位。

(3) 确定规模，即人口数量和用地的大小(或根据用地的大小决定人口的数量)。
(4) 拟定居住建筑类型、层数比例、数量、布置方式。
(5) 拟定公共服务设施的内容、规模、数量(包括建筑和用地)、分布和布置方式。
(6) 拟定各级道路的数量、分布和布置方式。
(7) 拟定公共绿地的数量、分布和布置方式。
(8) 利用自然、人文等要素，拟定景观环境规划。
(9) 拟定有关的工程规划设计方案。
(10) 拟定各项技术经济指标和造价估算。

9.2.2 居住区规划设计的成果

居住区规划设计的成果，从形式上来看有文字、图纸和模型等，近年来随着虚拟现实技术的逐步成熟，三维空间模拟由于其直观性也得到越来越多的应用。

一般来讲，居住区的规划成果包括现状及规划分析图、规划编制图、工程规划方案图以及形态规划设计意向图等，其具体内容需满足详细规划的成果要求。其图纸的具体内容可根据方案的特点组织。一般包括如下内容：

1. 分析图

分析图包括规划前分析和规划后分析两个部分。其中规划前分析主要分析研究用地的基本属性特征，研究确定规划的定位。规划后分析反映规划方案的构思过程，反映规划的主要指导思想和特征。

(1) 规划前分析

基地区位及现状分析：从宏观、中观、微观三个层次分析基地的属性特征，包括其自然和人文属性，以及区位条件、交通条件等。

基地地形分析图：包括地面高程、坡度、坡向、排水等分析，并对用地进行适用性评价。

(2) 规划后分析

详细解析方案的特点，一般包括规划结构与布局、道路与交通系统、公共服务设施布局、日照分析、绿地及景观体系等。

2. 规划设计图

(1) 居住区规划总平面图

总平面图是居住区规划设计的核心图纸。图纸应显示和反映各项用地布局、住宅建筑群体空间布置、公共服务设施布置及居住区中心布置、道路交通系统、停车设施以及绿化景观等。

(2) 建筑选型设计方案图

包括各类住宅平、立面图，主要公共建筑平、立面图等。

3. 工程规划设计图

(1) 竖向规划设计图

包括道路竖向、室内外地坪标高、建筑定位、室外土石方工程、地面排水等。

(2) 道路交通规划图

包括道路网的布局、各类道路断面设计、道路交叉点坐标及标高、静态交通设施布局等。

(3) 管线综合工程规划设计图

包括给水、污水、雨水、电力、电信、燃气等管线的布置，采暖区还应增设供热管线。

4. 形态意向图和模型

形态意向图和模型包括如下内容：

(1) 反映居住区总体风貌的鸟瞰图或轴测图。

(2) 主要街景立面图。

(3) 居住区活动中心、重要地段以及主要空间节点放大。

(4) 其他反映设计意图的意向分析图。

5. 规划设计说明及技术经济指标

(1) 设计说明

主要包括规划设计依据、任务要求、基地环境、自然地理、地质、人文条件，规划定位及分析说明，规划设计意图、特点等内容。

(2) 技术经济指标

技术经济指标内容如下：

居住区用地平衡表，基地面积、人口数量、人口密度、住宅套数、容积率、建筑密度、建筑层数等综合指标，公共建筑配套设施，造价估算等。

本 章 小 结

1. 居住区的技术经济指标一般由两部分组成：土地平衡及主要技术经济指标。主要经济技术指标包括规模指标、密度指标、环境质量指标以及其他指标。

2. 居住区的规划成果包括现状及规划分析图、规划编制图、工程规划方案图以及形态规划设计意向图等，其具体内容需满足详细规划的成果要求。

思 考 题

1. 其他用地面积包括哪些内容？为什么一般不参与用地平衡？
2. 环境质量指标包括哪些内容？
3. 绿地率和绿化率有什么区别？

第10章 居住区竖向规划设计

竖向设计是居住区规划中的重要组成部分,其设计目标是通过对自然地形的合理利用与改造,从而满足道路交通、场地排水、环境景观、建筑布局等方面的综合要求。本章全面介绍了居住区竖向规划设计的原则和具体内容、技术规定、设计方法和土方工程量计算方法。

10.1 竖向规划设计的原则与内容

居住区竖向设计的主要任务是在充分分析用地条件的基础上,合理利用自然地形,按照居住区规划总平面中对道路交通、建筑布局、绿化景观等方面的要求进行场地改造设计,合理确定场地设计坡度和控制高程。

10.1.1 竖向规划设计的原则

居住区竖向规划设计应综合利用地形地貌及地质条件,因坡就势合理布局道路、建筑、绿地,及顺畅地排除地面水,而不能把竖向规划当作是平整土地、改造地形的简单过程。

居住区竖向规划设计,应遵循下列原则:

(1)从实际出发,因地制宜,充分利用地形地貌及地质条件,合理利用地形。

(2)竖向规划应与用地布局同时进行,使各项建设在平面上统一和谐、竖向上相互协调。竖向设计与规划道路交通、建筑群体、景观环境都有着密切关系,在设计中要处理好如下相互关系:

①竖向设计是由平面转化为立体的过程。要领会规划意图,合理改造地形,既要考虑充分利用地形,又不能为地形所局限而失去创造力,在地形不满足设计条件时,要加以调整,灵活处理。

②处理好竖向设计与道路交通的关系。要注意道路的畅通、安全,把纵坡控制在较佳坡度范围内。居住区内的道路骨架与地势起伏关系很大,往往因此能决定道路线型及走向。

③处理好竖向设计与建筑群体的关系。建筑物的布局也往往因地形地质的制约而影响其朝向、间距及平面组合,在地形变化较大的地区,一般要求建筑物的长边尽可能顺等高线布置,力争不要过分改变现状等高线的分布规律,而只是局部改变建筑物周围的自然地形。

④处理好竖向设计与景观环境的关系。在居住区规划中,各类建筑群体的组合,错落

有致的建筑单体都能充分地结合地形地貌变化，选择合理的标高进行布置，使人工建设和自然环境紧密结合，达到预期效果。

居住区的平面布局只有与竖向规划在方案编制过程中不断彼此配合互相校核，才能使整个居住区的规划方案更切合实际，渐趋完善。

（3）合理选择规划地面形式与规划方法，应进行方案比较，优化方案。

（4）满足各种场地的使用要求，选择适用的坡度，注意相互协调减少土石方及防护工程量；应避免高填、深挖，减少土石方、建（构）筑物基础、防护工程等的工程量。

（5）满足用地地面排水及工程管线敷设的要求。市政管线，特别是重力自流类管线（如雨水管、污水管、暖气管沟等）与地形高低的关系密切，力求与道路一样顺坡定线。

（6）满足城市道路、交通运输的技术要求，对外联系道路的高程应与城市道路标高相衔接。

10.1.2 竖向规划设计的内容

竖向规划设计的具体内容主要包括：分析自然地形条件，制定利用与改造地形的方案；规划地面形式及场地坡度；确定道路控制点标高、场地标高及排水坡度；合理组织土石方工程和防护工程。

1. 地形分析

地形分析包括地面高程、坡度、坡向、特征、脊线（分水线）、洪水淹没线（五十年一遇和一百年一遇）、制高点、冲沟、洼地位置等内容。

（1）等高线和坡度

等高线和坡度是表达地形特征的基本概念。等高线指测量地形图上表示地面高程相等的线，线上注有高程。等高线平距指地形图上两相邻等高线之间的水平距离。等高线高距指相邻等高线间的高程差。坡度指等高线高距与平距之比。

依据不同的坡度对地形进行分级，可分为五个等级（表 10-1）。

①平坡 指地面坡度为 0%~2%。适用于各种建筑、道路的布局形式，当地面坡度小于 0.3% 时应注意排水组织设计。

②缓坡 指地面坡度为 2%~10%。

对于 2%~5% 的缓坡而言，建筑宜平行等高线或与之斜交布置，若垂直等高线，其长度不宜超过 30~50m，否则需结合地形作错层、跌落等处理；非机动车道尽可能不作垂直等高线布置，机动车道则可随意选线。地形起伏可丰富建筑及环境绿地景观。

对于 5%~10% 的缓坡而言，建筑道路最好平行等高线布置或与之斜交。若与等高线垂直或大角度斜交，建筑需结合地形设计，作跌落、错层处理。机动车道需限制其坡长。

③中坡 指地面坡度为 10%~25%。建筑应结合地形设计，道路要平行或与等高线斜交迂回上坡。布置较大面积的平坦场地，填、挖土方量大。人行道如与等高线作较大角度斜交布置，需做台阶。

④陡坡 指地面坡度为 25%~50%。用作城市居住区建设用地，施工不便、费用大。建筑必须结合地形个别设计，不宜大规模开发建设。在山地城市用地紧张时可使用。

⑤急坡 指地面坡度大于 50%。通常不宜用于居住区建设。

表 10-1　　　　　　　　　　　　　　　地面坡度分级

分级	平坡	缓坡	中坡	陡坡	急坡
坡度	0%~2%	2%~10%	10%~25%	25%~50%	75%

(2) 坡向与日照间距

用地坡向垂直等高线，由高向低。不同坡向以东南坡、南坡、西南坡为好，东、西坡其次，北坡最差。坡地与平地上的房屋日照条件不同，东南坡、南坡及西南坡向阳房屋日照间距可较平地小；北坡背阳，房屋日照间距应比平地大。

(3) 地形特征及其运用功能

不同的地形地貌具有各异的形态特征，同时其给人带来的心理感受和营造出的场所氛围也是有差异的。居住区规划中布置各个功能区时，应充分分析不同地块的地形特征及给人的心理感受，并配置与之相适应的场所。

主要的地形特征及功能分为五类(表 10-2)：

①平地　给人带来开朗、平稳、宁静的感觉，提供多方向的视觉角度。适宜布置广场、大建筑群、运动场、学校及停车场等有一定规模较集中的面状场所。

②凸地　其空间感受多为向上、崇高等，视野开阔。凸地是理性的景观焦点和观赏景观的最佳处。

③凹地　空间围合性较强，具有封闭、汇聚、幽静及内向的性质。适宜布置露天观演、运动场地、水面、绿地休息场所等。

④山脊　一方面，具有凸地的空间特性。另一方面与凸地相比，其具有典型的线性空间特质，具有较强的方向性与延伸感。

⑤山谷　属于封闭感较强的线性空间，具有延伸、幽静、动感、内向的性质。适合布置道路、水面、绿地等场所。

表 10-2　　　　　　　　　　　　　　　地形特征及功能

形态特征	性　　质	功　　能
平地	开朗、平稳、宁静、多向	广场、大建筑群、运动场、学校、停车场
凸地	向上、开阔、崇高、动感	理想的景观焦点和观赏景观的最佳处
凹地	封闭、汇聚、幽静、内向	露天观演、运动场地、水面、绿化休息场所
山脊	延伸、分隔、动感、外向	脊的端部具有凸地的优点
山谷	延伸、幽静、动感、内向	道路、水面、绿化

(4) 地形的空间限定作用

围合、限制、分隔空间——根据挖土或堆土的范围、高度，可以制约空间的开敞或封闭程度、边缘范围及空间方向；

控制视野景观——可以有助于视线导向和限制视野，突出主要景观，屏蔽丑陋物；

改善小气候环境——影响风向，有利于通风、防风，改善日照，起隔离噪声的作用；

组织交通——引导和影响行走、行车的路线和速度；

美学作用——使景观层次更丰富生动，有立体感。

2. 规划地面形式

根据居住区的自然地形坡度，规划地面形式可分为平坡式、台阶式和混合式。

(1) 平坡式

用地经改造成为平缓斜坡的规划地面形式。用地自然坡度小于5%时，宜规划为平坡式。

(2) 台阶式

用地经改造成为阶梯式的规划地面形式，台地间的相互交通以梯级和坡道联系。当自然地形坡度大于8%时，居住区地面连接形式宜选用台地式，台地之间应用挡土墙或护坡连接。

(3) 混合式

用地经改造成平坡和台阶相结合的规划地面形式。根据地形和使用要求，将基地划分为数个地块，每个地块用平坡式平整场地，而地块间连接成台阶。

(4) 台阶式和混合式中的台地规划应符合下列规定：

①台地划分应与规划布局和总平面布置相协调，应满足使用性质相同的用地或功能联系密切的建(构)筑物布置在同一台地或相邻台地的布局要求。

②台地的长边应平行于等高线布置。

③台地高度、宽度和长度应结合地形并满足使用要求确定。台地的高度宜为1.5~3.0m。

3. 设计标高与坡度

合理确定道路、场地、建筑物的标高及排水坡度是竖向设计的核心内容。

(1) 道路竖向设计

道路的竖向设计应结合地形，符合纵断面、横断面设计的技术要求。包括纵坡、横坡、坡长限制、宽度、转弯半径、竖曲线半径、视距等，并考虑行车和行人的视野景观。主要任务包括确定道路控制点的标高，计算坡长与坡度，进行道路设计等高线绘制。

道路交叉口的竖向设计因地形及道路交叉的主次状况不同而有多种处理形式。主要原则是保证主要道路纵坡不变或少变，以利于行车顺畅；同时，要避免交叉口积水，并尽量使地面雨水不汇流经过交叉口前的人行横道线。

(2) 场地、绿地竖向设计

同一场地可设计成不同的竖向形式，以满足适用要求和景观效果；绿地应尽量顺其自然地形坡度；宅旁用地的竖向设计要注意排水组织，防止地面雨水排向建筑，影响建筑的使用和地基的稳定。

(3) 广场竖向设计

广场依据性质、使用要求、空间组织和地形特点，可设计成多种竖向形式。在一个平面上的广场，竖向设计形式有单坡、双坡的多坡几种。下沉式广场和多台广场不同高程的地面用挡土墙、台阶和斜坡等衔接过渡，使广场更生动有趣，适合人们活动、散步、游憩。

(4) 建筑标高的确定

要求避免室外雨水流入建筑物内，并引导室外雨水顺利排出；有良好的空间关系并保证有顺畅的交通。

4. 防护工程

设计地面在处理不同标高之间的衔接时，需要作防护工程，一般采用挡土墙和护坡；需要布置通路时，设置台阶和坡道进行联系；处理地面排水时，设置雨水口与明沟。

10.2 竖向规划的技术规定

10.2.1 道路标高及坡度

要满足道路技术要求、排水要求以及管网敷设要求。在一般情况下，雨水由各处平整地面排至道路，然后沿着路缘石排水槽排入雨水口。所以，道路不允许有平坡部分，保证最小纵坡≥0.2%，道路中心标高一般应比建筑室内地坪低 0.25~0.30m。

（1）机动车道纵坡一般≤6%，困难时可达 8%，多雪严寒地区最大纵坡≤5%，山区局部路段可达 12%。但纵坡超过 4% 时必须限制其坡长：

当纵坡：5%~6%时，最大坡长 L≤600m；

6%~7%时，最大坡长 L≤400m；

7%~8%时，最大坡长 L≤200m。

（2）非机动车道纵坡一般≤2%，困难时可达 3%，但其坡长限制在 50m 以内，多雪严寒地区最大纵坡应≤2%，坡长≤100m。

（3）人行道纵坡以≤5%为宜，>8%时宜采用梯级和坡道。多雪严寒地区最大纵坡<4%。

（4）交叉口纵坡≤2%，并保证主要交通平顺。

（5）桥梁引坡≤4%。

（6）广场、停车场坡度 0.3%~0.5%为宜。

10.2.2 各类场地适宜坡度

各类场地适宜坡度见表 10-3。

表 10-3　　　　　　　　　各种场地的适宜坡度(%)

场地名称	适宜坡度
密实性地面和广场	0.3~3.0
广场兼停车场	0.2~0.5
室外场地： 1. 儿童游戏场 2. 运动场 3. 杂用场地	 0.3~2.5 0.2~0.5 0.3~2.9
绿地	0.5~1.0
湿陷性黄土地面	0.5~7.0

10.2.3 建筑标高

建筑室内地坪标高要考虑建筑物至道路的地面排水，坡度最好在1%~3%之间，一般允许在0.5%~6%的范围内变动。对于经过平整的场地，建筑物的室外地坪标高等于设计地面标高，建筑物室内地坪标高的确定取建筑物室外场地设计标高的最大值加上室内外地坪的最小高差。

1. 建筑物室内外高差的规定

(1) 当建筑有进车道时：室内地坪标高应尽可能接近室外场地设计标高。根据排水和行车要求，室内外高差一般为0.15m。

(2) 当建筑无进车道时：主要考虑人行要求，室内外高差幅度可增大，一般要求室内外高差可在0.45~0.60m，允许在0.3~0.9m的范围内变动。

2. 建筑结合地形布置的方式

依据不同的地形坡度及建筑布局方向与等高线的关系，建筑的布局方式分为提高勒脚（将建筑勒脚提高到相同标高）、筑台（挖填基地形成平整的台地）、错层（将建筑相同层设计成不同标高）、跌落（将建筑垂直等高线布置，以单元或开间为单位，顺坡势处理成台阶状）、掉层（错层或跌落的高差等于建筑层高时）、错叠（垂直等高线布置，逐层或隔层沿水平方向错动或重叠形成台阶状）等方式，详见表10-4。

表10-4 建筑结合地形布置的方式

方式	方法	适宜坡度		备注
		垂直等高线布置	平行等高线布置	
提高勒脚	将建筑勒脚提高到相同标高	<8%	<10%~15%	建筑进深为8~12m，单元长度为16m，勒脚最大高度为1.2m时
筑台	挖填基地形成平整的台地	<10%	<12%~20%	半挖半填
错层	将建筑相同层设计成不同的标高。常利用双跑楼梯平台使建筑沿纵轴或横轴错半层	12%~18%	15%~25%	单元长16m，进深为8~12m，错层高差1~1.5m时
跌落	建筑垂直等高线布置，以单元或开间为单位，顺坡势处理成台阶状	4%~8%	—	以单元为单位，跌落高度0.6~3.0m或两开间跌落0.6~1.2m时
掉层	错层或跌落的高差等于建筑层高时	20%~35%	45%~65%	
错叠	垂直等高线布置，逐层或隔层沿水平方向错动或重叠形成台阶状	50%~80%		

10.2.4 防护工程

1. 护坡

护坡是用以挡土的一种斜坡面，其坡度根据使用要求、用地条件和土质状况而定，一般土坡不大于1∶1。护坡面应尽量利用绿化美化。护坡坡顶边缘与建筑之间距离应大于等于2.5m以保证排水与安全。坡度较大，土质疏松，易受雨水冲刷、坍落的边坡，应进行防护、加固。

土质护坡允许高度、坡度见表10-5。石质护坡允许高度、坡度见表10-6。

表10-5　　　　　　　　　　土质护坡允许高度、坡度表

土质类别	挖方护坡		填方护坡	
	允许坡度（高<5m）	允许坡度（高5~10m）	允许高度(m)	允许坡度
亚粘土、砂土、亚砂土、干黄土	1∶1~1∶1.25	1∶25~1∶1.50	6~8	1∶1~1∶1.50
粘性土 碎石类土	1∶0.75~1∶1.25 1∶0.4~1∶1	1∶1~1∶1.50 1∶0.5~1∶1.25	6 10	1∶1.50 1∶1.50

表10-6　　　　　　　　　　石质护坡允许高度、坡度表

石质类别	挖方护坡		填方护坡	
	允许坡度（高<5m）	允许坡度（高5~10m）	允许高度(m)	允许坡度
软质岩石	1∶0.35~1∶1	1∶0.5~1∶1.25	6 6~12	1∶1.33 1∶1.50
硬质岩石	1∶0.1~1∶0.5	1∶0.2~1∶0.75	5 5~10 >10	1∶0.50 1∶0.65 1∶1

2. 挡土墙

台阶式用地的台阶之间应用护坡或挡土墙连接，相邻台地间高差大于1.5m时，应在挡土墙或坡比值大于0.5的护坡顶加设安全防护设施；挡土墙的高度宜为1.5~3.0m，超过6.0m时宜退台处理，退台宽度不应小于1.0m；在条件许可时，挡土墙宜以1.5m左右高度退台。

挡土墙按其墙身倾斜情况，分为仰斜式、垂直式、俯斜式三种类型。从受力合理、施工方便考虑，以仰斜式最佳，垂直墙次之，仰斜式的倾斜度一般小于1∶0.25。

为解决挡土墙后面土层的排水，需要在墙身上布置泄水孔，孔的尺寸为5cm×10cm见

方,孔距2~3m。墙体每隔20m左右应设沉降缝、伸缩缝一道,缝宽2~3cm。

3. 台阶、坡道

台阶的踏步高不宜超过150mm,踏步宽不宜小于300mm。台阶的连续踏级数最好不超过20级。20级以上时,应在中间设休息平台。宽度不大而踏级数超过40级的台阶,不宜设计成一条直线,在中间利用休息平台作错位或方向转折,以利于行走安全和消除行人心理的紧张、单调感。

台阶应在其一侧或两侧布置小坡道,以方便手推车和自行车的上下推行。

坡道的坡度不应大于8%。台阶和坡道的材料与构造需考虑防滑的要求。

4. 雨水口、明沟

地面水用暗管排除时,场地和道路上需要设置雨水口。每个雨水口一般可以担负2500~5000平方米汇水面积的地面水。多雨地区采用小值,少雨地区用大值。雨水口的间距依道路的坡度及雨量而定。雨水口间距与道路坡度的关系见表10-7。

在地面设计坡度不小于0.5%的地区,也可以采用明沟或有盖地沟排水。明沟断面有梯形、矩形两种。明沟边距离建筑物基础不应小于3m,离围墙不小于1.5m,距道路边坡脚不小于0.5m。

表10-7　　　　　　　　　雨水口间距与道路坡度的关系(多雨地区)

道路纵坡(%)	<1	1~3	3~4	4~6	6~7	8
雨水口间距(m)	30	40	40~50	50~60	60~70	80

10.3 竖向规划的设计方法

10.3.1 竖向设计步骤

竖向设计应贯穿在规划设计的全过程。

(1)规划设计工作开始,首先对基地进行地形和环境分析,分析其利用与改造的可能性,研究竖向处理和排水组织方案,结合居住区规划结构、用地布局、道路和绿地系统组织、建筑群体布置以及公共设施的安排等作统一考虑。

(2)详细规划总平面方案初步确定后,再深入进行场地的竖向高程设计。通常先根据四周道路的纵、横断面设计所提供的高程资料,进行居住区内的道路的竖向设计。在地形比较平缓、简单的情况下,小区道路可以不必按城市道路纵断面设计的深度进行设计,只需按地形、排水及交通要求,确定其合适的坡度、坡长,定出主要控制点的设计标高,并注意和四周城市道路高程的衔接。地形起伏变化较大的小区主要道路,则以深入做出纵断面设计为宜。

(3)根据建筑群布置及区内排水组织要求,考虑场地具体的竖向处理方案,可以用设计等高线或设计标高点来表达设计地形。

(4)根据地形的竖向设计方案和建筑的使用、经济、排水、防洪、美观等要求,确定室内地坪及室外场地的设计标高。

(5)计算土方工程量。如土方量过大,或者填挖方不平衡,而土源或弃土困难,则应调整修改竖向设计。

(6)进行细部处理,包括边坡、挡土墙、台阶、排水明沟等。

10.3.2 竖向设计图的内容

竖向设计图的内容包括:

(1)设计的地形、地物:建筑物、构筑物、场地、道路、台阶、护坡、挡土墙、明沟、雨水井等。

(2)坐标:每幢建筑物至少有两个屋角坐标;道路交叉点、控制点坐标;公共设施及其需要标定边界的用地、场地四角点的坐标。

(3)标高:建筑室内、外低坪标高;道路交叉点、控制点标高。

(4)道路纵坡坡度、坡长。

(5)排水方向:室外场地的坡向。

图10-1、图10-2为竖向设计图实例。

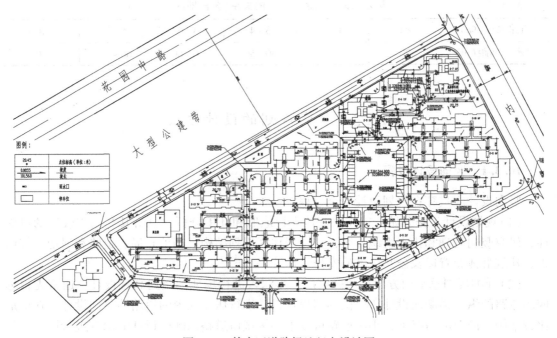

图10-1 某小区道路场地竖向设计图

10.3.3 竖向设计图纸表现

竖向设计图的内容及表现可以因地形复杂程度及设计要求的不同而异。如坐标,若施

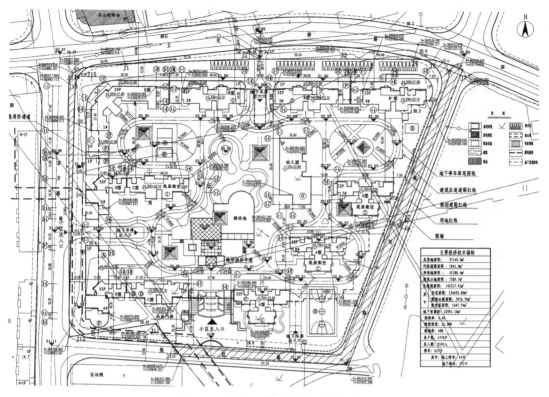

图 10-2 某小区道路广场竖向设计图

工总平面图上已标示，则可省略。竖向设计图在表达室外设计地形时，一般有以下几种方法：

1. 设计标高法

根据规划总平面、地形图、周界条件以及竖向规划设计要求，来确定区内各项用地控制点和建筑物、构筑物的标高，并辅以箭头表示地面坡向和排水方向，故又名为高程箭头法（图10-3）。一般用于平地、地形平缓坡度小的地段，或保留自然地形为主和对室外场地要求不高的情况下应用。其特点是规划设计工作量较小，且便于变动、修改，为居住区竖向设计常用的方法。缺点是比较粗略，有些部位标高不明确，为弥补不足，常在局部加设剖面。

2. 设计等高线法

用设计标高和等高线分别表示建筑、道路、场地、绿地的设计标高和地形（图10-4）。此法便于土方量计算和选择建筑场地的设计标高；容易表达设计地形与原地形的关系和检查设计标高的正误，适合在地形起伏的丘陵地段应用。缺点是工作量较大且图纸因等高线密布读图不便，实际操作可适当简略，如可以应用设计等高线法进行设计，确定建筑标高后，根据设计等高线确定室外场地道路的主要控制点标高，在图中略去设计等高线而改用设计标高法的表示方法。

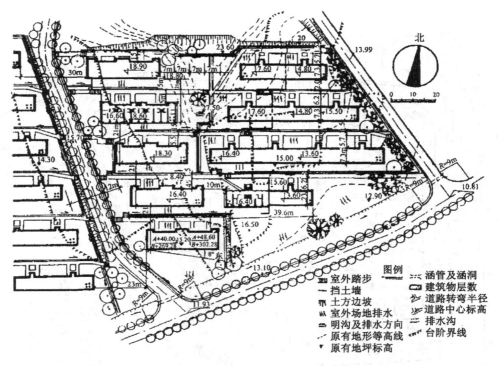

图 10-3　设计标高法

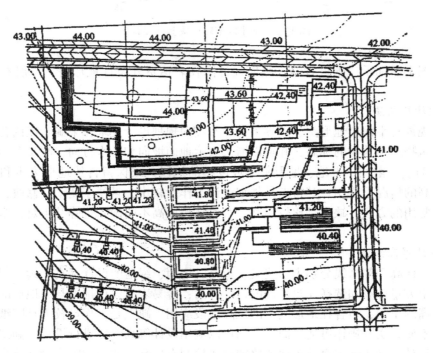

图 10-4　设计等高线法

3. 纵横断面法

在规划区平面图上根据需要的精度绘出方格网，然后在方格网的每一交点上注明原地面标高和设计地面标高(图10-5)。沿方格网长轴方向者称为纵断面，沿短轴方向者称为横断面。该法多用于地形比较复杂地区的规划。

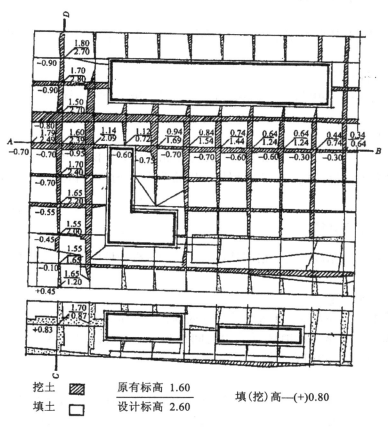

图10-5 纵横断面法

10.4 土方工程量计算

土方工程量分两类，一是建筑场地平整土方工程量，或称一次土方工程量；一是建筑、构筑物基础、道路、管线工程余方工程量，也称二次土方工程量。

10.4.1 方格网计算法

方格网法土方计算适用于地形变化比较平缓的地形情况，用于计算场地平整的土方量计算较为精确。具体做法如下：

(1)建立地形的坐标方格网

方格网的一边与地形等高线或场地坐标网平行，大小根据地形变化的复杂程序和设计要求的精度确定，边长一般常采用20m×20m或40m×40m。

(2) 标明自然标高、设计标高以及施工高程

在每个方格网交点的右下角标出该点的自然标高，右上角标示该点设计标高，左上角表示施工高程(设计标高与自然标高的差值)，填方为(+)号，挖方为(-)号。

(3) 绘制零线

在方格网图上计算并绘制零界点、零界线，零线表示不挖也不填。零点的计算可用公式或插图表。

(4) 计算土石方量

根据每一方格挖、填情况，按相应图示分别代入相应公式，计算挖、填方量分别标入相应方格内。

(5) 汇总工程量

将每个方格的土石方量，分别按挖、填方量相加后算出挖、填方工程总量，然后乘以松散系数，才得到实际的挖、填方工程量。松散系数即经挖掘后孔隙增大了的土体积与原土体积之比值。

10.4.2 横断面计算法

此法较简捷，但精度不及方格网计算法，适用于纵横坡度较规律的地段，其计算步骤如下：

(1) 定出横断面线

横断面线走向，一般垂直于地形等高线或垂直于建筑物的长轴。横断面线间距视地形和规划情况加定，地形平坦地区可采用的间距为40~100m，地形复杂地区可采用10~30m，其间距可均等，也可在必要的地段增减。

(2) 作横断面图

根据设计标高和自然标高，按一定比例尺作出横断面团，作图选用比例尺，视计算精度要求而定，水平方向可采用1:500~1:200；垂直方向可采用1:200~1:100，常采用水平1:500，垂直1:200。

(3) 计算每一横断面的挖、填方面积

一般由横断面图用几何法直接求得挖、填方面积，也可用求积仪求得。

(4) 计算相邻两横断面间的挖、填方体积

由相关公式计算。

(5) 挖、填土方量汇总

将上述计算结果按横断面编号分别列入汇总表并计算出挖、填方总工程量。

10.4.3 余方工程量估算

为减少工程投资，建设场地的土石方工程，在尽可能的情况下，应尽量考虑土方平衡。在进行土石方平衡时，除了考虑场地平整的填、挖土石方量外，还要考虑地下室、建筑物及构筑物的基础、地下工程管线等余方工程量。这部分土石工程可采用估算法。

(1) 一般多层民用建筑无地下室者,基础余方可按每平方米建筑基地面积 $0.1\sim0.3m^3$ 估算,有地下室者,地下室余方按地下室体积的 1.5~2.5 倍计算。

(2) 道路路槽的余方按道路面积乘以路面结构层厚度估算。路面结构层厚度一般为 20~50cm。

(3) 管线工程的余方可按路槽余方量的 0.1~0.2 倍估算。有地沟时,按路槽余方量的 0.2~0.4 倍估算。

本 章 小 结

1. 介绍了居住区竖向规划设计应遵循的因地制宜的原则,从地形分析、规划地面形式、设计标高与坡度和防护工程四个方面介绍了竖向规划的具体内容。

2. 详细介绍居住区竖向设计中的各类技术规定,包括道路标高与坡度和各类场地坡度的适宜取值范围、建筑标高室内外高差及建筑结合地形布置的方式、各类防护工程的相关规定。

3. 从竖向设计的步骤、竖向设计图的内容和表现方式介绍竖向设计的方法。

4. 土方工程量计算方法包括方格网计算法、横断面计算法和余方工程量估算法。

思 考 题

1. 简述居住区竖向规划设计的原则与具体内容。
2. 简述居住区竖向规划设计的步骤、图纸内容要素及表现方法。

第11章 居住区市政工程规划

居住区市政工程系统包括给水、排水、电力、电信、燃气、供热、环卫、防灾等各项工程。市政工程系统的合理规划与实施，为居住区的正常运营提供保障。

11.1 给水工程规划

居住区给水工程规划的主要内容应包括：预测居住区给水量；选择居住区给水水源并提出相应的水质与水压标准；布置给水设施和给水管网。

11.1.1 给水量预测

居住区的给水量应该根据居民生活用水量、公共建筑用水量、消防用水量、浇洒道路和绿化用水量、管网漏失水量和未预见水量来确定。

1. 居民生活用水量和公共建筑用水量

居民生活用水量和公共建筑用水量通常采用人均综合生活用水量指标（升/人·日）来进行计算（表11-1）。综合生活用水量指标与城市所在区域、城市特点和居民生活水平相关联。

表 11-1　　　　　　　　　　人均综合生活用水指标（L/(人·d)）

区域	城市规模			
	特大城市	大城市	中等城市	小城市
一区	300~540	290~530	280~520	240~450
二区	230~400	210~380	190~360	190~350
三区	190~330	180~320	170~310	170~300

注：一区包括贵州、四川、湖北、湖南、江西、浙江、福建、广东、广西、海南、上海、云南、江苏、安徽、重庆；
二区包括黑龙江、吉林、辽宁、北京、天津、河北、山西、河南、山东、宁夏、陕西、内蒙古河套以东和甘肃黄河以东地区；
三区包括新疆、青海、西藏、内蒙古河套以西和甘肃黄河以西的地区。

2. 消防用水量

居住区消防用水量及浇洒道路的用水量，一般取车行道路面积按1.0~1.5L/(m²·次)，每日浇洒一次计算；居住区绿化用水量，一般按小区绿地面积 $1\sim2L/(m^2 \cdot d)$ 计算；生火灾点数量、消防时供水水压及火灾延续时间，按照现行的《建筑设计防火规范》及《高层民用建筑设计防火规范》确定。

3. 浇洒道路和绿化用水量

居住区浇洒道路和绿化用水量，应该根据路面、绿化、气候和土壤等条件确定。

4. 管网漏失水量和未预见水量

居住区管网漏失水量与未预见水量之和可按最高日用水量的 10%~20% 计算。

11.1.2 水源选择与水质水压要求

居住区位于市区或厂矿区供水范围内时，应采用城市或厂矿给水管网作为给水水源。若居住区离市区或厂矿较远，不能直接利用现有供水管网，需铺设专门的输水管线时，可经过技术经济比较，确定是否自备水源；在严重缺水地区，应考虑建设居住区中水工程。

居住区生活饮用水的水质，必须符合现行的《生活饮用水卫生标准》的要求。生活饮用水给水管网从地面算起的最小服务水压可按住宅建筑层数确定：一层为 0.1MPa，二层为 0.12MPa，二层以上每增高一层增加 0.04MPa；高层建筑生活用水需要采用增压供水系统。

11.1.3 给水设施和给水管网的设置

1. 供水方式

在城市给水系统的水量和水压能够满足居住区的用水需要时，应该采用直接由给水管网供水的方式；在城市供水系统的水量和水压不能完全满足居住区的用水需要时，可采用设置屋顶水箱、高架水池和加压水泵的供水方式。

2. 供水系统

居住区的供水系统一般有分类供水系统、分压供水系统和分质供水系统三种，宜根据需要和具体条件采用。分类供水指生活用水（包括居民生活用水和各类公共服务设施用水）与其他用水分两个系统供水；分压供水指高层建筑与多层、低层建筑分压供水；分质供水指优质饮用水、普通饮用水和低质水分三种水质进行供水或饮用水和其他用水分两种水质进行供水。根据不同需要采用不同的供水系统组合，目的在于减少长期的运营成本，节约能源和水资源。

居住区主要的供水设施是水泵房，它对城市给水系统或周边地区供水管网在水压不能满足住宅区供水要求的住宅区是不可缺少的。

3. 给水管网

居住区给水管网按干管、支管、接户管三级分类设置，各级管道管径大小依据用水量、加压方式及流速计算确定。

居住区给水管网的布局形式分为枝状管网和环状管网两种。枝状管网是单向供水，供水安全可靠性差，但节省管材、造价低。环状管网的是双向供水，供水保障性较好，但造价较高。

居住区给水管网，宜布置成环状管网，或与市政给水管道连接成环状网。环状给水管与市政给水管的连接管不少于两条。居住区的室外给水管道应沿区内道路平行于建筑物敷设，宜敷设在人行道、慢车道或绿化带下；支管布置在居住组团道路下，与干管连接，一般为枝状。

给水管道与建筑物基础的水平净距：管径 100～150mm 时，不宜小于 1.5m；管径 50～75mm 时，不宜小于 1.0m。生活给水管道与污水管道交叉时，给水管应敷设在污水管道上面，且不应有接口重叠；当给水管道敷设在污水管道下面时，给水管的接口离污水管的水平净距不宜小于 1.0m。

11.2 排水工程规划

居住区排水工程规划的主要内容应包括：预测居住区排水量；确定排水体制；布置排水设施种类、数量、位置和用地；布置排水管道并计算管径与标高。图 11-1、图 11-2 为具体的排水规划图。

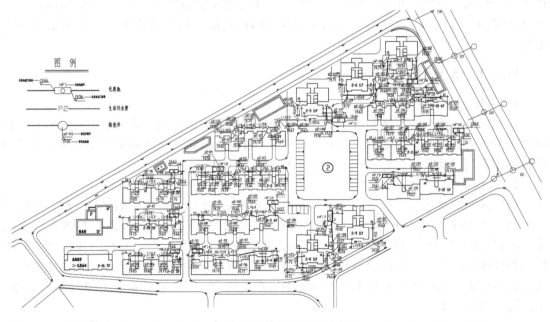

图 11-1 某小区污水排水规划图

11.2.1 排水量的预测

居住区排水系统包括生活污水排水和雨水排水两个系统。

居住区的生活污水排水量是指生活用水使用后能排入污水管道的流量，其数值按生活给水量的 80%～90% 计算。但考虑到地下水经管道接口渗入管内、雨水经检查井口流入及其他原因可能使排水量增加，因此，居住区生活污水排水的最大时流量取与生活给水最大时流量相同，包括居民生活排水量和公共建筑排水量。

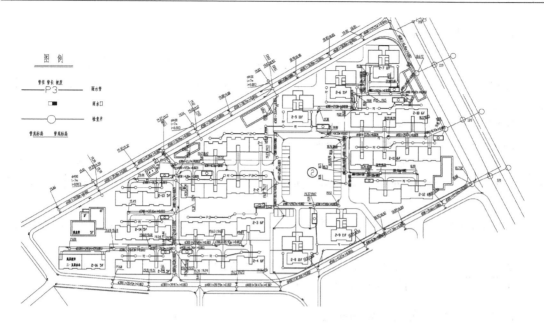

图 11-2 某小区雨水排水规划图

居住区的雨水排水量的计算与城市雨水相同,一般采用以下公式计算:

$$Q = q \cdot \psi \cdot F$$

式中:Q——雨水管沟计算流量;q——设计暴雨强度;ψ——径流系数;F——计算集水面积。

设计暴雨强度一般采用当地雨量公式计算;径流系数按表 11-2 选取,汇水面积的平均径流系数按地面种类加权平均计算;区域综合径流系数按表 11-3 选取,根据建筑稠密程度在 0.5~0.8 内选用。

表 11-2 径流系数

地面种类	φ
各种屋面	0.9
混凝土和沥青路面	0.9
块石等铺砌路面	0.6
非铺砌路面	0.3
绿地	0.15

表 11-3 综合径流系数

区域情况	φ
城市建筑密集区	0.60~0.85
城市建筑较密集区	0.45~0.60
城市建筑稀疏区	0.20~0.45

11.2.2 排水体制的确定

居住排水体制分为雨污分流制与合流制两类。排水体制的选择，应根据城市排水制度和环境保护要求等因素综合比较确定，原则上以雨污分流制，即采用污水管网和雨水管网两套排水管网。

居住区的生活污水处理方式分为三种情况：

(1) 直接排入城市污水管网，至城市污水处理厂集中处理；

(2) 居住区若远离城镇或其他原因污水无法排入城镇污水管道时，应按现行污水综合排放标准的要求设污水处理设施，即居住区中建设污水处理厂自行处理或设置化粪池进行污水处理；

(3) 建立中水系统，将污水处理后回用为低质用水，如环境清洁用水、绿化景观用水等。

居住区雨水通常采用就近排入城市水体或城市雨水管网的方式排放，同时可以对居住区雨水进行收集、利用作为景观用水、绿化浇灌用水。

11.2.3 排水设施与管网的布置

1. 排水设施

居住区中的排水设施主要指排水泵房、检查井、雨水口。

排水泵房宜建成单独建筑物，应该根据地形和城市排水管网的竖向标高设置排水泵房的位置和用地。污水泵房与居住建筑和公共建筑应有一定防护距离，水泵机组噪声对周围环境有影响时应采取消声隔震措施，泵房周围应绿化。

排水管道与室外排出管连接处，管道交汇转弯跌水管径或坡度改变处，以及直线管段上每隔一定距离处应设检查井。居住区内直线管段上检查井的最大距离可按表11-4确定。

表11-4　　　　　　　　　　检查井最大间距

管径(mm)	最大间距(m)	
	污水管道	雨水管和合流管道
150	20	—
200~300	30	30
400	30	40
≥500	—	50

居住区内雨水口的布置应根据地形建筑物和道路的布置等因素确定，在道路交汇处、建筑物单元出入口附近、建筑物雨落管附近以及建筑前后空地和绿地的低洼点等处宜布置雨水口。雨水口的数量应根据雨水口形式、布置位置、汇集流量和雨水口的泄水能力计算确定。雨水口沿街道布置间距宜为20~40m，雨水口连接管长度不宜超过25m。平箅雨水口箅口设置宜低于路面30~40mm，在土地面上时宜低50~60mm。雨水口的深度不宜大于

1m，泥沙量大的地区可根据需要设置沉泥槽，有冻胀影响地区的雨水口深度可根据当地经验确定。

2．排水管网

排水管道的布置应根据小区总体规划、道路和建筑的布置、地形标高、污雨水去向等按管线短、埋深小，尽量自流排出的原则确定。

排水管道宜沿道路和建筑物的周边呈平行敷设，并尽量减少相互间以及与其他管线间的交叉。污水管道与生活给水管道相交时，应敷设在给水管道下面。排水管道敷设时，相互间以及与其他管线间的水平和垂直净距离应根据两种管道的类型、埋深、施工检修的相互影响、管道上附属构筑物的大小和当地有关规定等因素来确定。

排水管道与建筑物基础的水平净距当管道埋深浅于基础时，应不小于1.5m；当管道埋深深于基础时，应不小于2.5m。排水管道转弯和交接处，水流转角应不小于90°；当管径小于等于300mm，且跌水水头大于0.3m时可不受此限制。

排水管道的管顶最小覆土厚度应根据外部荷载、管材强度和土壤冰冻因素，结合当地经验确定。在车行道下不宜小于0.7m，如小于时应采取保护管道防止受压破损的技术措施。当管道不受冰冻和外部荷载影响时，最小覆土厚度不宜小于0.3m。

3．排水管管径

居住区排水管网按干管、支管、接户管三级分类设置，各级管道管径大小经过水力计算确定。排水管道的管径经过水力计算小于表中最小管径时，应选用最小管径。居住小区内排水管道的最小管径和最小设计坡度宜按表11-5采用。排水接户管管径不应小于建筑物的排出管管径，排水管道下游管段管径不宜小于上游管段管径。

表11-5　　　　　　　　　　最小管径和最小设计坡度

管	别	位　　置	最小管径(mm)	最小设计坡度
污水管道	接户管	建筑物周围	150	0.007
	支管	组团内道路下	200	0.004
	干管	小区道路、市政道路下	300	0.003
雨水管道	接户管	建造物周围	200	0.004
	支管及干管	小区道路、市政道路下	300	0.003
雨水连接管			200	0.01

注：①污水管道接户管最小管径150mm服务人口不宜超过250人(70户)，超过250人(70户)，最小管径宜用200mm；

②进化粪池前污水管最小设计坡度，管径150mm时为0.010~0.012，管径200mm时为0.010。

11.3　电力工程规划

居住区电力工程规划的主要内容包括：预测居住区电力负荷；确定供电电源；布局供

配电系统及容量、数量的配置。

11.3.1 电力负荷的预测

居住区电力负荷预测一般采用分类综合用电指标法和单位建筑面积用电负荷指标法。

分类综合用电指标法适用于电力负荷的初步估算,根据居住用地的分类选取相应的指标。一类居住用地电量预测按 $30\sim60W/m^2$ 估算;二类居住用地电量预测按 $15\sim30W/m^2$ 估算;三类居住用地电量预测按 $10\sim15W/m^2$ 估算。

单位建筑面积用电负荷指标法指根据居住区建筑的分类,选取相应的指标进行电量预测。其中居住建筑和公共建筑的规划单位面积负荷指标的选取,应根据两类建筑中所包含的建筑小类类别、数量、建筑面积(或用地面积、容积率)、建筑标准、功能及各类建筑用电设备配置的品种、数量、设施水平等因素,结合当地各类建筑单位建筑面积负荷现状水平和表11-6规定经综合分析比较后选定。

表11-6　　　　　　　规划单位建筑面积用电负荷指标

大　类	小　类	用电指标(W/m^2)
居住建筑用地	多层普通住宅	2~3(kW/户)
	多层中级住宅	3~5(kW/户)
	高层高级住宅	5~8(kW/户)
	别墅	7~10(kW/户)
公共建筑用地	高层宾馆、饭店及40层以上的高层写字楼	120~160
	中档宾馆及15层以上写字楼	100~140
	普通宾馆及15层以下写字楼	70~100
	科技馆、影剧院、医院等大型公建	60~100
	银行	60~100
	大型商场	80~120
	一般商场	25~50
	行政办公楼	40~60
	科研设计单位	20~60
	中、小学、幼儿园、托儿所等	20~50
	体育馆	70~100
	停车库	15~40

13.3.2 供电电源的确定

居住区变电所大多属于10kV变电所(公用配电所),按其结构形式分为独立户内式、混合户内式和地下式。公用配电所优先考虑采用独立户内式，即配电所设置于+0.00以上于户外独立房间设置。若条件不能满足时，亦可考虑混合户内式或地下式，即公用配电所可与其他建筑物混合建设或建设地下变电所，并具有独立的消防、检修通道，满足便于日常运行、维护、事故抢修照明、卫生清扫等必要条件。配电所的建筑外形建筑风格应与周围环境景观风貌相协调。

居住区公用配电所的位置应接近负荷中心。配电所的配电变压器安装台数宜为两台，单台配电变压器容量不宜超过1000kVA。10kV开关站宜与公用配电所联体建设，根据负荷分布均匀布置，最大转供容量不宜超过15000kVA。居住区规模较大时，按1.2万~2.0万户设置一所开闭所进行配置。

13.3.3 供配电系统的布局

1. 供配电系统

居住区的供配电方式一般根据城市电网的情况而定，通常按照高压深入负荷中心的原则，宜采用电缆线路、户内开闭所和配电所方式供电，或采用环网柜、电缆分支箱和箱式变压器(组合箱式变压器)等方式供电。住宅区进线电压等级采用10kV，高压配电采用环网形式，低压配电采用放射式供电形式。

2. 电网敷设方式

居住区的中、低压配电线路宜采用地下电缆或架空绝缘线。居住区内的中、低压架空电力线路应同杆架设。居住区电缆线路室外敷设采用直埋敷设、电缆沟敷设两种。当沿同一路径的电缆根数不大于8根时，可采用直埋敷设，同一路径电缆根数大于8并不大于18根时，宜采用电缆沟敷设。

3. 安全防护措施

居住区架空电力线路的线路杆挡距安全距离规定：10kV输配电线挡距为40~50m；10kV接户线挡距为不小于40m；1kV以下接户线挡距为不小于25m。居住区架空电力线边导线与建筑物之间的最小水平距离规定：1~10kV的安全距离为1.5m；1kV以下的安全距离为1.0m。架空电力线路导线与地面最小垂直距离规定：1~10kV的安全距离为6.5m；1kV以下的安全距离为6.0m。架空电力线路导线与街道行道树之间最小垂直距离规定：1~10kV的安全距离为1.5m；1kV以下的安全距离为1.0m。架空电力线边导线与建筑物之间的最小垂直距离规定：1~10kV的安全距离为3.0m。

11.4 电信工程规划

居住区电信工程规划的主要内容包括：预测电信业务量、布局电信管线网络及其设施。

11.4.1 电信业务量的预测

电信业务量预测主要包括电话和有线电视容量的计算。居住区电话分为居民住宅电话、公建电话和公用电话三类，住宅和公建电话可按每对电话主线服务的建筑面积标准计算(表11-7)。居住区内约250户应设置公用电话2部。

表11-7　　　　　　　　　　　每对电话主线服务的建筑面积

建筑类型	办公	商业	旅馆	多层住宅	高层住宅	幼托	学校	医院	文化娱乐	仓库
建筑面积(m^2)	20~25	30~40	35~40	60~80	80~100	85~95	90~110	100~120	110~130	150~200

计算有线电视端口的数量时，住宅端口数一般按每户一个端口估算，公建端口数应根据实际情况确定。

11.4.2　电信设施布置

城市电话光缆经光电交换设备，由电缆接至各居住区的电话交换间，然后根据具体情况和要求进行接线。居住区内应根据需要设置电话交换机房和电信光接点。每600~1000户设电缆交接间一处，可位于公建内，建筑面积$10m^2$左右。光纤光节点布局要求：一个光纤节点原则上覆盖范围为500m，如果用户分布较为分散，最大范围为800~1000m，一个光纤节点用户数量为1000个，用户最密集地区限制在2000户；用户超过100户的居民住宅楼，当楼间距在200m以内时，可考虑共用一个光节点，当间距超过300m时应分设光节点。光节点可采取室内设置和室外设置方式。

11.4.3　电信管道规划

居住区电信线路主要为城市配线管道，主要敷设接入点到用户的配线电缆、用户光缆，也包括广播电视用户线路。居住区电信线路敷设方式可采用直埋敷设、电缆沟敷设和多孔排管敷设三种方式。居住区电信线路宜采用多孔电线管道的敷设方式，应根据终期容量设置，管孔数不宜少于4孔。

多孔电信管道路由选择应遵循以下原则：管道路由应尽可能短直，避免急转弯；管道应远离电蚀和化学腐蚀地带；管道宜敷设在人行道下，若在人行道下无法敷设，可敷设在非机动车道下，不宜敷设在机动车道下；管道埋深不宜小于0.8m，不宜大于1.2m。

11.5　燃气工程规划

居住区燃气工程规划的主要内容包括燃气用气量预测与燃气系统布局。

11.5.1　燃气用气量预测

居住区燃气种类较多，且热值差异很大，常见的有天然气、液化石油气等。居住区燃气用量计算时，通常将负荷分为居民生活用气量、公建用气量和燃气漏失和未预见量三类。居民用气量根据各地生活习惯、气候等具体条件，参考类似城市用气定额确定，见表

11-8。公建用气量参见表11-9的相应用气量指标。漏失和未预见量一般按生活用气量的3%~5%计算。

表11-8　　　　　　　　　城镇居民生活用气量指标(MJ/(人·a))

城镇地区	有集中供暖的用户	无集中供暖的用户
华北地区	2303~2721	1884~2303
华东、中南地区		2093~2303

表11-9　　　　　　　　　　　　公共建筑用气量指标

类别		单位	用气量指标
职工食堂		MJ/(人·a)	1884~2303
饮食业		MJ/(座·a)	7955~9211
托儿所	全托	MJ/(人·a)	1884~2512
幼儿园	半托	MJ/(人·a)	1256~1675
医院		MJ/(床位·a)	2931~4187
旅馆	有餐厅	MJ/(床位·a)	3350~5024
招待所	无餐厅	MJ/(床位·a)	670~1047
高级宾馆		MJ/(床位·a)	8374~10467
理发店		MJ/(人·a)	3.35~4.19

11.5.2　燃气设施布局

居住区燃气设施主要包括液化石油气气化站和混气站、燃气调压站和液化石油气瓶装供应站等。

液化石油气气化站和混气站可以作为居住区的供气气源，可向居住区提供中压或低压燃气。液化石油气气化站和混气站用地标准，依据其气化量、混气规模的大小而确定，见表11-10、表11-11。其布局要求：选址宜靠近负荷区；站址应处在地势平坦、开阔、不宜积存液化石油气的地段；站址应与站外建筑物、构筑物保持规范规定的防火距离(表11-12)。

表11-10　　　　　　　　　　　液化石油气气化站用地

气化量规模(m³/h)	6000	1400	450
用地面积(m²)	2500	1460	400

表11-11　　　　　　　　　　液化石油气混气站用地

混气量规模(10000m³/d)	4.08	6	7.44
用地面积(m²)	3500	5400	7000

表11-12　气化站和混气站的液化石油气储罐与站外建构筑物的防火间距(m)

项　目		总容量(m³)		
		≤10	>10~≤30	>30~≤50
住宅建筑、学校、影剧院、体育馆等重要公共建筑、一类高层民用建筑		30	35	45
其他建筑	耐火等级 一、二级	12	15	18
	三级	18	20	22
	四级	22	25	27
道路(路边)	城市快速路	20		
	其他	15		
架空电力线(中心线)		1.5倍杆高		
架空通信线(中心线)		1.5倍杆高		

居住区燃气调压站是调节燃气压力使之适合居民使用的设施，一般是中低压调压站。调压站占地面积较小，布置成单独建筑的中低压调压站仅十几平方米，箱式调压器甚至可以安装在建筑外墙上。居住区调压站的服务半径一般在500~1000m。其安全防护距离规定见表11-13。

表11-13　　　　　　调压站与其他建筑物、构筑物水平净距(m)

建筑形式	距多层建筑物或构筑物	距重要公共建筑物	距一类高层		距二类建筑	
			主体建筑	裙房	主体建筑	裙房
地上单独建筑	6.0	25.0	20.0	15.0	15.0	13.0
地下单独建筑	5.0	25.0				
毗邻建设	允许	不允许				

液化石油气瓶装供应站主要为居民用户和小型公建服务，供气规模以5000~7000户为宜，一般不超过10000户。当供应站较多时，几个供应站中可设一个管理所。瓶装供应站服务半径一般不宜超过500~1000m，其用地面积一般在500~600m²，管理所用地面积为600~700m²。瓶装供应站的瓶库与站外建、构筑物的防火间距应满足有关规范要求(见表11-14)，应有便于运瓶汽车出入的道路。

表11-14　　　　　瓶装供应站的瓶库与站外建构筑物的防火间距(m)

	总存瓶量容积(m^3)≤10	总存瓶量容积(m^3)>10
明火、散发火花地点	30	35
民用建筑	10	15
重要公共建筑	20	25
主要道路	10	10
次要道路	5	5

11.5.3　燃气管网规划

居住区燃气管网一般为低压一级管网系统、中压一级管网系统或中低压二级管网系统。在采用低压一级系统时，居住区的中低压调压站入口管道和城市中压燃气管网连接，出口管道和居住区低压燃气管网连接，其压力则根据居住区燃气管网最大允许压差确定。主干管应尽量成环状，通向建筑物的支线管道可以辐射成枝状管网。燃气管网的布局在满足用户需要的情况下主要考虑其安全性，注意保持与其他市政管线的安全距离。

居住区燃气管道的敷设方式一般采用埋地敷设，当燃气管道埋设在车行道下时，埋深不小于0.8m，在人行道下时，埋深不小于0.6m，在庭院内时，埋深不小于0.3m。

11.6　供热工程规划

居住区供热工程规划的主要内容包括：供热负荷计算与供热设施规划布局。

11.6.1　供热负荷预测

计算居住区集中供热系统的供热负荷时，主要考虑建筑采暖通风(供冷)热负荷和生活热水热负荷两类热负荷。居民区民用热负荷通常以热水为热媒，属于季节性热负荷。居住区规划中，根据用地控制指标核算各地块建筑面积和热负荷，即采暖热负荷面积热指标法，具体公式为：

$$Q_h = q_h \cdot A \times 10^{-3} (kW)$$

式中：Q_h——采暖设计热负荷(kW)；q_h——采暖面积热指标(W/m^2)；A——建筑物的建筑面积(m^2)。采暖面积热值见表11-15，集中供热居住区采暖期生活热水热指标见表11-16。

表11-15　　　　　采暖面积估算热指标(W/m^2)

建筑类型	住宅	居住区综合	学校办公	旅馆	商店	食堂餐厅	影剧院展览馆	医院托幼	大礼堂体育馆
建筑面积(m^2)	20~25	60~67	60~80	60~70	65~80	115~140	95~115	65~80	115~165

表 11-16　　　　　　　　几种供热居住区采暖期生活热水热指标

用水设备情况	单位建筑面积热指标（W/m²）
住宅无生活热水设备，只对公共建筑供应热水时	2.5~3.0
全部住宅有浴盆并供给生活热水时	15~20

11.6.2　供热设施布局

居住区供热方式一般采用集中供热方式，是指利用集中锅炉房或热电厂等大型集中热源通过供热管网，利用热水或蒸汽向居住区提供采暖。居住区主要供热设施包括锅炉房、热力站和冷暖站。

居住区锅炉房有热水锅炉房和蒸汽锅炉房两种。锅炉房作为居住区热源时，单台锅炉的容量不应小于4t。锅炉房的布局应满足要求：靠近热负荷比较集中的地区；便于燃料储运和灰渣排除，并宜于使人流和煤、灰、车流分开；有利于减少烟尘和有害气体对居住区和主要环境保护区的影响，全年运行的锅炉房宜位于居住区全年最小频率风向的上风侧，季节性运行的锅炉房宜位于该季节盛行风向的下风侧面。锅炉房的用地面积，根据其规模和热媒类型而确定，具体参考值见表11-17、表11-18。

表 11-17　　　　　　　　不同规模蒸汽锅炉房用地面积参考表

锅炉房额定蒸汽出力（t/h）	锅炉房内是否有汽水换热站	用地面积（10⁴m²）
10~20	无	0.25~0.45
	有	0.3~0.5
20~60	无	0.5~0.8
	有	0.6~1.0
60~100	无	0.8~1.2
	有	0.9~1.4

表 11-18　　　　　　　　不同规模热水锅炉房用地面积参考表

锅炉房总容量（MW）	用地面积（10⁴m²）	锅炉房总容量（MW）	用地面积（10⁴m²）
2.8~11.6	0.3~0.5	58.0~116	1.6~2.5
11.6~35.0	0.6~1.0	116~232	2.6~3.5
35.0~58.0	1.1~1.5	232~350	4~5

热力站是连接供热管网和用户的场所。热力站的选址宜设置在热负荷中心，一般一个小区设置一个热力站。根据热力站规模大小和种类不同，分别采用单设或附设方式布置。只向少量用户供热的热力站，多采用附设方式，设于建筑物地沟入口处或其底层和地下

层。集中热力站服务范围较大，多为单独设置，不同规模的热力站的参考面积见表 11-19。

表 11-19　　　　　　　　　　热力站建筑面积参考表

规模类型	Ⅰ	Ⅱ	Ⅲ	Ⅳ	Ⅴ	Ⅵ
供热建筑面积(10^4m^2)	<2	3	5	8	12	16
热力站建筑面积(m^2)	<200	<280	<330	<380	<400	≥400

冷暖站通过制冷设备将热能转化为低温水等介质供应用户，在冬季时还可转化为供热。冷暖站的位置应位于负荷区中心，其供冷（暖）面积宜在 10 万 m^2 以下。冷暖站供冷、供暖的建筑面积、用地面积根据规模大小确定，具体参考值见表 11-20。

表 11-20　　　　　　　　　　冷暖站用地面积参考表

规模类型	Ⅰ	Ⅱ	Ⅲ	Ⅳ	Ⅴ	Ⅵ
冷暖站供冷、供暖的建筑面积（10^4m^2）	3	5	10	15	20	25
冷暖站用地面积（m^2）	350	500	900	1200	1500	1800

11.6.3 供热管网规划

1. 供热管网布置

居住区热力管网一般为枝状管网，根据用户情况，可分为开式和闭式。居住区供热管网的布局应考虑以下因素：主要干管应靠近大型用户和热负荷集中地区；主干管线短、直，尽量缩短管线长度，尽可能节省投资和钢材的消耗；供热管宜敷设在道路的一边，或敷设在人行道下面；敷设方式通常采用地下敷设，包括地沟敷设和直埋敷设；地沟管线敷设深度自地面到沟盖顶面不小于 0.5～1.0m，特殊情况下，如地下水位高或其他地下管线相交情况极其复杂时，允许采用较小的埋设深度，但不少于 0.3m；热力管道埋设在绿化带时，埋深应大于 0.3m；地下敷设沟底标高应高于近 30 年来最高地下水位 0.2m。

2. 供热管网管径计算

居住区供热管道管径与沿程压力损失、管道粗糙度、热媒流量和密度等因素相关。

11.7　环卫工程规划

居住区环卫工程规划的主要内容包括：生活垃圾量的计算和环卫设施的布局。

居住区环卫的主要工作是生活垃圾的收运。居住区环卫规划中，人均生活垃圾总量可按 0.9～1.4kg/（人·天）计。由人均指标乘以居住区人口数则可得到居住区垃圾总量。

居住区主要环卫设施包括公共厕所、小型垃圾收集转运站和垃圾收集点。

(1) 公共厕所

公共厕所在居住区中的布局主要考虑其服务半径和服务人口数。在新建居住区，公厕的服务半径一般按 300~500m 控制，每平方千米不少于 3 座。居住区公厕的千人指标为 6~10m²/人，每 1000~1500 户设置一处，建筑面积控制在 30~60m²，用地面积控制在 60~100m²。

(2) 小型垃圾收集转运站

小型垃圾收集转运站供居民直接倾倒垃圾，其收集服务半径不大于 200m，占地面积不小于 40m²。居住区垃圾转运站应采用封闭式设施，力求垃圾存放和转运不外露，当居住区用地规模为 0.7~1km² 设一处，每处用地面积不应小于 100m²，与周围建筑物的间隔不应小于 5m。

(3) 垃圾收集点

不同的垃圾收集方式影响着不同环卫系统设施的配置，一般采用在居住区内布置垃圾收集点(如垃圾箱、垃圾站)的方式。居住区按住宅建筑分布设置垃圾收集点，服务半径不宜大于 70m，占地为 6~10m²。

11.8 防灾规划

居住区防灾工程规划主要包括三个方面：消防规划、抗震规划、人防规划等。

11.8.1 消防规划

居住区消防规划应结合城市规划，按照消防要求，合理布置居住区和各项市政工程设施，提供消防安全条件。

1. 建筑防火间距的规定

根据居住区建筑物的性质和特点，各类建筑之间应有必要的防火间距，具体应按国家标准《建筑设计防火规范》(GB 50016—2006)和《高层民用建筑防火规范》(GB 50045—95)中的有关规定执行，参见表 11-21、表 11-22。

表 11-21　　　　　　　　　　民用建筑防火间距

耐火等级 防火间距(m) 耐火等级	一、二级	三级	四级
一、二级	6	7	9
三级	7	8	10
四级	9	10	12

表 11-22　　　　　　　　　　　建筑物的防火间距

防火间距(m)	建筑类别	高层民用建筑		其他民用建筑		
		主体建筑	附属建筑	耐火等级		
高层民用建筑				一、二级	三级	四级
主体建筑		13	13	13	15	18
附属建筑		13	6	6	7	9

在城市居住区内，为了满足居民生活的需求，设置了一些生活服务设施，如煤气调压站、液化石油气瓶库等，工业企业居住区还配建了具有火灾危险性的生产性建筑，这些建筑与民用建筑的防火间距按表 11-23 执行。

表 11-23　　　　　　建筑物与厂房、库房、调压站等的防火间距(m)

名称		高层民用建筑	一类		二类	
		防火间距(m)	主体建筑	附属建筑	主体建筑	附属建筑
甲、乙类厂(库)房	耐火等级	一、二级	50	45	45	35
		三、四级				
丙、丁、戊类厂(库)房	耐火等级	一、二级	20	15	45	13
		三、四级	25	20	20	15
煤气调压站(进口压力 MPa)		0.005~0.15	20	15	15	13
		0.15~0.30	25	20	20	15
煤气调压箱(进口压力 MPa)		0.005~0.15	15	13	13	6
		0.15~0.30	20	15	15	13
液体石油气气化站、混气站	总储量(m³)	<30	45	40	40	35
		30~50	50	45	45	40
城市液体石油气供应站瓶库		>10	30	25	25	20
		<10	25	20	20	15

2. 消防通道的规定

城市居住区道路系统设计，应根据其功能结构、建筑布局等因素，分级设置；道路的宽度、走向、坡度等设计要素满足建筑防火要求，确保消防车辆的通行。按照国家建筑设计防火规范，具体规定如下：

(1)消防道路标准

消防道路宽度不应小于 4m，净空高度不应小于 4m；环形消防车道至少应有两处与其他车道连通，尽端式消防车道应设置回车道或回车场，回车场的面积不宜小于 15m×15m；供大型消防车使用时，不宜小于 18m×18m。

(2) 建筑的消防车道设置标准

街区内的道路应考虑消防车的通行，其道路中心线的间距不宜大于 160m；当建筑物沿街道部分的长度大于 150m 或总长度大于 220m 时，应设置穿过建筑物的消防车道；有封闭内院或天井的建筑物，当其短边长度大于 24m 时，宜设置进入内院或天井的消防车道；有封闭内院或天井的建筑物沿街时，应设置连通街道和内院的人行通道，其间距不宜大于 80m；消防车道距高层建筑外墙宜大于 5.0m。

11.8.2 抗震规划

居住区抗震规划应以城市抗震防灾规划为依据，合理布局居住区避难疏散场所，优化道路系统设置疏散通道，确定规划布局和建筑设计的抗震原则。

1. 避难疏散场地布局

居住区避难疏散场地的布局应与居住区公共空间（以居住区各级集中绿地空间为主）设置相结合，就近结合居住区、小区、组团等各级集中绿地及其他开阔场地设置，形成居住区避难疏散场地系统。各级疏散场地与住宅以及居住区外部有便捷、安全的疏散通道相联系，并符合无障碍标准。

固定避难疏散场地应具备一定的生活基本条件，宜采用面积较大、具有一定生活条件、交通条件良好的社区公园、大型公建设施。固定疏散避难场地选择地势较高、排水条件好、卫生条件好的地段。城市居住区抗震防灾除了要求具备充足的避难疏散场地以外，还要防止地震次生灾害的发生，主要是防止火灾。为减少次生灾害损失，需要将居住区划分为防灾单元，设置防火分区和防火隔离带。

避难疏散场地的面积规模计算通常采用人均避震疏散面积法，不同烈度设防区域对疏散场地要求不同，具体规定参见表 11-24。

表 11-24　　　　　　　　　　　　　人均避震疏散面积

城市设防烈度	6	7	8	9
面积（m²）	1.0	1.5	2.0	2.5

2. 疏散通道设置

居住区疏散道路指疏散场地周围道路、通向城市疏散场地的道路，一般为居住区级和小区级道路，道路宽度不小于 15m。居住区疏散道路应平缓畅通，并布置在房屋倒塌范围之外。房屋倒塌范围，一般其最远点与房屋的距离大体上不超过房屋高度的一半。

疏散通道要求两旁建筑具有高一级的抗震性能和防火性能，以免房屋倒塌、高空物体下落对疏散人群造成伤害。另外，沿疏散通道的管线应具有较高的抗震能力，以保证疏散道路的消防安全。

3. 规划布局和建筑设计的抗震原则

从居住区规划布局的角度，一般可以按以下原则进行抗震处理：居住区选择用地应避免在地质上有断层通过或断层交汇地带,特别是有活动断层的地段进行建设;居住区的建筑与建筑之间保留必要的空间和建筑间距,以保证建筑物震时倒塌不致影响或阻塞疏散通道;建筑间距以不小于1.1~1.5倍建筑高度为宜,高耸构筑物应与住宅(包括锅炉房)保持不小于1/3~1/4的安全距离;合理预留震时为人员疏散、抗震救灾修建临时建筑的用地;规划道路考虑震时避难、疏散和救援的需要,保证必要的通道宽度,并有多个出口;充分利用居住区各级绿地开放空间作为避难疏散场地。

从建筑设计的角度,一般可以按以下原则进行抗震处理:尽量选择有利于抗震的场地和基地;选择经济合理、技术可行的抗震结构方案;建筑物平面布局中,长宽比例应适度,平面刚度应均匀,宜采用矩形、方形、圆形等形状规整的平面形式;加强建筑构件之间的连接,并使连接部位有较好的延性,尽量不做或少做地震时宜倒塌脱落的构件;在满足抗震强度的前提下,尽量采用轻质材料来建造主体结构和围护结构,以减轻建筑自重。

11.8.3 人防规划

在居住区规划中,按照有关标准,人防建筑面积的额定标准按居住区总建筑面积的2%设置,或按地面建筑总投资的6%左右设置。

居住区人防工程的构筑方式一般采取防空地下室,即按照防护要求,在高大或坚固的建筑物底部修建的地下室。其特点如下:不受地形条件影响,不单独占城市用地,便于平时利用;可以利用地面建筑增加工事防护能力;地下室与地面建筑物基础合为一体,可降低工程造价;能有效地增强地面建筑的抗震能力。

居住区人防地下室战时用途应以居民掩蔽为主,规模较大的居住区的人防地下室项目应尽量配套齐全。人防地下室主要包括掩蔽部和生活必需的房间,抗力等级一般为五级。

11.9 居住区工程规划中的管线综合

管线工程综合的任务是分析现状和规划的各类管线工程资料,发现并解决它们相互之间以及与道路、铁路、建筑设施之间在平面位置、立面位置与相互交叉布置时存在的矛盾,做出综合调整规划设计,使它们各得其所,以指导和修正各类工程管线的设计。

11.9.1 管线敷设与输送方式

管线敷设与输送方式有如下几种分类方法。

1. 按输送方式分

压力管线:指管道内流体介质由外部施加压力使其流动的工程管线,通过一定的压力设备将流体介质由管道系统输送给终端用户。给水、燃气、热力管道属于此类。

重力自流管线:管道内流体在重力作用下沿其设置的方向流动的工程管线。这类管线有时还需要中途提升设备将流体介质引向终端用户。污水、雨水管道系统即为重力自流管。

2. 按敷设方式分

架空线：指通过地面支撑设施在空中布线的工程管线，如架空电力线、架空电信线等。

地铺管线：指在地面敷设明沟或盖板明沟的工程管线，如雨水沟渠、地面各种轨道等。

地埋管线：指在地面以下有一定覆土深度的工程管线。根据覆土深度不同，地下管线可分为深埋和浅埋两类。所谓深埋，是指管道的覆土深度大于1.5m，覆土深度小于1.5m则称为浅埋。我国北方地区土壤冰冻厚度较深，一般给水、排水、煤气、热力等管道需要深埋，以防冻裂。而电力、电信线路不受冰冻影响，则可浅埋。

3. 按弯曲程度分

可弯曲管线：指通过加工易将其弯曲的管线。

不易弯曲管线：指通过加工不易将其弯曲的工程管线或强行弯曲会损坏的工程管线。

11.9.2 管线综合布置原则

居住区管线众多，各自特征不同。综合布置时不但要符合各自特征，还要遵循综合布局的原则：

(1) 各种管线的定位应采用城市统一的坐标和标高系统。

(2) 各种管线的埋设顺序应符合下列规定：

① 离建筑物的水平排序，由近及远宜为：电力管线或电信管线、煤气管、热力管、给水管、雨水管、污水管；

② 各类管线的垂直排序，由浅入深宜为：电信管线、热力管、小于10kV电力电缆、大于10kV电力电缆、煤气管、给水管、雨水管、污水管。

(3) 电力电缆与电信管缆宜远离，并按照电力电缆在道路东侧或南侧、电信管缆在道路西侧或北侧的原则布置。

(4) 管线之间遇到矛盾时，应按下列原则处理：

① 临时管线避让永久管线；

② 小管线避让大管线；

③ 压力管线避让重力自流管线；

④ 可弯曲管线避让不可弯曲管线。

(5) 所有管线均应力求短捷，少转弯，少交叉，尽量和道路平行或垂直敷设。

(6) 地下管线上部覆土深度应符合地下管线最小覆土深度的要求。

(7) 各类管线之间及其与其他建筑、设施的最小水平、垂直间距应符合地下管线最小水平净距和地下管线交叉最小垂直净距的要求。

(8) 为方便施工、检修和不影响交通，地下管线尽可能不要布置在交通频繁的机动车道下面，可优先考虑敷设在绿地或人行道下面，尤其是小口径给水管、煤气管、电力电信管缆。其次，才考虑布置在非机动车道下面。大管径的给水管、雨水管、污水管等较少检修的管道才可布置在机动车道下面。

(9) 架空线之间的距离应符合架空线最小垂直距离、水平距离的规定。

11.9.3 管线综合术语与技术规定

1. 综合术语

(1)管线水平净距　指平行方向敷设的相邻两管线外表面之间的水平距离。

(2)管线垂直净距　指两条管线上下交叉敷设时，从上面管道外壁最低点到下面管道外壁最高点之间的垂直距离。

(3)管线埋设深度　指地面到管线内底的距离，即地面标高减去管道内底标高。

(4)管线覆土深度　指地面到管线顶的距离，即地面标高减去管顶标高。

(5)同一类别管线　指相同专业，且具有同一使用功能的工程管线。

(6)不同类别管线　指具有不同使用功能的管线。

(7)专项管沟　指敷设同一类别工程管线的专用管沟。

(8)综合管沟　指不同类别工程管线的专用管沟。

2. 技术规定

(1)各种地下管线之间最小水平净距

各种地下管线之间最小水平净距如表 11-25 所示。

表 11-25　　　　各种地下管线之间最小水平净距(m)

管线名称		给水管	排水管	燃气管			热力管	电力电缆	电信电缆	电信管道
				低压	中压	高压				
排水管		1.5	1.5	—	—	—	—	—	—	—
燃气管	低压	1.0	1.0	—	—	—	—	—	—	—
	中压	1.5	1.5	—	—	—	—	—	—	—
	高压	2.0	2.0	—	—	—	—	—	—	—
热力管		1.5	1.5	1.0	1.5	2.0	—	—	—	—
电力电缆		1.0	1.0	1.0	1.0	1.0	2.0	—	—	—
电信电缆		1.0	1.0	1.0	1.0	2.0	1.0	0.5	—	—
电信管道		1.0	1.0	1.0	1.0	2.0	1.0	1.2	0.2	—

注：(1)表中给水管与排水管之间的净距适用于管径小于或等于200mm，当管径大于200mm时应大于或等于3.0m。

(2)大于或等于10kV的电力电缆与其他任何电力电缆之间应大于或等于0.25m，如加套管，净距可减至0.1m；小于10kV电力电缆之间应大于或等于0.1m。

(3)低压煤气管的压力为小于或等于0.005MPa，中压为0.005~0.3MPa，高压为0.3~0.8MPa。

(2)各种地下管线之间最小垂直净距

各种地下管线之间最小垂直净距如表 11-26 所示。

表 11-26　　　　　　　　各种地下管线之间最小垂直净距(m)

管线名称	给水管	排水管	煤气管	热力管	电力电缆	电信电缆	电信管道
给水管	0.15						
排水管	0.4	0.15					
煤气管	0.1	0.15	0.1				
热力管	0.15	0.15	0.1				
电力电缆	0.2	0.5	0.2	0.5	0.5		
电信电缆	0.2	0.5	0.1	0.15	0.2	0.1	0.1
电信管道	0.1	0.15	0.1	0.15	0.15	0.15	0.1
明沟沟底	0.5	0.5	0.5	0.5	0.5	0.5	0.5
涵洞基底	0.15	0.15	0.15	0.15	0.5	0.2	0.25
铁路轨底	1.0	1.2	1.0	1.2	1.0	1.0	1.0

(3)各种管线与建筑物、构筑物之间的最小水平间距

各种管线与建筑物、构筑物之间的最小水平间距如表 11-27 所示。

表 11-27　　　　　　各种管线与建(构)筑物之间的最小水平间距(m)

管线名称		建筑物基础	地上杆柱(中心)				铁路(中心)	城市道路侧石边缘	公路边缘
			通信、照明<10kV	≤35kV		>35kV			
给水管		3.00	0.50	3.00			5.00	1.50	1.00
排水管		2.50	0.50	1.50			5.00	1.50	1.00
煤气管	低压	1.50	1.00	1.00		5.00	3.75	1.50	1.00
	中压	2.00					3.75	1.50	1.00
	高压	4.00					5.00	2.50	1.00
热力管	直埋	2.50	1.00	2.00		3.00	3.75	1.50	1.00
	地沟	0.50							
电力电缆		0.60	0.60	0.60		0.60	3.75	1.50	1.00
电信电缆		0.60	0.60	0.60		0.60	3.75	1.50	1.00
电信管道		1.50	1.00	1.00		1.00	3.75	1.50	1.00

注：①表中给水管与城市道侧石边缘的水平间距 1.00m 适用于管径小于或等于 200mm，当管径大于 200mm 时应大于或等于 1.50m。

②表中给水管与围墙或篱笆的水平间距 1.50m 适用于管径小于或等于 200mm，当管径大于 200mm 时应大于或等于 2.50m。

③排水管与建筑物基础的水平间距，当埋深浅于建筑物基础时应大于或等于 2.50m。

④表中热力管与建筑物基础的最小水平间距对物管沟敷设的热力管道为 0.50m；当直埋闭式热力管道管径小于或等于 250mm 时为 2.50m，管径大于或等于 300mm 时为 3.00m；对于直埋开式热力管道为 5.00m。

(4)管线与绿化树种间的最小水平净距

管线与绿化树种间的最小水平净距如表11-28所示。

表11-28　　　　　　　管线与绿化树种间的最小水平间距(m)

管线名称	最小水平净距	
	乔木(至中心)	灌木
给水管、闸井	1.5	不限
污水管、雨水管、探井	1.0	不限
煤气管、探井	1.5	1.5
电力电缆、电信电缆、电信管道	1.5	1.0
热力管	1.5	1.5
地上杆柱(中心)	2.0	不限
消防龙头	2.0	1.2
道路侧石边缘	1.0	0.5

(5)架空管线之间及其与建(构)筑物之间的最小水平间距

架空管线之间及其与建(构)筑物之间的最小水平间距如表11-29所示。

表11-29　　　架空管线之间及其与建(构)筑物之间的最小水平间距(m)

名称		建筑物(凸出部分)	道路(路缘石)	铁路(轨道中心)	热力管线
电力	10kV 边导线	2.0	0.5	杆高加3.0	2.0
	35kV 边导线	3.0	0.5	杆高加3.0	4.0
	110kV 边导线	4.0	0.5	杆高加3.0	4.0
电信杆线		2.0	0.5	4/3 杆高	1.5
热力杆线		1.0	1.5	3.0	—

(6)架空管线之间及其与建(构)筑物之间的最小垂直间距

架空管线之间及其与建(构)筑物之间的最小垂直间距如表11-30所示。

表11-30　　　架空管线之间及其与建(构)筑物之间的最小水平间距(m)

名称		建筑物(顶端)	道路(地面)	铁路(轨顶)	电信线		热力管线
					电力线有防雷装置	电力线无防雷装置	
电力	10kV 及其以下	3.0	7.0	7.5	2.0	4.0	2.0
	35~110kV	4.0	7.0	7.5	3.0	5.0	3.0
电信线		1.5	4.5	7.0	0.6	0.6	1.0
热力管线		0.6	4.5	6.0	1.0	1.0	0.25

注：横跨道路或无轨电车轨电线平行的架空电力线距地面应大于9m。

(7) 工程管线最小覆土深度

工程管线最小覆土深度如表 11-31 所示。

表 11-31 工程管线的最小覆土深度（m）

序号		1		2		3		4	5	6	7
管线名称		电力管线		电信管线		热力管线		燃气管线	给水管线	雨水排水管线	污水排水管线
		直埋	管沟	直埋	管沟	直埋	管沟				
最小覆土深度(m)	人行道下	0.50	0.40	0.70	0.40	0.50	0.20	0.60	0.60	0.60	0.60
	车行道下	0.70	0.50	0.80	0.70	0.70	0.20	0.80	0.70	0.70	0.70

注：10kV 以上直埋电力电缆管线的覆土深度不应小于 1.0m。

11.9.4 管线综合规划的步骤

1. 基础资料的收集

收集基础资料是居住区工程管线综合规划的基础。收集资料应尽量详尽、准确。居住区工程管线综合规划的基础资料有下列几类：

(1) 自然地形资料

居住区内地形、地貌、地物，地面高程、河流水系等。一般从规划委托方提供的最新地形图(1/500~1/1000)上取得。

(2) 土地利用状况资料

居住区详细规划总平面图(1/500~1/1000)，居住区内现有和规划的各类用地、建筑物、构筑物、铁路、道路、铺装硬地、绿化用地等。

(3) 道路系统资料

居住区内现状和规划道路系统平面图(1/500~1/1000)，各条道路横断面图(1/100~1/200)，道路控制点标高等。

(4) 竖向规划资料

居住区竖向规划图，包括各道路和地块控制点的标高和坡度。

(5) 各专业工程现状与规划资料

居住区内现状各类工程设施和工程管线分布，各类专业工程详细规划的初步设计成果，以及相应的技术规范。

2. 汇总综合，协调定案

居住区工程管线综合规划的第二阶段是对基础资料进行汇总分析，将各专业工程详细规划的初步设计成果按一定的排列次序汇总到管线综合平面图上，检出管线之间的矛盾及不协调之处，组织相关专业讨论调整方案。其具体步骤如下：

(1) 制作工程管线综合规划底图

制作底图是规划人员对各种基础资料进行第一次筛选，有选择地摘录与工程管线综合相关的信息，要求既要全又要精。绘制管线综合规划底图包括了地形信息、各现状管线信息、规划总平面信息和竖向规划信息。这些信息需要进行分层处理，删除多余的信息，使底图尽量简明、清新。

(2) 工程管线平面综合

在工程管线综合原则的指导下，检验各该工程管线水平排列、不同种类管线之间的相互关系是否符合有关规范规定。通过绘制道路的横断面，根据各专业工程规划初步设计成果图将所有管线按水平位置间距的关系，寻找各自在道路横断面上的位置，检查各管线布置及相互关系是否存在矛盾，并依据有关规范进行研究，调整平面综合方案。

(3) 工程管线竖向综合

工程管线竖向综合是检查路段和道路交叉口工程管线在竖向分布上是否合理，管线交叉时垂直净距是否符合有关规范。

路段检查主要在道路横断面图上进行，逐条逐段地校核每条道路横断面中已经确定平面位置的各类管线有无垂直净距不足的问题。依据收集的基础资料，绘制各条道路断面图，根据各规划初步设计成果的工程管线截面尺寸、标高检查两条管道的垂直净距是否符合规范，在埋深允许的范围内给予调整，从而调整各专业规划。

道路交叉口是工程管线分布最复杂的地区。交叉口的管线综合是将规划区内主要道路交叉口平面放大至一定比例，按照工程管线综合的有关规范的垂直净距规定，调整部分工程管线的标高，使各条工程管线在交叉口能安全有序地敷设。

3. 编制规划成果

按照有关规范，编制居住区工程管线综合成果。

11.9.5 管线综合规划的成果

居住区工程管线综合成果主要包括管线工程综合规划平面图、道路管线横断面图、管线交叉点标高图和说明书。

1. 管线工程综合规划平面图

管线工程综合规划平面图的比例为 1∶500 或 1∶1000，图中内容包括建筑、道路、各类管线在平面上的位置、管径或管沟尺寸、排水管坡向、管线起止点及转折点的标高、坐标(也可用距离建筑或其他固定目标的距离表示)，管线交叉点上、下两管管底标高和净距(见图 11-3)。

各类管线在平面图中可以用不同的线条图例或者用各管线拼音的第一字母表示，管径可直接注在线上。如：

给水管	——G d300	—·—·—·—·—
污水管	——U d400	— — — — —
雨水管	——Y d500	—│—│—│—│—
煤气管	——M d100	—…—…—…
热力管、沟	——R d100	＝＝＝＝＝＝＝
电力电缆	——DL$_{10kV2\times240}$	—N—N—N
电信电缆、管道	——DX$_{36\times25}$	—/—/—/—/—

城市详细规划设计

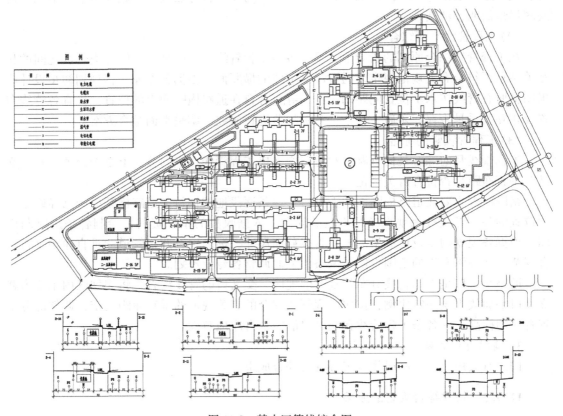

图 11-3　某小区管线综合图

2. 道路管线横断面图

道路管线横断面图常用比例为 1∶200，图上应标明：道路各组成部分及其宽度，包括机动车道、非机动车道、人行道、分车带、绿化带，现状及规划的管线在平面和竖向上的位置。横断面应标注路名、路段（图 11-4）。

3. 管线交叉点标高图

管线交叉点标高图的作用是检查和控制交叉管线的高程——竖向位置。管线交叉点标高通常有 3 种表达方式，根据管线复杂程度及实际应用需要决定采取哪一种，以简单明了绘制方便为佳。

（1）在管线综合平面上将各道路交叉口和管线点分别编号。如 1 号交叉口的各管线交叉点可分别编为 1—1、1—2、1—3……然后按编号顺序列出各交叉点的管线垂距表（表 11-32）。凡各类管线在交叉点发生矛盾的，均在附注中标明，并将综合后修正的数据填入表中。此方法虽然详尽，但图表分开使用起来不能一目了然。

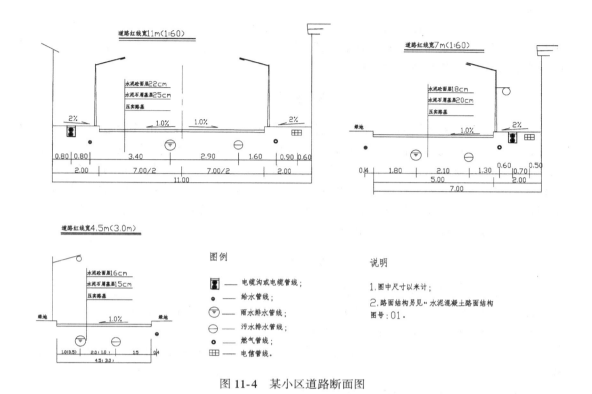

图 11-4 某小区道路断面图

表 11-32　　　　　　　　　　　　　管线交叉点垂距表

交叉口编号	交叉点编号	交叉地面标高	上管			下管			垂直净距（m）
			名称	管径（m）	管底标高	埋深（m）	名称	管径（m）	管底标高	埋深（m）	
1	1-1		给水				污水				
	1-2		给水				雨水				
	1-3		给水				雨水				
	1-4		雨水				污水				
	1-5		给水				污水				
	1-6		电讯				雨水				

（2）直接在管线综合平面图上的管线交叉点处画垂直距表，简表内容包括：交叉点上下管名称、管径、管底标高、净距、地面标高及坐标。此方法明了、使用方便，但交叉点多时，往往图上画不下垂距表。

（3）将管线交叉点的上、下管线名称及相邻外壁（即上管底至下管顶）的标高用线引注在管线综合平面图上。此法绘制简便，使用灵活，但不注明管底标高。

4. 说明书

居住区工程管线综合规划说明书的内容，包括所综合的各专业工程规划的基本布局，工程管线布置，国家和当地城市对工程管线综合的技术规范和规定，本工程管线综合规划的原则和要点，以及必须叙述的有关事宜。

本 章 小 结

居住区市政工程规划的主要内容是各类市政设施的配置，各类市政设施的布局及用地安排，各类市政管线的综合规划。居住区市政设施工程规划的步骤可以概括为：首先，对规划区内的工程设施及管线进行现状调查与分析；其次，依据详细规划布局、各专业总体工程规划的技术标准和工程设施与管线布局，计算规划区内工程设施的负荷，布置工程设施与管线，提出有关设施与管线的布置、敷设方式及防护规定；最后，进行工程管线综合规划，调整与协调各工程管线的布局。

思 考 题

1. 居住区给水工程规划的主要内容是什么？
2. 居住区的生活污水处理方式有哪些？雨水收集利用的方式有哪些？
3. 居住区的电力负荷预测的方法有哪些？
4. 居住区燃气设施布局的原则是什么？燃气设施与建筑物之间防火间距的规定是什么？
5. 居住区防灾工程规划包括哪些内容？
6. 居住区管线综合布置的原则是什么？

第 12 章 控制性详细规划

本章首先介绍了《城乡规划法》背景下的控制性详细规划的涵义，分析了控制性详细规划具有的重要特征，阐述了控制性详细规划在城乡规划体系中的重要地位及核心作用；接着重点介绍了控制性详细规划的控制体系和控制指标，分别从土地使用、城市形态、设施配套及行为活动等四个方面来说明控制体系的组成内容，并界定各控制指标的含义及内容；最后介绍了控制性详细规划的内容及编制程序、确定控制指标的方法、编制的成果要求与表达方式。

12.1 控制性详细规划概述

12.1.1 控制性详细规划的涵义

控制性详细规划是 20 世纪 80 年代中期以来，为适应我国改革开放和市场经济体制改革的要求，伴随着中国城市规划理论及实践的发展而出现并逐步发展起来的规划编制类型。

在我国《城市规划法》(1990)中没有控制性详细规划的相关条文。在"解说"的第二十条中指出："详细规划根据不同的需要、任务、目标和深度要求，可分为控制性详细规划和修建性详细规划两种类型。"第二十五条进一步指出："详细规划的任务是以总体规划或分区规划为依据，详细规定建设用地的各项控制指标和规划管理要求，或直接对建设项目作出具体的安排和规划设计。在城市规划区内，应根据旧区改建和新区开发的需要，编制控制性详细规划，作为城市规划管理和综合开发、土地有偿使用的依据。"

1991 年，国家建设部在《城市规划编制办法》中明确规定："详细规划的任务是以总体规划或者分区规划为依据，详细规定建设用地的各项控制指标和其他规划管理要求，或者直接对建设作出具体的安排和规划设计。详细规划分为控制性详细规划和修建性详细规划。根据城市规划深化和管理的需要，一般应编制控制性详细规划，以控制建设用地性质、使用强度和空间环境，作为城市规划管理的依据，并指导修建性详细规划的编制。"

2006 年，国家建设部在新版《城市规划编制办法》(2006)中再次明确规定："编制城市控制性详细规划，应当依据已经依法批准的城市总体规划或分区规划，考虑相关专项规划的要求，对具体地块的土地利用和建设提出控制指标，作为建设主管部门(城乡规划主管部门)作出建设项目规划许可的依据。编制城市修建性详细规划，应当依据已经依法批准的控制性详细规划，对所在地块的建设提出具体的安排和设计。"

2008 年，《城乡规划法》的颁布实施进一步强化了控制性详细规划的法定地位。其中的法定内容主要包括：

（1）控制性详细规划在城市规划体系中的层次："第二条　城市规划、镇规划分为总体规划和详细规划。详细规划分为控制性详细规划和修建性详细规划。"

（2）控制性详细规划的编制主体："第十九条　城市人民政府城乡规划主管部门根据城市总体规划的要求，组织编制城市的控制性详细规划，经本级人民政府批准后，报本级人民代表大会常务委员会和上一级人民政府备案。第二十条　镇人民政府根据镇总体规划的要求，组织编制镇的控制性详细规划，报上一级人民政府审批。县人民政府所在地镇的控制性详细规划，由县人民政府城乡规划主管部门根据镇总体规划的要求组织编制，经县人民政府批准后，报本级人民代表大会常务委员会和上一级人民政府备案。"

（3）控制性详细规划作为规划管理的法定依据："第三十七条　在城市、镇规划区内以划拨方式提供国有土地使用权的建设项目，经有关部门批准、核准、备案后，建设单位应当向城市、县人民政府城乡规划主管部门提出建设用地规划许可申请，由城市、县人民政府城乡规划主管部门依据控制性详细规划核定建设用地的位置、面积、允许建设的范围，核发建设用地规划许可证。第三十八条　在城市、镇规划区内以出让方式提供国有土地使用权的，在国有土地使用权出让前，城市、县人民政府城乡规划主管部门应当依据控制性详细规划，提出出让地块的位置、使用性质、开发强度等规划条件，作为国有土地使用权出让合同的组成部分。未确定规划条件的地块，不得出让国有土地使用权。"

（4）控制性详细规划的修改程序："第四十八条　修改控制性详细规划的组织编制机关应当对修改的必要性进行论证，征求规划地段内利害关系人的意见，并向原审批机关提出专题报告，经原审批机关同意后，方可编制修改方案。修改后的控制性详细规划，应当依照本法第十九条、第二十条规定的审批程序报批。控制性详细规划修改涉及城市总体规划、镇总体规划的强制性内容的，应当先修改总体规划。"

综上所述，控制性详细规划是《城市规划编制办法》中确定的规划层次之一，是城市总体规划与修建性详细规划的中间环节。控制性详细规划是以城市总体规划或分区规划为依据，考虑相关专项规划的要求，以土地使用控制为重点，详细规定城市建设用地性质、使用强度和空间环境等的各项具体控制指标和相关规划管理要求，为城乡规划主管部门作出建设项目规划许可提供依据，并指导修建性详细规划的编制。

12.1.2　控制性详细规划的特征

1. 具有公共政策的属性

《城市规划编制办法》（2006）中对城市规划的内涵有这样的界定："城市规划是政府调控城市空间资源、指导城乡发展与建设、维护社会公平、保障公共安全和公众利益的重要公共政策之一。"《城乡规划法》（2008）中明确了我国城市规划体系中的两个法定规划层次，分别为城市总体规划和控制性详细规划。由此可见控制性详细规划作为我国具有法定效力的规划编制层次之一，不仅仅是规划设计与管理的技术手段，其真正的意义在于它是以维护公众利益为目标的重要公共政策，体现明显的公共性、政策性与法律效力。

2. 刚性与弹性相结合的控制方式

控制性详细规划的控制引导性主要表现在对城市建设项目具体的定性、定量、定位、定界的控制和引导。控制性详细规划通过技术指标体系，来控制与引导土地使用与项目建设开发。

控制性详细规划的控制内容分为规定性和指导性两部分。规定性内容一般为刚性内容，主要规定"不许做什么"、"必须做什么"、"至少应该做什么"等，通过土地使用性质、土地使用强度、主要公共设施与配套设施、道路等规定性指标，来实行对土地开发的控制。指导性内容一般为弹性内容，主要规定"可以做什么"、"最好做什么"、"怎么做更好"等，通过人口容量、建筑形式、风貌及景观特色等指标来引导城市建设，具有一定的适应性与灵活性。同时，刚性与弹性相结合的控制方式也具有动态适应城市建设的特征，随着建设背景、前提和相关条件的变化，控制性详细规划需要进行不断的调整与修正。刚性的内容与弹性的内容之间也会在不同的条件下发生转变。

3. 具有法律效应

控制性详细规划作为法定规划，法律效应是其基本特征。控制性详细规划是城市总体规划宏观法律效应向微观法律效应的拓展。《城乡规划法》(2008)明确了控制性详细规划的权利与责任，控制性详细规划一经审批就具有法律效力，作为规划管理与城市建设应遵照的依据，其内容表现为对城市建设活动具有约束力的规范性文件。

4. 图则标定的表达方式

控制性详细规划是以文本和图则为主体的规划语言范式。图则标定是控制性详细规划在成果表达方式上区别于其他规划编制层次的重要特征，是控制性详细规划法律效应图解化的表现。控制性详细规划通过一系列抽象的指标、图表、图则等表达方式将城市总体规划宏观的控制内容、定性的内容、粗略的三维控制和量控制内容，深化、细化、分解为微观层面的具体控制内容。控制内容是一种规划管理与建设控制的引导，为具体的设计与实施提供意向框架，而非取代具体的设计内容。

12.1.3 控制性详细规划的地位与作用

在我国城乡规划体系和规划编制体系中，控制性详细规划是连接城市总体规划（分区规划）与修建性详细规划、规划设计与管理实施之间的，具有承上启下作用的关键性层次。控制性详细规划的编制是为了实现总体规划意图，对建设实施起具体指导作用，并成为城市规划主管部门依法行政的依据。

1. 承上启下的关键性编制层次

控制性详细规划向上衔接总体规划和分区规划，向下衔接修建性详细规划、具体设计与开发建设行为。从我国的城市规划编制体系来看，城市总体规划在城市发展建设中更多的是起到了宏观调控、综合协调和提供依据的作用。控制性详细规划以量化指标和控制要求将城市总体规划的宏观控制转化为对城市建设的微观控制，将总体规划的原则、意图、宏观的控制要求与控制指标进一步深化、细化、分解、落实，并转化为指导地段修建性详细规划、具体设计、土地出让的具体设计条件和控制要求。它具有宏观与微观，整体与局部的双重性质，是宏观战略与微观实施的结合点。

2. 规划管理与土地开发的法定依据

控制性详细规划可将总体规划宏观的管理要求转化为具体的地块建设管理指标，使规划编制与规划管理及城市土地开发建设相衔接。控制性详细规划将城市建设的规划控制要点，用简练、明确、适合操作的方式表达出来，作为控制土地批租、出让的依据，正确引导开发行为，实现土地开发的综合效益最大化。

《城乡规划法》第三十七条、第三十八条明确规定："城乡规划主管部门依据控制性详细规划核定建设用地的位置、面积、允许建设的范围，核发建设用地规划许可证。""城乡规划主管部门应当依据控制性详细规划，提出出让地块的位置、使用性质、开发强度等规划条件，作为国有土地使用权出让合同的组成部分。"可见，控制性详细规划具有在规划管理与土地开发行为上的法律效力和权威性。

3. 公共政策的载体

作为城市公共政策的载体，通过它特有的规划内容和规划手法，把诸如城市产业、城市用地、城市人口、城市环境保护等方面的政策转译成城市规划的技术语言，指导城市物质空间建设，在城市建设中充分体现和实施相关政策。控制性详细规划由于直接涉及城市建设中各个方面的利益，是城市政府意图、公众利益和个体利益平衡协调的平台，体现着在城市建设中各方角色的责、权、利关系，是实现政府规划意图、保证公共利益、保护个体权利的重要手段。

4. 城市设计控制与管理的重要手段

控制性详细规划将宏观城市设计、中观城市设计到微观城市设计的内容，通过具体的设计要求、设计导则以及设计标准与准则的方式体现在规划成果之中，借助其在地方法规和行政管理方面的权威地位，使城市设计要求在实施建设中得以贯彻落实。

12.2 控制性详细规划的控制体系和控制指标

12.2.1 控制性详细规划控制体系的构成

控制性详细规划的核心内容是控制指标体系的确定，控制指标体系是影响控制性详细规划控制功能发挥的最主要的内部性因素，其主要包括控制内容和控制方式两个层面。

1. 规划控制内容

控制性详细规划依据城市总体规划提出地区的发展目标，确定功能结构，并结合城市设计策略提出规划控制内容。根据规划编制办法、规划管理需要和现行的规划控制实践，控制指标体系由土地使用、城市形态、设施配套、行为活动等四方面的内容组成。

（1）土地使用

土地使用的内容分为土地使用控制和使用强度控制两方面。土地使用控制是对建设用地上的建设内容、位置、面积和边界范围等方面作出规定，其具体控制指标包括用地性质、用地边界、用地面积、五线控制和土地使用兼容性等。土地使用强度是对建设用地能够容纳的建设量和人口聚集量作出合理规定，其具体控制指标一般包括：容积率、建筑密度、绿地率、人口容量和空地率等。

（2）城市形态

城市形态控制是对城市空间环境、建筑群体关系与单体建筑建造的综合控制，其根本目的是协调城市整体形象和空间品质。这是规划控制的传统内容之一。城市形态一词较建筑建造一词更能强调控制性详细规划是从城市整体的角度提出规划控制要求。

城市形态的内容分为建筑建造控制和城市设计引导两方面。建筑建造控制是为了满足生产、生活的良好环境条件，对建设用地上的建筑物布置和建筑物之间的群体关系作出必要的技术规定，其主要控制指标有建筑高度、建筑间距、建筑后退等。城市设计引导是为了保障城市空间品质，依照空间艺术处理和美学原则，从城市空间环境对建筑单体和建筑群体之间的空间关系提出指导性综合设计要求和建议，其主要控制指标有建筑体量、建筑色彩、建筑形式、建筑空间组合、环境设施小品设置、建筑沿街界面控制等。

（3）设施配套控制

设施配套控制是提出地块上需配置的公共设施与市政设施的配套要求，以保障城市的正常运营。公共设施配套的主要控制指标包括教育、医疗卫生、商业服务、行政办公、文娱体育的配置要求，市政设施配套的主要控制指标包括各类市政工程管线、防灾设施的配置要求和地下空间开发利用的要求。

（4）行为活动控制

行为活动控制是从外部环境的要求，对建设项目就交通活动和环境保护两方面提出控制要求。交通活动的主要控制指标包括车行交通、公共交通、步行交通、停车场地及停车泊位的组织配置要求。环境保护的控制则是通过制定废弃物（渣、水、气）排放标准，提出降低噪声、避免光污染的控制要求，来保障环境质量。

2. 规划控制方式

控制方法层面是指为实现规划意图选取控制的手段。本着有效进行规划控制的原则，针对不同城市，不同用地功能和不同开发过程，控制方式可以分为规定性指标和指导性指标两大类。

规定性指标是一般情况下不能修改变更的具有控制与限定功能的刚性指标，主要包括用地性质、建筑面积、建筑密度、容积率、绿地率、建筑高度、建筑后退、交通出入口方位等。其中强制性内容包括用地性质建筑密度、容积率、绿地率、基础设施和公共服务设施等。指导性指标是在一定条件下可以进行调整变化的具有引导功能的弹性指标，主要包括人口容量、建筑形式、风格、体量、色彩等。规定性与指导性相结合的控制方式能够更好地适应市场的多变性与灵活性，确实发挥对城市空间控制与引导的作用。

表 12-1 列出了城市规划控制指标体系。

表 12-1　　　　　　　　　　　　规划控制指标体系

规划控制指标体系	土地使用	土地使用控制	用地性质	Q
			用地边界	G
			用地面积	G
			五线控制	G
			土地使用兼容性	Z

续表

规划控制指标体系	土地使用	使用强度控制	容积率	Q
			建筑密度	Q
			绿地率	Q
			人口容量(人/公顷)	Z
			空地率	Z
	城市形态	建筑建造控制	建筑高度	Q
			建筑间距	G
			建筑后退	G
		城市设计引导	建筑体量	Z
			建筑形式	Z
			建筑色彩	Z
			建筑沿街界面	Z
			建筑空间组合	Z
			环境设施小品设置	Z
			其他环境要求	Z
	设施配套	公共设施配套	教育设施	Q
			医疗卫生设施	Q
			商业服务设施	Q
			行政办公设施	Q
			文娱体育设施	Q
			附属设施	Z
		市政设施配套	给水设施	Q
			排水设施	Q
			供电设施	Q
			燃气设施	Q
			供热设施	Q
			环卫设施	Q
			防灾设施	Q
			地下空间	Q
	行为活动	交通活动控制	车行交通组织	G
			公共交通组织	Z
			步行交通组织	Z
			停车场地及停车泊位	G
			其他交通设施	Z
		环境保护规定	噪音震动等允许标准值	Z
			水污染允许排放量	Z
			水污染允许排放浓度	Z
			废气污染允许排放量	Z
			固体废弃物控制	Z

注：Q 代表由《城市规划编制办法》所确定的必须遵守的强制性指标，G 代表由《城市规划编制办法》所确定的规定性指标，Z 代表《城市规划编制办法》中所建议的指导性指标。

12.2.2 土地使用

1. 土地使用控制

土地使用控制是地块开发控制的核心内容,主要包括用地性质、用地边界、用地面积、五线控制等规定性指标,以及土地使用兼容性等指导性指标。

(1) 用地性质

用地性质指地块的主导用途和功能,主要包括居住用地、公共设施用地、工业用地、仓储用地、对外交通用地、道路广场用地、市政公用设施用地、绿地、特殊用地等。确定用地性质按《城市用地分类与规划建设用地标准》(GBJ 137—90)规定建设用地上的建设内容,包括10大类,46中类,73小类。控制性详细规划阶段的用地性质的确定,主要是以总体规划的用地性质划分为依据,进一步进行用地细分,一般要求控制到中小类。

(2) 用地边界

用地边界是规划用地和道路或其他规划用地之间的分界线,用来划分用地的权属。地块边界划分的实质是将规划控制目标分解到具体地块上,这是控制性详细规划的基础性工作。控制性详细规划阶段的用地边界划分,是在总体规划对城市建设用地进行大比例尺用地划分(定性、定区位)的基础上,对规划范围内用地在小比例尺图纸上再次进行详细划分,确定地块界线、用地面积、地块形状尺度,使其与规划要求的土地开发建设容量、基础设施条件相吻合,以方便规划管理,引导和指导开发建设。

用地边界划分,以总体规划和其他专业规划为依据,参照下列因素综合考虑:

①因地制宜。研究地块的特征并结合已有的地块及现状条件,尽量以自然边界或行政区边界来划分地块。

②尊重产权。尊重地块现有的土地使用权和产权边界。

③划分的标准化。单一性质划定地块,地块尺度与开发规模一致。

④满足城市"五线"规划等专业规划要求(城市"五线"指道路规划红线、绿地绿线、河湖水面蓝线、文物古迹保护紫线、市政基础设施黄线)。

(3) 用地面积

用地面积是城市规划行政主管部门确定的建设用地界线所围合的用地水平投影面积,单位为公顷(hm^2)。每块用地只计算一次,不得重复计算。用地面积和用地边界是地块控制指标计算的基础,是确定容积率、建筑密度、绿化率等指标的依据。

(4) 五线控制

五线控制是规划控制指标体系中的强制性内容。五线控制包括对红线、绿线、蓝线、紫线及黄线的控制。其中:

红线是指城市快速路、主干道、次干道、主要城市支路和集散广场的控制线、城市轨道交通控制线和影响线。

绿线是指城市各类绿地范围的控制线,具体指市、区级(组团级)公园绿地的用地控制线;需配置的居住区级公园绿地和其他公共绿地;重要的城市防护绿地界线;需占城市建成区面积2%以上的生产绿地。

蓝线是地表河流、湖泊、江水的岸线、水体保护和控制的地域界线。

紫线是指历史地段(历史文化街区)的保护范围界线和建设控制地带界线。

黄线是指交通设施、给排水、电力、电信、燃气、供热、环卫等重大基础设施用地范围的控制线。

(5)土地使用兼容性

土地使用兼容性即城市用地的适建要求,是对用地性质规定的充实。规划规定的每一块用地的主导使用性质不能轻易改变,但土地使用性质有其兼容性,规定以某一类土地使用性质为主导,与其他某类土地使用性质相混合来对土地使用性质进行控制。确定土地使用的兼容性分为两部分内容。

①划分用地的相容性

针对每一块用地,详细规定其相容条件,划分兼容的用地性质。如居住用地中沿街底层公建,即居住用地与商业的混合使用,形成商住用地(C/R、R/C)。工业园区,生产性服务产业的用地(商业、办公)与工业用地兼容,形成混合类用地(C/M)。

②确定相容比例

为了保证整个地块的主导功能性质,提出相容用地的各部分控制比例范围,称为相容比例。用地兼容程度依靠相容比例来确定。

2. 使用强度控制

使用强度控制主要是通过环境容量控制指标来进行地块开发强度控制和提出环境要求,主要指标包括容积率、建筑密度、绿地率等规定性指标,以及人口容量、空地率等指导性指标。

(1)容积率

容积率(floor area ratio)指建筑物地面以上各层建筑面积的总和与用地面积的比值,即建筑总面积/地块面积。容积率是衡量地块开发强度最基本的指标,是对规划地块内建筑总面积的规定。

容积率作为城市土地开发强度控制的核心指标,会受到多方面因素的影响。其主要影响因素包括三方面:

①受用地性质及区位的影响:对于土地开发强度,各区块内不同性质的用地,有不同的使用要求和特点。

②满足城市建筑空间控制的要求:从宏观的城市整体面貌到具体的建筑形体空间,容积率都起到控制作用。

③受环境容量的限制:地块的容积率所确定的建筑面积的总和要与总人口容量相对应,不能超过上层次规划所规定的该区域人口总容量。

(2)建筑密度

建筑密度(building density)指规划地块内各类建筑物的基底总面积占用地面积的比例,即建筑基底总面积/地块面积。建筑密度反映着地块建筑布局的密集程度,是衡量地块开发强度与环境质量的综合性指标。在一定程度上,建筑密度意味着房屋的间距大小、绿地、室外活动空间的多少、采光通风等卫生条件及消防条件的优劣和居住环境质量的高低,同时也影响建设成本和经济效益。

建筑密度的内容是由城市整体建筑密度和建设用地内建筑密度(包括居住区用地、办公区用地等)两方面构成。城市整体的建筑密度是宏观的,主要受城市功能、布局、用地分类组成等的影响,属于城市总体规划用地平衡的内容。如武汉市的中心城区按照城市建筑密度的大小、城市生活居住环境的质量等级等因素,划分为密度一区、密度二区和密度三区,进行建筑规划控制。建设用地内建筑密度则受建筑容量、建设开发规模等的影响,指地块内特定建筑密度的上限控制值,更多属微观层次范畴。

(3)绿地率

绿地率(greening rate)指地块内各类绿化用地总面积占地块总用地面积的比例,即绿地总面积/地块面积,反映城市绿化水平的基本指标之一。城市的总绿地率是指城市建成区内各类绿化用地总面积占城市建成区总面积的比例,这里所说的各类绿地必须符合国标《城市用地分类与规划建设用地标准》(GBJ 137—90)的规定。在控制性详细规划阶段,绿地率通常采用特定地块内绿地率的下限值。如对于居住区而言,绿地率所指居住区用地范围内各类绿地面积的总和占居住区用地的比率(%)。"居住区用地范围内各类绿地"主要包括公共绿地、宅旁绿地、公共服务设施所属绿地和道路绿地(即道路红线内的绿地)等。在国标《城市居住区规划设计规范》GB 50180—93 中规定,新区建设绿地率不得低于30%。

(4)人口容量

人口容量(population density)即居住人口密度,是指单位建设用地上容纳的居住人数(人/公顷)。人口容量是从使用者的角度提出要求,在用地环境和设施承载力范围内,确定的人口最大极限规模。

人口密度对于居住区用地而言,分为人口毛密度和人口净密度。人口毛密度指每公顷居住区用地上容纳的规划人口数量。人口净密度指每公顷住宅用地上容纳的规划人口数量。

(5)空地率

空地率(open space ratio)是国际上普遍采用的控制指标,反映对地块内开敞空间的控制要求,保障城市开敞空间的数量和质量。空地率指开敞空间总面积占地块用地面积的比例,其中开敞空间总面积指地块用地面积与各类建筑物的基底总面积的差值。根据空地率与建筑密度的定义可知,二者之和为1。

12.2.3 城市形态

1. 建筑建造控制

建筑建造控制是从建筑与周边环境的关系层面出发,对建筑形态提出的控制要求,主要包括建筑高度、建筑间距、建筑后退等规定性指标和建筑管理规定。

(1)建筑高度

建筑高度即建筑控制高度,指建筑允许建造的极限高度,属规定性指标,影响建筑高度的主要包括两个因素,即地块开发强度因素与城市整体形态因素。

地块开发强度的控制包含了容积率、建筑密度、建筑高度三个要素。通过各自定义可得,三者之间存在如下数学关系:

$$容积率 = 建筑高度 \times 建筑密度 / 平均层数$$

由此可知，建筑密度一定时，建筑高度与容积率成正比关系，高容积率与高层建筑往往是并存的。通过对容积率、建筑密度、建筑高度三要素的综合协调，可以有效控制地块开发强度。

建筑控制高度的提出需要以城市整体形态分析为基础。上一规划层次的城市空间形态规划（或者称为城市高度分区规划）是控制性详细规划阶段对建筑高度控制的依据，其主要作用就是：明确城市风貌特色控制要求，城市级的空间形态控制要求，城市级的轴线、通廊，城市级的地标、节点等。

(2) 建筑间距

建筑间距是指两栋建筑物或构筑物外墙之间的水平距离的最小值，属规定性指标。建筑间距的控制是使建筑物之间保持必要的距离，满足日照、消防、卫生、环保、工程管线和建筑保护等方面的基本要求。常用的建筑间距分为日照间距和消防间距。

日照间距主要用于居住建筑，特指被遮挡住宅的南侧外墙面与遮挡建筑的最高遮光点垂直投影线的水平距离。合理的日照间距是高质量居住环境的保障，在《居住区规划设计规范》(2002) 中对住宅日照标准、住宅正面间距、住宅侧面间距都有严格的规定。在《城市规划编制办法》(2006) 中新增了强制性内容：修建性详细规划中必须对住宅、医院、学校和托幼等建筑进行日照分析，强调了日照分析和建筑日照间距对于维护居住质量和公共利益的重要性。我国城市规划管理中控制日照间距的方法基本都采用系数法，即以拟建建筑物高度系数来确定建筑间距的方法。根据城市密度分区的不同，选择不同的日照系数来控制建筑间距。

消防间距要满足消防的需要，根据我国现行建筑设计防火规范，多层民用建筑之间应不少于 6m，高层民用建筑之间应不少于 13m，多层与高层民用建筑之间应不少于 9m。消防间距通常用来控制建筑的侧面间距。

(3) 建筑后退

建筑后退的控制主要是指建筑与周边环境及设施之间必要的距离，属规定性指标，其目的是为了满足城市公共空间、城市景观及城市基础设施的需求。常见建筑后退包括后退用地红线、道路红线、绿地绿线、河道蓝线、文物紫线、基础设施黄线，其退让距离除必须考虑消防、防汛、交通安全等方面因素外，还应考虑城市景观、城市公共活动空间的要求等。

2. 城市设计引导

城市设计引导的控制指标构成有别于以土地使用控制为重点的客体要素，它是与城市形态和空间环境紧密联系的。主要控制指标包括：建筑体量、建筑形式、建筑色彩、建筑沿街界面、建筑空间组合、环境设施和小品设置以及其他环境要求等指导性指标。

(1) 建筑体量

建筑体量主要是体积的概念，包括建筑的高低、大小和形状等，是对建筑形态最全面的描述。建筑体量的控制应从城市整体形态出发，以建筑竖向和横向尺度控制为主要内容，采用建筑最大对角线与建筑高度相结合的方法对建筑体量进行限定。建筑体量控制的目的，主要是为了保护城市的重要景观、重要的视廊和城市天际轮廓线以及城市的肌理不受建筑开发的破坏。

(2) 建筑形式与色彩

建筑形式与色彩是城市地方特色与建筑文化的重要体现，对提高城市空间品质和城市艺术水平有着重要意义。结合城市整体空间环境的控制要求，对地块内建筑形式与色彩进行控制与引导，使其与周边环境相协调。建筑形式的控制元素包括建筑风格、建筑立面形式、建筑屋顶形式、建筑材料的选择等。建筑色彩控制通常是对建筑主色调的规定。

(3) 建筑沿街界面

建筑沿街界面控制的目的是在保障街道空间自然采光和通风的基础上，通过对建筑临街高度、沿街连续墙面宽度、街道节点空间等要素的限定，从而强化街道空间的围合感，塑造连续的街道空间界面和尺度宜人的城市外部空间。

(4) 建筑空间组合

建筑空间组合属于建筑组群空间环境的控制，是建筑群体的空间组合模式，强调建筑之间空间组合的关系。建筑空间组合控制主要针对地块的整体开发，通过构造空间总体形态、确定核心空间、确定出入口方位、划定主要道路、确定空间组合模式等方法进行控制。一般而言，地块为居住功能，其建筑空间组合为围合模式或行列式；若为商业、办公等综合功能，其建筑空间组合宜采取界面式或独立式。

(5) 环境设施和小品设置

环境设施和小品主要指城市外部空间中为人们提供休息和交往等公共服务的设施，具有美化空间环境的功能。城市环境设施和小品主要包括休息设施、方便设施、绿化配置、雕塑小品、广告等类型。其主要控制内容是确定绿化植被、雕塑、标识、公厕等环境设施和小品在外部空间等系统中的构成和组合关系，以及确定它们的景观特征及其分布、位置等。

12.2.4 设施配套

设施配套控制是对居住、商业、工业、仓储等用地上的公共设施和市政设施建设提出定量的配置要求。

1. 公共设施配套控制

公共设施配套的主要控制指标包括教育、医疗卫生、商业服务、行政办公、文娱体育、防灾设施的配置要求，属于强制性指标。

公共设施主要分为两个层次，一是城市总体规划层面上的公共服务设施，主要指市级的行政办公、商业金融、文化娱乐、体育设施、医疗卫生、教育科研等设施。二是不同性质用地上的公共服务设施，如居住区内的公共服务设施、工业区内的公共服务设施及仓储用地的公共服务等。

公共设施多属于公益性，在实际建设中由于经济利益的驱动往往被忽视。控制性详细规划出于对公共利益的保障，需要更加明确公共设施的配套要求，包括大、中型公共设施的布局，小型公共设施的布点，以及公共设施建设规模、附加建设条件、服务半径等控制要求。

2. 市政设施配套控制

市政设施配套的主要控制指标包括各类市政工程管线的配置要求、防灾设施和地下空间开发利用的要求，属于强制性指标。

(1) 市政工程管线

市政工程管线控制应与城市工程管线规划同步，根据规划建设容量，确定市政管线位置、管径和工程设施的用地界线，进行管线综合。市政工程管线包括给水、排水、电力、电信、燃气、供热等。

各专业管线规划的控制性详细内容分别为：

①给水工程：分析现状给水系统情况；计算用水量，提出水压要求；落实上一层次规划给水设施数量、位置和用地范围；布置给水管网并计算管径。

②污水工程：分析现状污水系统情况；计算规划区污水量；落实上一层次规划污水设施或确定规划区内污水设施种类、数量、位置和用地范围；布置污水管道并计算管径、标高。

③雨水工程：分析现状雨水系统情况；提出规划区雨水流量计算式；落实上一层次规划雨水设施或确定规划区内雨水设施种类、数量、位置和用地范围；布置雨水管道并计算管径、标高。

④电力工程：分析规划区电力系统现状，确定供电条件；计算规划区用电负荷，确定供配电设施容量；落实上一层次规划在本规划区内的供电设施；确定规划区内供电设施的数量、容量、位置及用地面积；确定中压配电线路回数、走向、导线截面及敷设方式。

⑤电信工程：预测规划区内的通信需求；落实上一层次规划的电信设施；确定规划区内的电信局数量、规模、位置及面积；提出规划区内各种通信管线路由敷设方式、管孔数及其他相关要求；落实规划区内其他广播通信设施数量、位置及用地面积；落实规划区内邮政设施数量、等级、位置及用地面积。

⑥燃气工程：现状燃气系统和用气情况分析，上一层次规划要求及外围供气设施；计算燃气负荷；落实上一层次规划的燃气设施；确定配气设施数量、规模、位置及用地面积；布置配气管网；计算管径。

⑦供热工程：分析供热现状，了解规划区内可利用热源；预测规划区供热负荷；落实上一层次规划确定的供热设施用地；确定本规划区内的锅炉房及热力站等供热设施数量、供热能力、位置及用地面积；布置供热管道并计算管道规格，确定管道位置。

⑧环卫工程：估算规划区内固体废弃物产量；布局废物箱、垃圾收集点、垃圾转运站、公厕、环卫管理机构等设施；确定其位置、服务半径、用地、防护隔离措施。

⑨管线综合：检查规划区内各专业工程管线之间是否存在矛盾；确定各种工程管线的平面排列位置；提出工程管线基本埋深和覆土要求；提出对各种专业工程规划的调整意见。

(2) 防灾设施

防灾规划内容主要包括消防规划、防洪规划、人防规划及抗震规划。消防规划内容主要包括提出消防对策，规划消防标准，布置消防站。防洪规划内容主要包括提出防洪标准及防洪工程措施。人防规划内容主要包括设置人防掩蔽工程设施及疏散通道。抗震规划内容主要包括布局避震疏散场地及震时疏散通道。

(3) 地下空间利用

随着城市经济实力、建设水平的提高和集约使用土地的需要，地下空间的综合开发越来越成为城市开发建设的一项重要内容。通过合理开发利用地下空间，可促进新建项目地面与地下同步发展，落实地下空间的配建标准和利用率；理顺地下生命线网络，增强城市综合防灾能力；发展地下交通系统，缓解地面交通矛盾；鼓励适度开发地下公共服务空间，充分发挥地下空间的经济效益；构建基础设施地下系统，提高城市服务质量。

地下空间利用规划应遵循的原则：经济发展与开发利用相结合；地下空间与地上空间协同发展；浅层空间与深层空间分层开发；技术特性与空间特性相结合。

城市地下空间开发利用详细规划，应以总体规划为依据，着重研究并确定以下几方面的内容：各类地下设施建设的技术指标与要求；各类地下设施的空间界面、相互关系与空间整合要求；各类地下设施出入口的设置要求与实施措施；各类地下设施建设的技术措施；各类地下设施投资估算及综合技术经济分析等。具体技术指标包括：地下街区设计、地下道路设计、地下停车空间设计、环境设计引导、竖向标高、基础设施等。

12.2.5 行为活动

行为活动控制是对建设项目从交通活动和环境保护两个方面提出控制要求。

1. 交通活动控制

控制详细规划阶段的交通活动控制，主要控制指标包括交通需求分析、车行交通组织、公共交通组织、步行交通组织、停车场地及停车泊位的配置要求。

(1) 交通需求分析

交通需求分析是交通活动控制的基础指标，与地块开发容量、人口容量等指标密切相关，其目标是预测规划地块产生的交通流量与分布特征，为地块道路交通规划提供依据。研究方法是对地块这一层次规划的相关指标进一步分析，采用定量分析为主定性分析为辅的方法，对地块交通流量的时空分布特性加以研究，提出交通需求流量预测值。

交通需求通常采用四阶段模型法进行预测，即研究地块出行生成、出行分布、方式选择与出行分配。出行生成是研究单元地块的出行生成总量；出行分配将在地块出行生成量的基础上，建立地块出行起点—迄点的 O-D(origin-destination) 分布矩阵；方式选择是确定交通方式(车行、步行、公共交通等)的种类及比例关系；出行分配将已经预测出的地块 OD 交通量，按照一定的规则符合实际地分配到道路网中的各条道路上，并求出各条道路的交通流量。

(2) 车行交通组织

车行交通组织的主要内容包括路网结构深化和出入口的控制两个方面。

路网结构深化：以城市总体规划或分区规划中确定的城市规划区内主次干路为依据，根据规划用地规模及地块的使用性质，深化规划区内各级支路路网，并确定各级道路的红线、断面形式、道路控制点坐标及标高，确定道路交叉口的形式及渠化措施，确定交通设施位置及规模。

对交通方式与出入口设置的规定：交通出入口位置、数量，禁止机动车出入口路段，交通运行组织规定、地块内允许通过的车辆类型。

民用建筑设计通则(GB 50352—2005)中有关交通控制的规定如下：

①基地道路出入口方位

基地应尽量避免在城市主要道路上设置出入口。一般情况下，每个基地应设 1~2 个出入口；

在主要道路的交叉口附近和商业步行街等特殊地段，通常会禁止开设机动车出入口；

在可能情况下，应尽量做到人车分流，将人行入口和机动车入口分别设置。

②基地机动车出入口与城市道路的连接

车流量较多的基地(包括出租汽车站、车场等)，其通路连接城市道路的位置应符合以下规定：

与大中城市主干道交叉口的距离，自道路红线交叉点量起不应小于 70m；

与人行横道线、人行过街天桥、人行地道(包括引道、引桥)的边缘线不应小于 5m；

距地铁出入口、公共交通站台边缘不应小于 15m；

距公园、学校、儿童及残疾人使用建筑的出入口不小于 20m；

当基地道路坡度大于 8%时，应设缓冲段与城市道路连接；

与立体交叉口的距离或其他特殊情况，应符合当地城市规划行政主管部门的规定。

③人员密集建筑的基地交通控制

大型、特大型的文化娱乐、商业服务、体育、交通等人员密集建筑的基地应符合下列规定：

基地应至少有一面直接临接城市道路，该城市道路应有足够的宽度，以减少人员疏散时对城市正常交通的影响；

基地沿城市道路的长度应按建筑规模或疏散人数确定，并至少不小于基地周长的1/6；

基地内至少有两条以上不同方向通向城市道路的出口；

基地或建筑物的主要出入口，不得和快速道路直接连接，也不得直对城市主要干道的交叉口；

建筑物主要出入口前应有供人员集散用的空地，其面积和长宽尺寸应根据使用性质和人数确定；

绿化和停车场布置不应影响集散空地的使用，并不宜设置围墙、大门等障碍物。

2. 公共交通组织

公共交通组织主要包括公共汽(电)车站场位置及用地范围的控制和轨道交通站点设置及布局。

(1)公共汽(电)车站场位置设置及用地范围的有关规定：

①公共汽车和电车的首末站。应设置在城市道路以外的用地上，每处用地面积可按 1000~1400m² 计算。有自行车存车换乘的，应另外附加面积。首末站的规划用地面积宜按每辆标准车用地 90~100m² 计算。

②公共交通车站。在路段上，同向换乘距离不应大于 50m，异向换乘距离不应大于 100m；对置设站，应在车辆前进方向迎面错开 30m。为了提高站点的能力，停靠站应从交叉口相应后退一段距离。在道路平面交叉口和立体交叉口上设置的车站，换乘距离不宜大于 150m，并不得大于 200m。长途客运汽车站、火车站、客运码头主要出入口 50m 范围内应设公共交通车站。快速路主干路及郊区双车道公路上的公交停靠站不应占用行车车

道，应采用港湾式布置，市区公交港湾停靠站长度至少应设两个停车位。

(2) 轨道交通站点设置及布局

按照功能导向的分类，轨道交通站点地区可以按居住型、中心型、枢纽型进行分类控制引导。居住型站点地区为城市居住区，以居住功能为主，包括具有公共服务功能的社区中心。中心型站点地区为城市公共活动中心，商业、办公等公共服务功能集中，有较大人流集散。枢纽型站点地区为重要的城市交通枢纽转换节点，是多种交通方式换乘区，以交通功能为主。

站点地区开发强度应结合不同类型站点地区用地功能，确定适宜的开发总量规模和总体强度，应和要求高密度开发的轨道交通系统相匹配。空间布局上，居住型站点设置强调轨道交通站点与公交站点应保持合理步行距离，以满足换乘的需要。中心型站点鼓励土地综合开发，强调使用功能的混合、地上地下空间的整合、交通资源的综合。枢纽型站点应注重不同交通方式的换乘衔接，包括轨道之间的换乘、轨道与铁路客运站的换乘、轨道与公交巴士换乘以及停车场等静态交通组织。

3. 步行交通组织

步行交通组织的控制以步行人流的流量和流向为基本依据，合理布局地块步行道路网络，确定道路红线宽度，设置步行出入口位置与数量。

有关步行交通的规定如下：

(1) 人行道、人行天桥、人行地道、商业步行街、城市滨河步道或林荫道的规划，应与居住区的步行系统，与城市中车站、码头集散广场、城市游憩集会广场等的步行系统紧密结合，构成一个完整的城市步行系统。步行交通设施应符合无障碍交通的要求。

(2) 人行道、人行天桥、人行地道

①人行道宽度应按人行带的倍数计算，最小宽度不得小于 1.5m。人行带的宽度和通行能力应符合表 12-2 的规定。

表 12-2　　　　　　　　　　　　人行带宽度和最大通行能力

所在地点	宽度（m）	最大通行能力（人/h）
城市道路上	0.75	1800
车站码头、人行天桥和地道	0.90	1400

②在城市的主干路和次干路的路段上，人行横道或过街通道的间距宜为 250~300m。

③属于下列情况之一时，宜设置人行天桥或地道：

横过交叉口的一个路口的步行人流量大于 5000 人次/h，且同时进入该路口的当量小汽车交通量大于 1200 辆/h 时；

通过环形交叉口的步行人流总量达 18000 人次/h，且同时进入环形交叉的当量小汽车交通量达到 2000 辆/h 时；

行人横过城市快速路时；

铁路与城市道路相交道口，因列车通过一次阻塞步行人流超过 1000 人次或道口关闭的时间超过 15min 时。

人行天桥或地道设计应符合城市景观的要求,并与附近地上或地下建筑物密切结合;人行天桥或地道的出入口处应规划人流集散用地,其面积不宜小于 $50m^2$。

地震多发地区的城市,人行立体过街设施宜采用地道。

(3) 商业步行区

①商业步行区的紧急安全疏散出口间隔距离不得大于 160m。区内道路网密度可采用 $13\sim18km/km^2$。

②商业步行区的道路应满足送货车、清扫车和消防车通行的要求。道路的宽度可采用 $10\sim15m$,其间可配置小型广场。

③商业步行区内步行道路和广场的面积,可按每平方米容纳 $0.8\sim1.0$ 人计算。

④商业步行区距城市次干路的距离不宜大于 200m,步行区进出口距公共交通停靠站的距离不宜大于 100m。

⑤商业步行区附近应有相应规模的机动车和非机动车停车场或多层停车库,其距步行区进出口的距离不宜小于 100m,并不得大于 200m。

4. 停车场地及停车泊位

规划地块内规定的停车车位数量,包括机动车车位数和非机动车车位数。

对社会停车场(库)进行定位、定量(泊位数)、定界控制;对配建停车场(库),包括大型公建项目和住宅的配套停车场(库)进行定量(泊位数)、定点(或定范围)控制。各地块应按建筑面积或使用人数,并根据当地城市规划行政主管部门的规定,在同一地块内或统筹建设的停车场(库),设置机动车和非机动车停车车位。其停车泊位数量应满足当地城市规划管理部门的要求。

湖北省控制性详细规划编制技术规定中各项用地的停车泊位控制指标见表 12-3。

表 12-3　　各项用地的停车泊位控制指标

用地性质	泊位数(当量小汽车)
一类住宅用地	$0.5\sim1$/户
二、三类住宅用地	$0.1\sim0.3$/户
商住楼	$0.3\sim0.5$/户
办公	$0.3\sim0.5/100m^2$ 建筑面积
商贸	$0.2\sim0.3/100m^2$ 营业面积
旅馆类	$0.1\sim0.2$/客房
餐饮类	$1.5\sim2/100$ 营业面积
文娱类	$0.1\sim0.3/100$ 座
展览类	$0.2\sim0.3/100m^2$ 建筑面积
医院	$0.2/100m^2$ 门诊、住院部建筑面积
中学	$5\sim8$/所
大中专学校	$0.1\sim0.2/100$ 学生

5. 其他交通设施

其他交通设施主要包括大型社会停车场、加油站等。

(1) 社会停车场(库)选址应当符合下列规定：

①应当结合枢纽点和公共交通站点布局；

②客运枢纽、机场、港口、文体设施、商店、宾馆饭店、公园、娱乐场所等大型公共建筑和设施附近，应当根据需求设置；

③中心城区和新城的城区内，主干道以上等级的城市道路与外环线或环城区道路交叉口附近以及地铁、轻轨的起、终点站附近。

(2) 公共停车场用地面积按规划城市人口 $0.8\sim1.0m^2$/人计算，其中：机动车停车场每车位用地占 80%~90%，自行车停车场用地占 10%~20%。公共停车场采用当量小汽车停车位计算。一般地面停车场每车位按 $25\sim30m^2$ 计，地下停车场每车位按 $30\sim35m^2$ 计。公共停车场服务半径，市中心地区不应大于 $200m^2$，一般地区不应大于 $300m^2$；自行车公共停车场服务半径以 50~100m 为宜。城市公共加油站服务半径 0.9~1.2km，且以小型为主。

(3) 机动车停车场出入口的设置应当符合下列规定：

①出入口应符合行车视距的要求，并应设右转出入车道。

②出入口应距离交叉口、桥隧坡道起止线不小于 50m。

③少于 50 个停车位的停车场，可设一个出入口，其宽度一般应当采用双车道；50~300 个停车位的停车场，应设两个出入口；大于 300 个停车位的停车场，出口和入口应分开设置，两个出入口之间的距离应大于 20m。

④停车场出入口应当设置缓冲区，起坡道和闸机不得占压道路红线和建筑退让范围。

(4) 自行车公共停车场应符合下列规定：

①长条形停车场宜分成 15~20m 长的段，每段应设一个出入口，其宽度不得小于 3m；

②500 个车位以上的停车场，出入口数不得少于两个；

③1500 个车位以上的停车场，应分组设置，每组应设 500 个停车位，并应各设有一对出入口；

④大型体育设施和大型文娱设施的机动车停车场和自行车停车场应分组布置。其停车场出口的机动车和自行车的流线不应交叉，并与城市道路顺向衔接。

6. 环境保护规定

环境保护的控制是通过限定污染物排放最高标准，来防治在生产建设或者其他活动中产生的废气、废水、废渣、粉尘、有毒有害气体、放射性物质以及噪声、震动、电磁波辐射等对环境的污染和危害，达到环境保护的目的。根据城市总体规划阶段环境保护的要求及当地环境保护部门制定的环境保护要求，提出该地区环境保护规定，主要包括噪音震动允许标准值、水污染允许排放值、水污染物允许排放浓度、废气污染允许排放值、固体废弃物控制等。

12.3 控制性详细规划编制的成果要求与表达方式

12.3.1 控制性详细规划编制的内容和程序

1. 控制性详细规划编制的内容

根据《城市规划编制办法》(2006)第四十一条中规定,控制性详细规划应当包括下列内容:

(1)确定规划范围内不同性质用地的界线,确定各类用地内适建,不适建或者有条件地允许建设的建筑类型。

(2)确定各地块建筑高度、建筑密度、容积率、绿地率等控制指标;确定公共设施配套要求、交通出入口方位、停车泊位、建筑后退红线距离等要求。

(3)提出各地块的建筑体量、体型、色彩等城市设计指导原则。

(4)根据交通需求分析,确定地块出入口位置、停车泊位、公共交通场站用地范围和站点位置、步行交通以及其他交通设施。规定各级道路的红线、断面、交叉口形式及渠化措施、控制点坐标和标高。

(5)根据规划建设容量,确定市政工程管线位置、管径和工程设施的用地界线,进行管线综合。确定地下空间开发利用具体要求。

(6)制定相应的土地使用与建筑管理规定。

根据《城市规划编制办法》(2006)第四十二条中规定,控制性详细规划确定的各地块的主要用途、建筑密度、建筑高度、容积率、绿地率、基础设施和公共服务设施配套规定应当作为强制性内容。

2. 控制性详细规划编制的程序

(1)前期调查与研究

控制性详细规划前期调查工作包括基础资料的收集与场地现场踏勘两方面工作。

控制性详细规划前期研究工作主要是以总体规划或分区规划的规划要求为依据,基于对现状基础资料的综合分析,获得规划指导原则与初步构思。在前期研究中一般还会涉及各类专项研究,包括城市设计研究、土地经济研究、交通影响研究、市政设施、公共服务设施、文物古迹保护、生态环境保护等方面。

(2)用地规划方案的确定

以规划前期研究为基础,遵循规划指导原则,进一步深化方案构思,对规划区内的整体功能布局、道路交通、公共设施、绿地景观以及市政工程等方面做出统筹安排,形成规划方案。对于城市中心区和重点地段,可在二维用地布局形成的同时采用城市设计的方法,塑造地块范围内三维城市空间形态,从而保证城市设计的要素能更好地融入控制性详细规划的方案之中。

(3)用地类型的细分

评价影响地块划分与细分的要素,明确地块划分与细分的依据和原则,确定地块划分与细分的方法。在规划方案的基础上进行用地细分,一般细分到地块,成为规划实施具体控制的基本单位。结合道路网、自然界线、市政廊道、土地权属情况和出让要求，进行地块细分，并确定地块编码。

(4) 规划控制指标的确定

规划控制指标的确定是控制性详细规划编制的核心内容。从具体实施步骤来看可以分成两方面的内容，即规划控制指标选取和数值确定。对于新发展地区、基本建成区、旧城更新区、城中村改造区、历史文化保护区等不同类型的地区，由于规划诉求、地区特色及管理水平的差异，在规划控制指标具体选取时会有所不同，可采用不同的控制指标体系。

(5) 成果编制与审批

按照《城市规划编制办法》的成果编制要求，将控制性详细规划的技术内容编制成规范的技术成果，上报《城乡规划法》规定的相应级别的城市政府审批，通过以后转变成为相应的法定文件、图则和管理文件，成为城市规划主管部门依法行政的依据。

12.3.2　控制性详细规划编制的方法

在控制性详细规划编制过程中，控制指标数值的确定通常采用人口容量推算、形体布局模拟、经验归纳统计和调查分析对比等方法。

1. 人口容量推算

根据总体规划或分区规划对规划区内人口容量和用地性质的规定，提出地块的人口密度；按照各个地块用地面积、使用性质及相应人均用地标准，推算出地块居住人口数量；再根据人均居住用地、人均居住建筑面积等推算出某地块的容积率、建筑密度、建筑高度等控制指标。

2. 形体布局模拟

形体布局模拟是通过试做形体布局的规划设计，研究出空间布局及容量上大体合适的方案，然后加入社会、经济等因素的评价，反推成概括性的控制指标、控制要求以及引导性建议。

3. 经验归纳统计

经验归纳统计是将已规划的和已经付诸实施的各种规划布局形式的技术经济指标进行统计分析，总结出经验的指标数据，并将其推广运用。

4. 调查分析对比

调查分析对比是对与编制规划相类似条件的现状情况作深入、广泛的调查与评价，以了解现状指标情况与实际效果的关系，以及这些指标在不同外部条件下的差别，然后与规划目标进行对比，依据现有的条件和城市发展水平，定出较为合理的控制指标。

以上方法各有侧重，所得结果也可能有较大的差异。为了使控制指标尽量合理，应该综合运用以上多种方法，相互检验和校正，提高控制指标的科学性。

12.3.3　控制性详细规划编制的成果要求与表达方式

1. 控制性详细规划编制成果要求

控制性详细规划的成果包括技术文件、法定文件和管理文件。

(1) 技术文件是法定文件和管理文件的技术支撑和编制基础

技术文件编制的内容和深度应符合建设部《城市规划编制办法》的要求。技术文件包括基础资料汇编、说明书、技术图纸和公众参与报告。

基础资料汇编是对编制区现状情况的资料汇总。主要包括以下内容：上层次及相关规划要求、自然条件、人口及居住状况、土地利用条件、建筑物现状、公共服务设施现状、市政公用设施现状、历史文化及建筑风貌、环境保护现状等。

说明书是对编制区现状的分析、规划设想的论述和规划内容的解释。主要包括以下内容：前言、规划依据与原则、现状概况与问题分析、规划目标、用地布局、地块划分与细分、地块控制、道路交通规划、竖向规划、绿地系统规划、公共服务设施规划、市政公用设施规划、城市设计指导原则与规划实施的措施与建议等。

技术图纸（如图12-1至图12-3所示）是指说明规划意图的相关图示。主要包括以下内容：区域位置图、土地利用现状图、现状用地权属图、土地利用规划图、地块划分编码图、开发建设密度分区图、道路系统规划图、竖向规划图、绿地系统规划图、公共服务设施规划图、市政公用设施规划图、城市设计导引图等。图纸比例1∶1000～1∶2000。

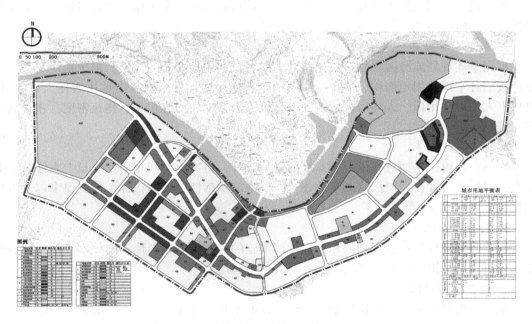

图12-1　土地利用规划图

公众参与报告是对规划过程中公众参与的基本情况、公众对规划的主要意见以及对公众主要意见的处理情况的有关说明。主要包括以下内容：公众参与的阶段及基本情况、公众意见摘要、规划回应概要等。

(2) 法定文件是规定控制性详细规划强制性内容的文件

法定文件应充分考虑资源利用、公众利益和公共安全等因素，具有强制性实施的约束力，同时便于公众理解和监督。法定文件的成果由文本和图则组成。

文本是指规定规划强制性内容的具有法定效力的规划条文。主要包括以下内容：总

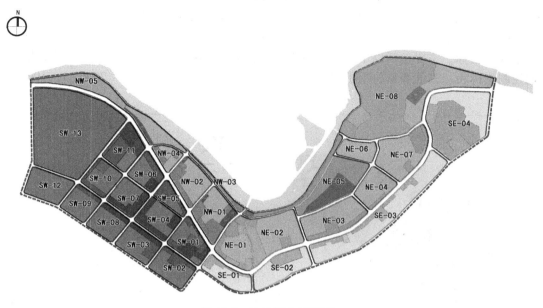

图 12-2　地块划分编码图

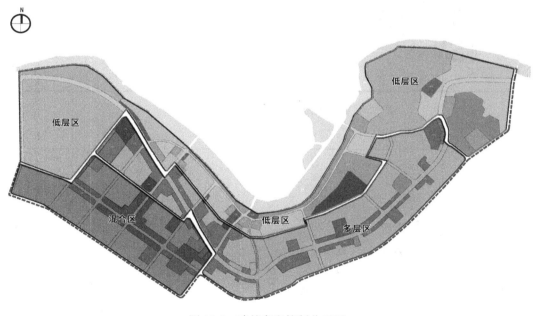

图 12-3　建筑高度控制分区图

则、发展目标和功能定位、地块划分及编码、建设用地性质控制、建设用地使用强度控制、道路交通规划、公共服务设施和市政设施用地规划、历史文化保护区内重点保护地段的建设控制指标和规定等。

图则(如图12-4至图12-5所示)是指反映文本内容的规划图纸及相关表格。应将文本中确定的土地利用、道路交通、公共服务设施和市政公用设施等强制性控制内容集中标示在一张有效的地形图上,并以插图方式标示所在的区域位置、以插表方式标示主要的地块规划控制指标。主要包括以下内容:地块划分、土地利用、道路交通、区域位置、地块规划控制指标表、其他要素(图例、比例尺、风玫瑰图等)。图纸比例1:2000~1:10000。

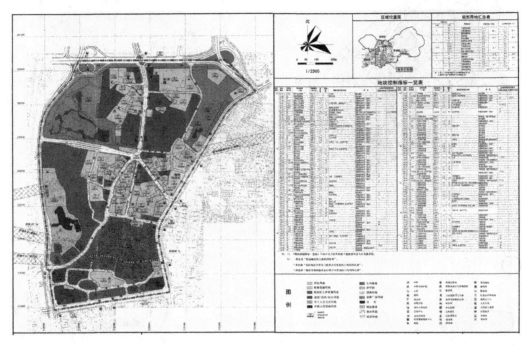

图12-4 法定图则01

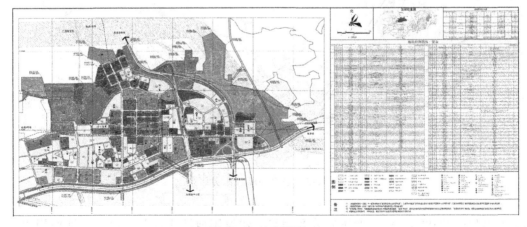

图12-5 法定图则02

(3)管理文件是城市规划行政主管部门实施规划管理的操作依据

管理文件既要体现法定文件的"刚性"原则,又要满足规划管理的动态需要。管理文件由管理文本和管理图则组成。

管理文本是指对规划的各项目标和内容提出规定性要求,并明确其管理规则的规划条文,其中:规定性要求是对法定文件的细化,而管理规则是实施规划的管理原则及相关管制规定。主要包括以下内容:总则、管理规定性要求、管理规则。其中管理规则又分为建设用地地块划分管制、建设用地土地使用性质管制、土地开发强度管制、道路交通管制、绿地及公共开放空间管制、配套设施管制、建筑物管制等内容。

管理图则是指反映管理文本内容的规划图纸及相关表格。管理图则应集中标示在一张有效的规划图纸上,主要包括以下内容:区域位置、土地利用规划、细分地块规划控制指标表、公共服务设施及市政公用设施规划、道路交通规划、各类规划控制线等。图纸比例1∶2000~1∶10000。

2. 控制性详细规划成果表达方式

控制性详细规划具体表达方式包括:指标量化、条文规定、图则标定、城市设计引导等方式。

(1)指标量化

指标量化控制是指通过一系列数值化控制指标对用地的开发建设进行定量控制,如容积率、建筑密度、建筑高度、绿地率等。这种方法适用于城市一般建设用地的规划控制。

(2)条文规定

条文规定是通过对控制指标和实施要求的阐述,对建设用地实行的定性或定量控制,如用地性质、用地使用相容性、规划原则、规划要求说明等。这种方法是控制性详细规划成果中普遍应用的控制形式。

(3)图则标定

图则标定是在规划图纸上通过一系列的控制线和控制点对用地、设施和建设要求进行的定位控制。如用地边界、"五线"控制、建筑后退红线、控制点以及控制范围等。这种方法适用于对规划建设提出具体的定位的控制。

根据指标体系的构成,图则标定可分为规定性指标、指导性指标、配套设施指标等三部分内容。

①规定性指标。图则包括地块编号、地块性质、用地面积、容积率、绿地率、建筑密度、筑后退道路红线、建筑间距、机动车禁止出口地段、机动车出入口建议方位等规定性内容。

②指导性指标。图上需标注征地范围线和权属范围线。表格主要列明人口容量、土地兼容性、建筑体量、建筑形式与色彩要求等指导性指标。文字表述提出建筑形态与城市设计引导,建设管理建议等。

③配套设施指标。图上需标注公共设施与基础设施配套等强制性指标,列出项目名称,提出配置位置和数量建议。

(4)城市设计引导

城市设计引导是通过一系列指导性的综合设计要求和建议,甚至具体的形体空间设计示意，为开发控制提供管理准则和设计框架。如建筑色彩、形式、体量、空间组合以及建筑轮廓线示意图等。这种方法宜于在城市重要的景观地带和历史保护地带，为获得高质量的城市空间环境和保护城市特色时采用。

常用的方式有意向示意与组合模块示意。意向示意指将一系列抽象的综合控制要求，转化为形象的形体空间示意，为开发控制提供可视化的参考。它具有直观、形象的优点。组合模块示意指提供一系列可能的基本模块单元或空间组合模式对城市空间形态进行整体控制，以确保高品质的空间效果。

本 章 小 结

1. 控制性详细规划的涵义：以城市总体规划或分区规划为依据，考虑相关专项规划的要求，以土地使用控制为重点，详细规定城市建设用地性质、使用强度和空间环境等的各项具体控制指标和相关规划管理要求，为城乡规划主管部门作出建设项目规划许可提供依据，并指导修建性详细规划的编制。

2. 控制性详细规划的核心内容：控制体系和控制指标。控制体系主要有四方面内容，包括土地使用、城市形态、设施配套及行为活动。其中规定性指标主要包括用地性质、建筑面积、建筑密度、容积率、绿地率、建筑高度、建筑后退、交通出入口方位等；强制性指标包括用地性质建筑密度、容积率、绿地率、基础设施和公共服务设施等；指导性指标主要包括人口容量、建筑形式、风格、体量、色彩等。

3. 控制指标数值确定的方法：人口容量推算、形体布局模拟、经验归纳统计和调查分析等。

4. 控制性详细规划的成果包括：技术文件、法定文件和管理文件。具体表达方式包括：指标量化、条文规定、图则标定、城市设计引导等。

思 考 题

1. 控制性详细规划的编制要根据具体的地域特征而采取不同的控制深度和控制要求。如何依据具体情况提出合理的控制深度和控制要求？

2. 依据《城市用地与规划建设用地分类标准》进行控制性规划层面的用地分类有着明显的不足，主要是许多该区分的设施用地之间是混同的，而没有必要区分的设施用地却划分得很细。如何提出适用于控制性详细规划的用地分类方法与标准？

3. 为了使控制指标尽量合理，应该综合运用以上多种方法，相互检验和校正，提高控制指标的科学性。控制指标数值确定的方法有哪些？它们各有哪些优缺点？

第13章 城市中心区规划设计

城市中心是城市居民社会生活集中的地方，它由各类建筑物、街道、广场、绿地等设施构成，为城市市民提供了活跃的社会活动空间，使人们能够充分地感受城市的独特性格和生活气息。城市中心往往也是该城市的标志性地区。

13.1 城市中心分类及其概念

13.1.1 城市中心分类及其概念

1. 城市中心分类

城市中心有不同的分类方式，如根据城市功能分类、根据城市规模分类等。通过对城市中心的不同分类，有助于帮助我们更好地从不同的角度把握城市中心的特性。

城市中心具有不同的功能需求，为了满足每个功能的特别需要及各种活动的联系方便，同时又避免相互干扰和影响，在规划与设计中，人们将不同的功能相对集中形成一个功能中心，以突出中心不同的功能和性质，例如：城市行政中心、城市商业中心、城市文化体育中心、城市博览中心、城市会议中心等。城市中心也可同时有几个不同功能的中心，以形成城市中心的体系。

2. 城市中心的概念

(1) 城市行政中心

城市行政中心是城市政府的行政管理机构所在地。它由政府行政办公楼、法院、文化机关、会堂等建筑物及其相配套的各种场地构成。

城市行政中心在空间尺度、建筑物体量和视觉感受等方面应与城市规模相适应。在小城市或大城市的旧城中心，因为建筑、街道、广场等尺度较小，行政区往往与文化、商业组织在一起形成城市的中心。大城市或特大城市行政区往往自成一体形成中心，建筑以群体的方式出现，空间尺度较大，行政建筑群常常以绿地为轴线对称布局。这样的空间组织强调整体性和综合性，体现庄严肃穆、秩序严谨的空间感，绿地空间不仅具有美化功用，而且能够增添城市特定的文化气息。

但是，城市行政中心的建设往往受到政府政策的主导，无论是在选址、空间布局及建筑风格上都会受到政府意志及政府决策的影响。

(2) 城市商业中心

城市商业中心是商业活动集中的地方，以商品零售功能为主体，配套餐饮、文化娱乐设施，也可有金融、贸易行业。它是最能反映城市活力、文化、建筑风貌和城市特色的地方。

历史上,城市的传统商业中心集中了商业、服务业及文化娱乐设施,例如上海南京路、武汉江汉路、南京新街口、苏州观前街,以及深圳罗湖商业中心等。

现代大城市中商业中心区规模越来越大、功能也越来越复杂,从而使商业中心空间形态呈现出多样化的特点。从单一的商业功能到多元复合的功能,从单一平面的商业购物场所发展到地上、地下空间综合利用的立体化巨型商业综合体;从地面型步行商业街发展到空中系统的步行天桥商业街和地下商业街。

商业中心随着城市增长以及区域城市的出现,也导致购物中心的产生。从20世纪50年代开始,随着城市商业活动、商业经营类型和商业功能的多样化,先后在美国和欧洲的一些城市兴起了覆盖多个街区的较大规模的专门化的现代购物中心(shopping malls),并逐渐发展成为区域性中心。在商业中心里往往存在多个不同类型的购物中心,这些购物中心形成独立的购物街区或是独立的购物建筑群体,具有百货店、超级市场、零售、餐饮及文化娱乐设施等多种功能,它们由室内的廊道、过街桥、步行空间组成的线型步行系统以及采用玻璃顶棚的中庭相联系,在步行空间及中庭空间里设置绿化种植带、水体、休息区以及各式商亭,创造了安全而舒适的购物环境。

商业中心往往人流汇集,所以应该考虑其与大的交通节点及交通换乘点的便捷联系。特别是,目前大城市地铁交通的发展,商业街区中心一定要结合地铁站点、交通换乘点统筹开发,注重地面层、地下层以及地面以上的多层次空间的相互关联性,使空间使用更趋合理。

(3) 城市文化体育中心

随着城市和社会的发展,文化体育中心成为城市空间发展中的功能结构中心,也是区域中心的核心组成部分,成为融合大型文化娱乐、体育竞技、运动休闲、教育培训功能于一体的活动场所。此外,文化体育中心也集合了商业购物和商务办公等相关配套功能。

文化体育中心一般所处地理环境十分优越,周边多毗邻火车站、地铁车站、城市快速路和主、次干道,交通极为方便。在规划与设计时,注重人车交通动线空间的合理组织及停车场的布置,以及创造高雅舒适的园林绿化(如体育运动公园)与广场(如健身广场)等景观。

文化体育中心的建筑布置包括体育馆(体育馆、羽毛球馆、网球馆、游泳馆等)、体育场(中心足球场、开放式室外活动场地等)、健身中心(健身馆)、训练中心(训练馆)、会务中心(多功能会议厅、会议室)。此外,也需考虑文化体育产业设施(体育博物馆)和商业设施(商场、酒店、写字楼)的设置,以适应多功能、多元化、产业化体育事业的发展。

国内比较著名的城市文化体育中心有上海徐汇区工人文化体育中心、北京五棵松文化体育中心等。

(4) 城市博览中心

城市博览中心是一个以展览功能为主,兼有会议、商贸、办公、休闲功能于一体,展示城市中心形象的复合型功能区。它一般拥有室内展馆、室外广场、商务中心、会议中心以及绿化等设施,承办各种展览、会议、产品发布等活动,成为各项参展活动和商务活动的场所。展览主题涉及工业博览、商业地产交易博览、体育竞技博览、企业交易博览、科技博览等多方面内容。

博览中心往往地处城市黄金地段，与城市快速干道及轨道交通（地铁或轻轨换乘点）共同构成立体交通体系，与机场、港口、火车站、长途汽车站、常规公交系统联系便捷通达。而且，周边配套设施齐全、功能完备，与众多酒店、商业、餐饮、娱乐等配套设施融为一体。例如苏州国际博览中心、南京国际博览中心等。

(5) 城市会议中心

城市会议中心集合了会议、展览、酒店、娱乐休闲、商务办公等多种功能于一体，成为各种会议、礼仪、庆典、演出等活动的重要举办场地，也是城市中心区或者是区域中心的标志。会议中心主要设施包括主体建筑（规模不等的会议室、会议厅、展厅、多功能厅、贵宾厅、宴会厅、演艺厅），此外，还有新闻中心、剧院、酒店、宾馆、商务办公楼等配套设施。

会议中心一般选择位于城市主、次干道交汇的地域，外部交通要求与城市快速干道、高速公路、港口、车站及机场有快捷的交通联系，同时也方便到达周围地铁交通、公交站点。内部交通要求能够满足参会者便捷、通畅地抵达各会场，因此，对人车动线空间需要进行合理组织，以及考虑停车场（或地下停车库）的布置。通过道路、绿化、标识设计的引导来控制各流线的方向，通过广场和不同空间领域（包括地下步行空间）进行人流的集散和疏导。

会议中心的建筑、广场、道路、绿化应整体规划与设计，以共同营造宏伟、庄重、亲和的环境氛围。室外广场空间（如入口广场）和绿化空间（如中心绿地）是必不可少的空间序列组成部分，它们的布置应该结合会议中心的性质、规模及其在城市中所处的地理位置统一考虑，如有需要，广场还可作为大型会议的室外礼仪空间，满足各种类型会议的礼仪、开幕、剪彩、交流等活动的要求。

会议中心根据不同的功能定位，具有国家级、市级、政务型、固定型等不同的级别或类型。

①国家级——北京国家会议中心

紧邻鸟巢、水立方理想的地理位置，具有国际领先的会议展览场馆以及星级酒店综合配套设施，满足国际性大型会议、展览、宴会、演出、新品发布等多功能需求，它的设置填补了中国大型会议设施的空白。

②市级——深圳会展中心

位于城市中心区，它是各种会议、礼仪、庆典、演出等活动的举办场所，集展览、会议、商务、餐饮、娱乐等多种功能于一体。具备强大的展览和会议功能，有展馆和会议厅，满足举办各类展会及活动的不同需求。同时，周边环境完善，毗邻区域商业圈。

③政务型——广州白云国际会议中心

位于广州市白云区，定位为广东省人民大会堂，中心拥有会议场地，设置不同功能的会议厅、国际会议厅、专业影视厅，以及各类中、小型会议室、新闻发布厅。会场规模和功能的设置可为各层面政务会议提供完善的会议服务。同时，也提供会议交流、展览、商务、住宿等其他服务。

④固定型——博鳌亚洲论坛国际会议中心

位于海南省万泉河畔，它是博鳌亚洲论坛永久会址。会议中心设有国际会议厅、中小会议室、多功能厅、贵宾厅、展览厅、演艺厅、新闻中心以及商务中心。配套的索菲特大酒店更好地提供参会人员的住宿需求。

13.1.2 城市中心层级关系

随着城市化进程的加快，城市规模越来越大，城市中心根据所服务的区域和范围，形成了多层级的关系，即形成城市中心或不同级别的副中心。

城市商业活动的分布与规模取决于居民购物与城市经济活动的需求，根据商业区服务的人口规模和影响范围可分为区域级、城市级、区级等层次不同的商业中心。尤其，大城市城市商业中心应该形成分散的、多层级的发展态势，既有一个大的城市商业中心，也有多个不同级别的副中心，以满足城市生活及活动的需要。此外，随着城市规模扩张和城市集聚效应将导致城市集群的出现，如果以城市集群的形态而论，则有可能产生区域性的商业中心、城市级别的商业中心以及区级级别的商业中心。

13.2 城市中心的构成

城市规模不同，城市中心的构成也是不同的，不同规模的城市具备不同的功能用地。中小城市城市中心只有一个，它包括了城市商业、文化娱乐、办公以及政府等各种功能。但是大城市则不同，由于大城市人口多、城市功能复杂、城市各类商业及文化娱乐活动频繁，规模大，这些功能反映在城市空间布局上的特点如下：

(1) 城市每个功能用地面积比较大，其相关配套设施比较繁杂，需要大量用地。
(2) 各类功能用地中相关建筑关系复杂。
(3) 各类功能用地内部交通流量大、交通关系复杂。

城市有不同的功能中心，每个功能中心有不同的建筑类型和建筑风格，它们能帮助我们清楚地认识各类建筑的使用功能、用地功能及其与环境空间的关系，有利于我们创造具有地方文化及特色的城市空间形态。

根据建筑使用功能分类，每个功能中心的建筑类型包括：

行政中心：政府行政办公建筑、商务办公楼（写字楼等商务机构）；

商业中心：商场、大型超市、旅馆、酒店、银行等；

文化体育中心：影剧院、图书馆、美术馆、纪念馆等；体育馆、游泳馆、羽毛球馆等；

博览中心：博物馆、展览馆等；

会议中心（会展中心）：会议场馆设施、产品展售机构等。

而且，城市中心还涉及休闲娱乐功能，如公园、广场、水体、绿化、环境小品等；交通枢纽与集散功能，如地铁、公交站点、立体交通等；居住功能，如住宅、民居和公寓等。

此外，城市中心也呈现多层、中高层、高层、超高层等不同建筑层数及建筑高度的分布区域及空间形态特征，因此，城市中心整体空间形象的规划与设计需要对整体建筑高度进行把握，以确定合适的建筑空间尺度及城市空间尺度，组织良好的城市景观视线和视廊，创造起伏有致和特色鲜明的城市天际轮廓线。特别是在旧城中心改造过程中，应该严格控制建筑高度以利于传统建筑的保护与更新。

13.3 城市中心空间组织及设计

城市中心为人们在商业金融、行政办公、文化娱乐、休闲、居住等活动提供场所空间。因此，中心空间组织要满足这些城市活动的功能需要，根据人的视知觉、心理及行为合理组织，以创造和谐、有序的城市空间体系。

13.3.1 中心空间组织及设计

1. 街道空间比例、尺度适度（H/D）

城市中心空间面貌的塑造应考虑审美要求，例如空间尺度、建筑形体等。街道空间的建筑高度（H）与街道宽度（D）存在着一定的比例尺度。

从街道空间艺术处理效果与美学及其趣味而言，街道两侧建筑体量、建筑高度影响了街道空间的尺度，建筑的围合方式及围合关系影响了街道封闭、开敞的空间感受。当建筑高度（H）与街道宽度（D）比为1∶1时，$H/D=1$ 空间存在匀称性、相互包容性、整体性极强，街道空间完整性和围合感都比较适宜，能够给人舒适感。高宽比小于1时封闭感较强，比较适合于形成良好的购物环境及步行商业街，容易产生亲切感。当高宽比为1∶2.5时，街道会感觉比较开敞空旷。

在小城市或大城市的旧城中心，建筑体量一般较小，街道、广场等的尺度也较小，形成的城市中心、建筑空间往往比较适度，体现了传统的尺度概念和视觉要求。

2. 轴线及其空间组织

（1）轴线法则

轴线是城市空间有机联系的"骨架"，轴线空间也是一种线性空间，轴线成为城市空间的一个基准。围绕这个基准关联不同层级和联系紧密的空间已经成为有序组织城市空间的有效方法。城市空间可以利用道路、建筑、绿地、地理要素（水系和山体）作为基准线来组织轴线和进行城市群体布局，以表现城市特点和突出规划设计主题。

一些城市中心往往用轴线建立空间的秩序，以此组织城市空间程序。城市中心通过轴线采用对称性或均衡性的布局有效地组织城市建筑，联系城市街道或道路，结合河流或山脉建立绿化空间，串联文化或纪念意义的广场空间，最终使城市中心形成一个秩序分明、整体统一的空间体系。

①明清北京城中轴线

明清北京城以轴线组织宫城建筑，以宫城建筑轴线组织皇城空间，以同样方向的次级轴线组织民居院落，整个城市形成了统一的、秩序的、严谨的空间体系。城市中轴线的设计思想表达封建礼制、风水学说与营造法式三者的统一。这条中轴线南起永定门，北至钟鼓楼，长达7.8公里。自南往北，中轴线表现为街道、不同尺度的广场、宫院、皇家花园

(御花园)等各种空间形式，城门、牌坊、鼓楼、钟楼、宫殿等建筑物有序地安排在中轴线上，礼制建筑(天坛、先农坛)分列中轴线两侧。整个中轴线气势宏大，空间变化丰富，表现出城市高度集权的思想。

②法国巴黎城市大轴线

法国巴黎的城市大轴线包括香榭丽大道、军队大道、戴高乐大道，在城市市区中联系卢浮宫、Carrousel花园、Tuileries花园、协和广场、香榭丽圆形广场、戴高乐广场及凯旋门、嫌由广场及塞纳河。这条轴线穿过塞纳河后延伸连接巴黎的拉·德方斯新区，尽管新区的城市形态与老城的形态存在极大的差异，但是一条轴线却在空间上将两个城市区域完美地组织在一起。在城市大轴线中，最壮观的香榭丽大道轴线上有协和广场(Place de la concorde)的方尖碑、戴高乐广场上的凯旋门、拉·德方斯的大拱门，这些建筑物、构筑物或标志物较好地引导了空间视线及活动行为，赋予空间的启承转换(图13-1)。

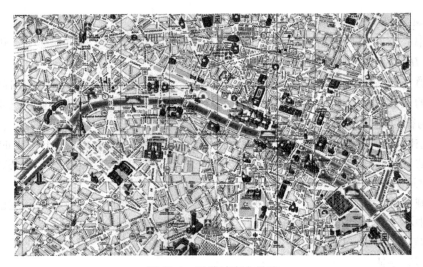

图 13-1　巴黎城市大轴线

③美国华盛顿市中心轴线

美国华盛顿市中心布局的构思寓意立法、行政、司法三权分立。市中心核心区有两条轴带，东西向轴带从国会大厦向西，经华盛顿纪念塔、倒影池到林肯纪念堂，全长约2.3公里，两旁是一条宽阔的林阴道和草坪。林阴道两侧布置了政府办公楼、博物馆和美术馆。南北向轴带从白宫向南，经椭圆广场到华盛顿纪念塔，再跨潮汐湖，可达杰斐逊纪念堂，全长约1.15公里。重要的建筑物如最高法院、国会图书馆布置在国会大厦东侧，形成一组建筑群体。为了保证中心区政府重要建筑物的统一协调和主次分明，建筑物的高度不能超过国会大厦的高度33.5米。

(2) 空间序列设计

空间序列是根据组成要素的整体结构、顺序和布局，将一系列不同的空间进行组织和连接，通过空间的对比、转承、渗透和引导，创造富有个性的空间形象。人们在这种序列空间中可以感受到空间的收放、对比、延续、烘托等乐趣。

城市空间序列设计强调建立场所的次序和视觉方向性，成为城市空间有效组织的关键。城市中心遵循序列组织原则进行组织，使各自为政的空间整体统一。建筑与空间依循轴线呈现起始、过渡、高潮、尾声等循序渐进的变化层次，创造一个极具秩序的城市空间体系，这样的设计能够使人们在轴线的序列中获得具有期待感的、层次丰富的空间体验。城市中心利用轴线组织不同的功能用地及建筑群体来获得序列感和节奏感。

明清北京宫城的空间序列就是一个典型的实例，空间是根据皇宫的政治及生活礼仪来设计其序列，有效地表达了空间的礼仪意图和空间的特征。首先进入大清门（大明门），来到内城，经过由东西两侧千步廊形成的狭窄的御路空间，到达天安门前的御街，内城御街空间东西向展开在此变得宽敞，天安门前布置五座石桥和华表、石狮，使皇城城门显得高大。经过天安门和端门的狭窄的御路空间到达午门，穿过午门空间，空间变得相对开朗，太和门在宽敞的空间里显得更加高大，过了太和门，空间更为开敞壮观，最高型制的建筑即故宫三大殿（太和殿、中和殿、保和殿）在最宽敞的空间里展开，在此形成整个宫城的高潮。宫城的空间序列是由大小空间、流线型空间与宽敞的院落空间交替对比并逐渐变得开敞，特别到了高潮空间豁然开朗，显示出宏伟壮观的景象。

3. 交通空间组织

城市中心为了符合行车安全和交通通畅的要求，又要避免人车互相干扰，必须确定不同动线空间的规划设计，保证人车安全、舒适的通行，机动车、步行道、客流、货流合理的组织。

（1）城市中心是居民活动大量集中的地方，并且分布有影剧院、博物馆、商场等重要的大型公共建筑，因此，结合这些建筑出入口需要布置停车场和广场。为了接纳和疏散大量人流，这些大型公共建筑必须加强与轨道交通大型站点（如地铁交通站点）及其他交通换乘点的整体规划设计及整体建设，保持中心有便捷的公共交通联系。

（2）过境交通尽可能从城市边缘道路（城市外环路）通过，防止穿越城市中心区。

（3）根据城市规模、车流轨迹特征和人流活动规律，城市中心可采取多层次立体化交通网络（高架道路、立交桥、地铁、轻轨、公共交通），以及提倡"以人为本，步行优先"的原则，创造立体化步行网络（步行岛、高架步行平台、步行街、人行天桥、地下通道等步行活动空间），保证人车流线空间的畅通，解决人车交织的矛盾。

4. **延续传统历史文脉，创造中心风貌特色**

城市中心特别是商业中心，其商业活动反映了城市传统的社会功能和意义。然而，随着城市的演变和经济的发展，这些传统商业中心的建筑也会存在物质结构的退化或功能使用方面的降低，因此，其保护与更新设计的重点在于尊重已经存在的城市空间形态和建筑格局，反映建筑及其场所在历史、文脉、结构、功能上的关联性。

传统历史建筑在新发展的设计控制上需要强化文脉传承的意义，新建建筑应与有保留价值的建筑协调配合，并创造性地利用原有的建筑语言（建筑体量、建筑风格、墙面材料、外观色彩、门窗形式、屋顶形式等），创造商业中心新的风貌特色，体现商业中心历史环境的妥善保护、再生利用与持续发展。

13.3.2 城市中心实例分析

1. 印度昌迪加尔行政中心

昌迪加尔是印度旁遮普邦的新首都。1951 年，由法国建筑师勒·柯布西耶负责新城市的规划工作。昌迪加尔位于喜马拉雅山南麓的平原上，占地约 40 平方公里。勒·柯布西耶把首府的行政中心当作城市的"大脑"，布置在全城顶端的山麓上，可俯视全城。主要建筑有议会大厦、各部办公大楼、政府办公大楼、高级法院及雕塑等。各建筑主要立面面向广场，次要入口及停车场则布局在建筑的侧面及背面，各建筑通过立体交通相联系（图 13-2）。

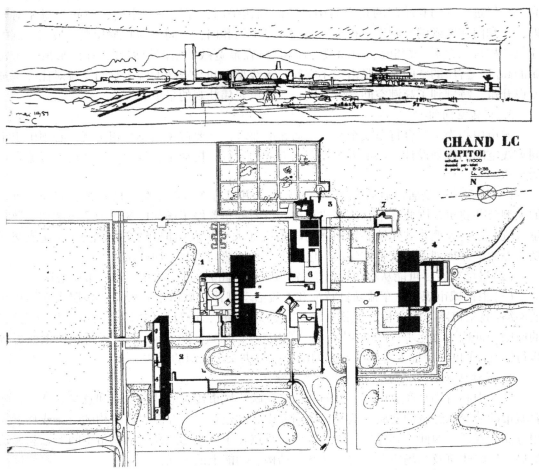

1. 议会大厦　2. 各部办公大楼　3. 政府办公大楼　4. 高级法院
5—6. 广场中心的地面雕塑　7. 雕塑《张开的手》
图 13-2　印度昌迪加尔行政中心

昌迪加尔的规划设计功能明确，布局规整，它为现代大规模及大尺度空间设计提供了借鉴。但是，建筑之间距离过大，广场空旷，这些使人们对空间环境产生了不够亲切的感受。

2. 深圳商务、行政文化中心

深圳中心区是城市的商务中心和行政文化中心，包括行政文化、商务功能及绿地公园，总用地面积607公顷。深南大道由东至西穿过用地将整个用地分为南北两个片区（图13-3）。

中心区北片区是行政文化中心，占地面积为180公顷。位于轴线核心位置上的建筑为深圳市民中心，其主要功能为深圳市政府主要机关办公、市民公共活动中心（包括博物馆、展览馆、档案馆），市民公共活动中心北侧布置有图书馆、音乐厅、少年宫及科技馆。

中心区南片区为商务中心，占地面积为233公顷。在中央绿化带两侧集中布置了金融、贸易、信息、管理等功能的建筑。

中心区的空间组织方式通过轴线组织不同的功能用地及建筑群体。轴线上不仅布置有标志性的建筑，更重要的是它实际上是一个绿色的轴线，轴线上有两个大的公园及绿地广场，轴线的北端则以开放性城市公园（莲花山公园）作为结束。

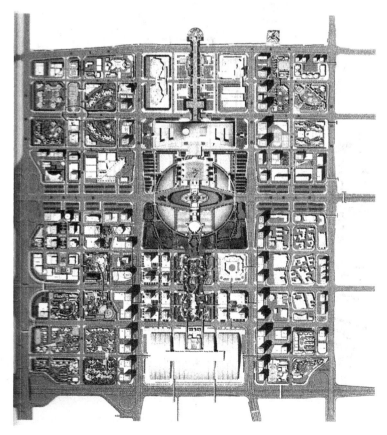

图 13-3　深圳商务、行政文化中心

3. 英国哈罗城镇商业中心

英国哈罗城镇商业中心区布置在能控制全城的高地上。中心区核心部分以商业街道及商业建筑为主；中心区南面布局有市民广场、教堂、公会堂、行政建筑、法院及庭院、大学，这里相对集中布置了行政及文化功能的建筑，可以说是一个文化行政区域；而北边则布置有市场及电影院，延续了中心区商业及娱乐的功能（图 13-4）。

建筑、街道平面布局为正南北及东西向，主要商业街为南北向，它将南端的市民广场与北端的市场联系起来。

整体道路交通则由环形车行道围绕，它们直接与中心区外围各个停车场相联系，这使得中心的步行区域成为可能。

总体布局特征体现为：各类相同功能的建筑相对集中；商业建筑基本沿着街道布局，形成商业步行街；而一些公共文化建筑（教堂、会堂）、公共行政建筑、大型娱乐设施及市场则围绕广场布局。

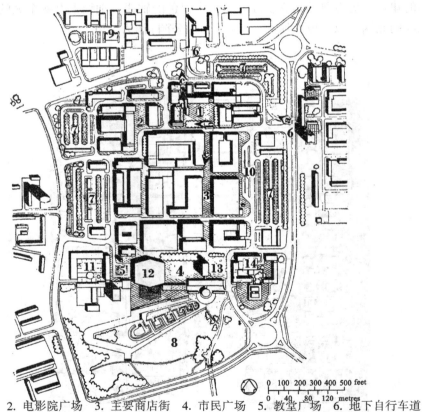

1. 市场　2. 电影院广场　3. 主要商店街　4. 市民广场　5. 教堂广场　6. 地下自行车道
7. 停车场　8. 几何形庭园　9. 服务区　10. 公共汽车站　11. 科技大学　12. 公会堂
13. 行政建筑　14. 法院

图 13-4　英国哈罗城镇商业中心

4. 北京五棵松文化体育中心

五棵松文化体育中心位于北京城市空间发展规划中"长安街轴线"和"西部发展带"的交叉节点上，依托周边良好的产业资源和便利的交通条件，规划与设计建成为集文化体育、休闲娱乐、商业产业于一体的北京西部大型商业圈。

项目总占地面积 50.17 公顷。文化体育中心包含体育馆（篮球馆，北京 2008 年奥运会篮球馆预赛和决赛用馆）、棒球场（2008 年奥运会棒球比赛场地）、大型运动公园，文化体育产业设施（体育训练馆、篮球博物馆、多功能数字影院）和商业设施（酒店、写字楼、大型购物中心）。

文化体育中心独特的发展优势主要体现在五个方面：

（1）便捷的交通条件

它位于长安街延长线复兴路与西四环交汇处，毗邻一线地铁五棵松站，拟建的远期地铁十号线将与中心的商业设施相连接。

（2）与北京市空间发展长远规划相一致

它处于海淀、丰台、石景山的交汇处，成为区域中心的核心组成部分，与北京市"两轴、两带、多中心"的城市空间新格局的发展构思相一致。

（3）稳定的商业消费群体

北京西部地区有较大规模的居民区，急需这样一个大型综合性的文化体育场馆以及集购物、商务、酒店、娱乐、餐饮于一体的商业配套设施。

（4）良好的绿化景观

具有集中绿地和文化体育运动公园，绿化率高达 30%，规划停车位 2500 个，能够满足商业设施未来发展的需要。

（5）优越的人文、科技、文化环境

国家部委、大学院校、科研院所与之毗邻，形成良好的社会外部资源环境。

本 章 小 结

1. 城市中心是城市居民社会生活集中的地方，为城市市民提供了活跃的社会活动空间，城市中心往往也是该城市的标志性地区。

2. 城市中心具有不同的功能需求和性质特征，例如行政中心、商业中心、文化体育中心、博览中心、会议中心等。它根据所服务的区域和范围，形成了多层级的关系，即形成城市中心或不同级别的副中心。每个功能中心建筑的使用功能、用地功能及其与环境空间的关系，将创造特色鲜明的城市空间形态和城市景观轮廓。

3. 城市中心往往利用道路、建筑、绿地、水系以及山体作为基准线来组织轴线，构建城市空间程序和突出规划设计主题。

思 考 题

1. 结合具体城市，分析如何利用自然轴线和人工轴线合理有效地组织和谐有序的城市中心区。

2. 现代大城市中商业中心区规模越来越大，功能日趋复杂，如何通过合理的交通空间和绿化空间布局创造安全的和舒适的购物环境？

第14章 工业园区规划

"工业园区"是城市工业化进程中经济发展的带动区、体制和科技创新的试验区、城市发展的新区。改革开放以来，我国的工业园区也大量涌现，工业园区的建设为各地的经济发展起到了重要的促进作用，因而也成为城市规划与建设中的重要环节。我国自开始实施改革开放政策以来，在开发区、工业园区的区域布局、园区规划、开发建设方面也积累了大量经验。

本章基于工业园区迅速发展的大背景，首先阐述了工业园区的概念和特点、工业园区规划设计的基本原则，介绍了现状条件的调查分析方法。随后以较小规模的工业园区作为案例，从微观规划层面对工业园区的规划方法进行了探讨；从工业园的平面布局、道路交通系统和绿地景观系统等方面提出了具体的规划设计方法。

14.1 工业园区的概念、类型与组成

14.1.1 工业园区的概念

工业园区起源于二战后的西方发达国家，在战后的经济复兴和城市重建过程中，工业园区作为其中一种重要的建设方式，在各个国家和地区迅速兴起，但由于工业园区类型多样，其定义和名称也各有不同。在日本称为"工业团地"，在香港称为"工业村"，在英国则称为"企业区"，主要设在衰退的旧城地区。

联合国环境规划署（UNEP）认为，"工业园区是在一大片的土地上聚集若干工业企业的区域。它具有如下特征：开发较大面积的土地；大面积的土地上有多个建筑物、工厂以及各种公共设施和娱乐设施；对常驻公司、土地利用率和建筑物类型实施限制；详细的区域规划对园区环境规定了执行标准和限制条件；为履行合同与协议、控制与适应公司进入园区、制定园区长期发展政策与计划等提供必要的管理条件。"

因而，工业园区的定义分狭义和广义两种，从狭义角度讲，工业园区指在一个特定地理区域内，由众多通过交换互相生产产品、技术等要素而进行内外部贸易的企业组成的体系。从广义角度讲，工业园区由若干不同性质的工业企业聚集并集中在相对独立的区域，形成生产生活区域与产业一同发展，通过统一的行政主管单位或公司为进入园区的企业提供必要的基础设施、服务、管理等。

14.1.2 工业园区的类型

工业园区的规模从几公顷到上百平方公里不等，以不同等级的城镇为依托，以满足各

种相关的服务、需求。我国的工业园区按照不同的划分标准可以分为多种不同类型，按照产业类别可以分为：传统产业园区、高新技术园区和综合性园区（如经济技术开发区、工业园区）。

1. 传统产业园区

是基于工业产业集群理论进行建设的工业园区，大部分有一定的污染性，工业园区企业之间存在着生产工艺的直接联系，某些产业的生产原料来源与其他产业产生的废弃物可进行衔接利用。这种类型的工业园区最本质的特征是物质在各种产业之间的流动，形成产业链，从而形成产业集群。根据工业的性质可以分为冶金工业、电力工业、燃料工业、机械工业、化学工业、建材工业等；根据环境污染程度可分为隔离工业、严重干扰和污染工业、有一定干扰和污染的工业和一般工业等。

2. 高科技工业园区

是以高科技产业为主的高科技园区，技术先进、科技含量高，如电子、生物工程、精密仪器等。这类工业多属清洁型，火灾危险及污染都很小，往往拥有高品质的绿化景观环境，规模也不大。园区内部的企业基本不存在产业上的物质流动关系，而是研发和技术应用在产品中相结合的关系，或者各个企业生产的产品有一定的组合关系。这类工业园区一般多靠近城区，是高科技技术人才聚集的地方。

3. 综合性工业园区

包括轻纺、能源、冶炼、机械、化工等多门类的工业区。可以是以某一门类为主导成为园区的龙头企业，形成综合性工业园区，也可能是包括一部分市区布局不合理的老企业搬迁。这类工业区构成比较复杂、占地大、运量大、人员也多。

14.1.3 工业园区的组成

工业园区一般由管理区、标准厂房区、专业工厂区、仓库区、公共和公用设施、生活区以及道路和绿化等组成（图14-1）。

1. 管理区

主要用途为园区的管理办公，一般设有管理办公楼、科技中心、信息中心、展览中心、培训中心等。

2. 标准厂房区

按统一标准批量建设的通用厂房，供公司企业购买或租赁。标准厂房区的划分，根据国内外的资料分析和研究，一般以200m×400m组成的地块来布置较为经济，这样既便于厂房的布置，也可以减少内部的道路面积。工业园标准厂房区分为分块建造和统一建造两种方式（图14-2）。

3. 专业厂房区

按工厂的特定要求建造，以适应特定的工业流程、空间尺度等需求。专业工厂区的用地，应根据工厂的实际需要来划分，一般划成1~5公顷的地块。

4. 仓库区

用以原材料、产品等物资的一般周转性存放。

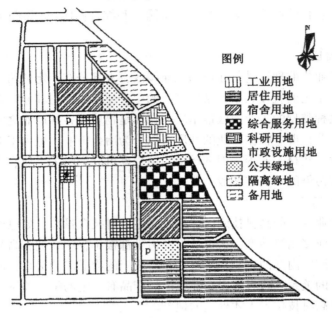

图 14-1　工业园用地组成实例

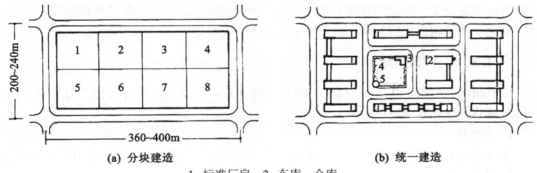

1. 标准厂房　2. 车库、仓库
3. 变配电所　4. 绿地　5. 商店

图 14-2　工业园标准厂房区建造方式

5. 公用与公共设施区

商业、体育休闲、医疗卫生等公共设施与服务用地。根据具体情况确定，一般设有医疗门诊部、消防站、车库、环境卫生和绿化服务机构、饮食和方便商店以及变电站、供水设施、污水处理等。

6. 生活区

为职工生活配建的宿舍、住宅、服务等用地。生活区是指为单身职工和外地不带家属的职工而建造的单身宿舍、食堂、浴室等建筑。生活建筑也可建造在附近的居住区内。

7. 道路用地

服务于工业园区交通、运输功能。

8. 绿化用地

包括公共绿地、防护隔离绿地等。

工业园区各种用途用地比例见表14-1。

表14-1　　　　　　　　　　　　工业园区用地组成

用地名称	工业、仓库	管理、公共公用设施	生活	道路	绿化
用地比例(%)	50~70	5~10	5~15	8~12	10~20

注：工业用地中标准厂房与专业工厂之间的用地比例，应根据具体情况确定。
　　工业小区的平均容积率(总建筑面积/用地面积)宜控制在1.5~2.0之间。

14.2　工业园区的规划设计

14.2.1　工业园区的规划设计原则

工业园区的规划设计原则如下：
(1)符合上位规划，选址合理，有适当的规模和工业构成。
(2)有良好的交通、能源、设施条件，为工业园的发展创造条件。
(3)统一规划，合理利用土地资源，降低开发成本。
(4)合理布局，营造良好的生产生活环境。
(5)防止污染，保护生态环境，强调可持续发展。

14.2.2　工业园区的总平面布置

1. 总平面布置的要求

总平面布置应在城市规划、工业区规划和总体布置的基础上，根据生产流程、防火、安全、卫生、施工等要求，结合内外部运输条件、场地地形、地质、气象条件、建设程序以及远期发展等因素，经技术经济综合比较确定。

(1)总平面布置应充分利用地形、地势、工程地质及水文地质条件，合理地布置建筑物、构筑物和有关设施，并应减少土石方工程量和基础工程费用。如当厂区地形坡度较大时，建筑物、构筑物的长轴宜顺等高线布置，并应结合竖向设计，为物料采用自流管道及高站台、低货位等设施创造条件。

(2)总平面布置应结合当地气象条件，使建筑物具有良好的朝向、采光和自然通风条件。将管理办公、居住等布置在有污染的工业厂房上风位；应防止有害气体、烟、雾、粉尘、强烈震动和高噪声对周围环境的危害；高温、热加工、有特殊要求和人员较多的建筑物，应避免西晒。

（3）总平面布置，应合理地组织货流和人流。工业园区功能分区与道路组织必须满足生产工艺流程要求，使物流线路短捷，运输总量最少；按功能分区，合理地确定通道宽度；功能分区内各项设施的布置，应紧凑、合理。

（4）在符合生产流程，操作要求和使用功能、符合各种防护间距要求的前提下，建筑物、构筑物等设施应联合多层布置，合理地紧凑安排；厂区、功能分区及建筑物、构筑物的外形宜规整，便于节约用地。

（5）总平面布置应使建筑群体的平面布置与空间景观相协调，并应结合城镇规划及厂区绿化，提高环境质量，创造良好的生产条件和整洁的工作环境。

2. 工业园规划结构模式

工业园区设置的结构优点可以总结为：将不同类型的工业活动通过工厂联建的方式综合设置，可在较大程度上减少分散设置时功能区划可能出现的问题；工业企业与生产活动的集中布置，可分摊降低基础设施和公用事业的成本，在成本和经济效益的取得上较为有利；同类型企业的集中可带来规模效应，而互补性的工业企业和服务则可以在园区内形成良好的对接，形成完整的流线，从而为工业企业的合理布局和良好发展提供条件。其一般结构如图14-3所示，包括联建的生产单元，以公共中心为代表的提供各项服务的辐射住宅单元，以及某些大型工业园区需配套建设的居住区。

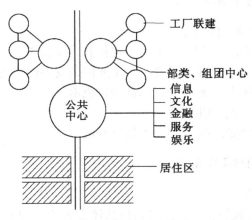

图14-3　工业园区结构图示

一般说来，工业园区用地结构布局的模式有三种：

（1）条状布局模式

这种布局模式是将生产区各厂房（标准厂房区、特殊厂房区、仓库）进行直线串联或并联布置，隔一定距离设置配套服务区（公共中心），形成直线平行发展的格局（图14-4（a））。

此布局的优点是各厂房交通便捷。在工业园区规模较小时，此规划结构优势明显；其弊端是工业园区规模过大时，容易导致主要道路过长、交通量过大。

（2）环（网）状布局模式

环(网)状布局指以配套服务区为核心,生产区围绕其展开(图 14-4(b))。其优点是配套服务区服务半径均匀,组织方式灵活。根据园区规模的不同,还可以设置若干个不同等级的中心,即在工业园区中设置一个以管理服务、商业、居住等为主要功能的中心,另外在各工业组团中设置次级中心。此布局可实现工业区的灵活拓展、多个组团均衡发展;组团之间可设置绿地,保护生态环境。

(3)区带式布局模式

区带式布局是将厂区建筑(构筑)物按性质、要求的不同,布置成不同区域,以道路分隔开,各部分相对独立。各区域适当地设置配套服务区(图 14-4(c))。此类布置形式较为分散,具有通风采光良好、方便管理、便于扩展等优点,但同时也存在着占地面积大、运输线路、管线长,建设投入多,不经济等缺点。

(4)混合式结构

组合式布局是由上述布局模式组合而成(图 14-4(d))。此布局形式兼集上述各布局形式的优点:环(网)状布局有利于提高其可达性和服务均匀性,便于服务区充分发挥其最大服务管理效益;区带式布局又有利于不同工业区的灵活布置和整个园区的可持续发展要求。

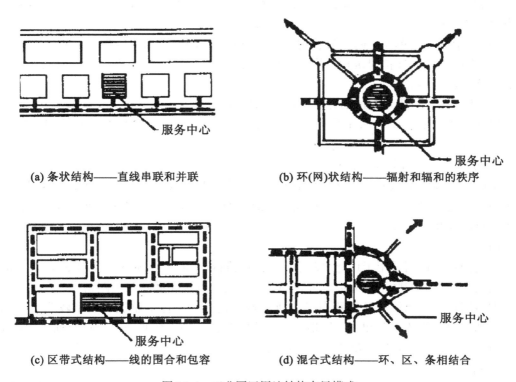

(a) 条状结构——直线串联和并联

(b) 环(网)状结构——辐射和辐和的秩序

(c) 区带式结构——线的围合和包容

(d) 混合式结构——环、区、条相结合

图 14-4 工业园区用地结构布局模式

综上所述,工业园区的规划布局模式要根据工业园区的区位环境、发展规模、工业类型等具体影响因素,因地制宜地选择合理的规划结构。

14.2.3 工业园区的道路交通规划

凡是工厂就必然有运输作业,从原料到产品,从燃料到废物清除,从一个功能单元到另一个功能单元,都需要通过各种各样的运输方式来传递、输送。因而,工业园区应根据物料和人员流动特点,合理确定道路系统的组织与断面及其他技术要求。

1. 工业园厂内道路布置的一般要求
(1)满足生产、运输、安装、检修、消防及环境卫生的要求。
(2)划分功能分区,并与区内主要建筑物轴线平行或垂直,宜呈环形布置。
(3)与竖向设计相协调有利于场地及道路的雨水排除。
(4)与厂外道路连接方便、短捷。
(5)建设工程施工道路应与永久性道路相结合。

2. 工业园区厂内道路类别

以中型轻工业厂房为例,其道路类别和宽度分别为:
(1)主干道。连接厂区主要出入口的道路,或运输繁忙的全厂性主要道路,宽度一般为7m左右。
(2)次干道。连接厂区次要出入口的道路,或厂内车间、仓库、码头等之间运输繁忙的道路4.5~6m。
(3)支道。功能单元之间人流、物流较少的输送道路以及消防道路等,宽3~4.5m。
(4)车间引道。连接建筑物、构筑物如车间、仓库等出入口与立、次干道或支道相连接的道路,宽3~4m。
(5)人行道。行人通行的道路,一般宽1.0~1.5m。

此外,道路尽头设置回车场时,回车场面积应根据汽车最小转弯半径和路面宽度确定。

3. 道路网的结构形式和特点

工厂工业园区道路网结构形式是根据园区特点、自身发展需要,为满足园区规模、用地布局、交通等要求而形成的。工业园区道路网的结构形式主要包括以下三种类型:方格网式、自由式和混合式。

(1)方格网式

方格网式道路网适用于地势平坦,受地形限制较小的工业园区(图14-5)。设计时应注意园区内外交通的联系与分离、道路的分级、适宜的道路间距与道路密度。

方格网式的路网优点是道路布局、地块划分整齐,符合工业建筑造型较为方正的特点,有利于建筑物的布置和节约用地;平行道路多,有利于交通分散,便于机动灵活地进行交通组织;该形式路网的缺点是对角线方向的交通联系不便,增加了部分车辆的绕行。

(2)自由式

自由式道路网是适用于地形起伏较大的地区,道路结合自然地形呈不规则状布置(图14-6)。其优点是可适应不同的基地特点,灵活地布置用地;但其缺点是受自然地形制约,可能会出现较多的不规则空间,造成建设用地分散和浪费。

自由式道路网规划的基本思想是结合地形,需要因地制宜进行规划设计,没有固定的

图 14-5　某工业园区方格网式路网

模式。如果综合考虑园区用地布局和景观等因素，精心规划，不仅同样可以建成高效的道路运行系统，而且可以形成活泼丰富的景观效果。

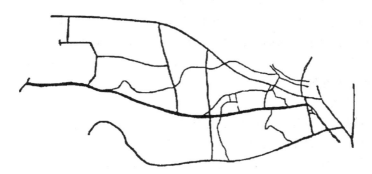

图 14-6　韩国光州技术城自由式路网

（3）混合式

混合式道路网系统是对上述两种道路网结构形式的综合，即在一个道路网中，同时存在几种类型的道路网，组合成混合式的道路网。其特点是扬长避短，充分发挥各种形式路网的优势。混合式路网布局的基本原则是视分区的自然地物特征，确定各自采取何种具体形式，以使规划的路网取得好的效果。

14.2.4 工业园区的绿地景观

1. 工业园区绿地景观的特点

(1) 生态功能性

工业园区的景观绿地往往首先是作为生态防护、生态隔离措施而设置的，其功能性明确，如防止污染、净化空气水体、水土保持等，分为绿地、绿篱、林带等多种形式，规模大小各异，是工业园区的整体环境与生态功能组成的重要部分。

(2) 美化艺术性

早期的工业园区往往忽略绿化景观的装饰美化作用与规划设计的艺术性。随着工业园区类型的不断发展，其建设中审美要求不断提高，尤其是以高科技园区为代表的新型工业园与传统工业园区相比，其"工业"特点日趋减弱，对生态和审美环境的要求日益凸显。

工业园区的景观规划设计结合功能、成本与园区特点，通常使用大尺度、规则的设计手法，结合地景设计的原则，强调规整、有秩序的景观总体感受以及理性、高科技的景观氛围。

(3) 休闲娱乐性

随着工业园区尤其是高科技园区对员工的身心健康的日益强调与重视，工业园区尤其是其管理区、生活区也越来越强调为员工提供休闲、游憩、娱乐的空间。

2. 绿地景观规划的一般要求

(1) 绿地景观规划是工业园规划中的有机组成部分，应与总平面布置综合考虑，本着统一安排、统一布局的原则进行。

(2) 绿地的设置应尽可能减少或消除有害物(如气体，烟尘、废渣等)对环境的影响，满足防护要求(火灾、爆炸、震动、噪音、辐射、电磁波等)，同时对场地应进行充分的绿化和美化，以创造良好的生产环境和生活环境。

(3) 要因地制宜，适地适树。绿化苗木选择时要考虑地形、土质特点、环境污染等情况，在满足各项功能要求的前提下，结合生产种植一些经济树种。

(4) 绿化规划设计布局要合理，以保证安全生产。绿化不能影响地下、地上管线的运行与维修，不能影响车间生产的采光、通风。

3. 绿化布置手法

绿地景观规划需要综合考虑自然环境条件、工业生产特点、员工及居民的使用需求与特点，确定绿地区位、功能、规模等。绿地景观系统的规划是一项系统的工程，通过对生产防护绿地、厂区绿化、公共绿地、道路绿化、滨水绿化等的综合合理布局，最后形成"点、线、面"相结合的网络化绿地景观体系。

(1) "点"状绿化

"点"状绿化主要是指工业园区规模相对较小、分布位置较广、与生产生活联系较密切的公共绿化。如管理区绿地、工业组团中车间及仓库周边绿化等。此类绿地是局部空间绿化的主要形式，要考虑其可达性、分布均衡性，从而达到空间质量的均好性。

管理区绿化。管理区一般区位良好,对空间质量要求较高,绿化条件较好。重点建筑附近绿地通常采用规则式布局,可设置花坛、雕塑小品等;非重点建筑区域则可根据地形变化采用自然式布局,设计草坪、树丛等。

车间及仓库周围的绿化是工业园区绿化最具功能意义的重点区域,进行设计时应充分考虑植物对污染的净化作用和对噪声、辐射等的防护作用。如根据车间产品和生产流程、周边环境污染的实际情况,有针对性地选择植被和树种;生产产生有害气体及粉尘的,要选择对其废气抗性较强及吸附粉尘的树种;产生废液废渣对土壤有污染的,树种应可抵抗及改善污染状况;产生噪声、震动、辐射、电磁等污染的,应选择隔音、防护效果较好的树种。

对于产生较多废气污染的化工车间,周边植被的布置不应形成密植成片的树林,而应多种植低矮的花卉灌木或草坪,以利于通风,便于有害气体扩散,减少对人的危害。在仓库及防火要求较高的车间周围,要选择含水量大、不易燃烧的树种。在车间周围种植成片树木时还要考虑车间的采光情况,不能造成严重的遮挡。

(2)"线"状绿化

现状绿化是指工业园区内沿主要道路、水系、高压走廊等设置形成的线状的公共绿地和防护绿地,是园区内的绿地廊道。

在满足交通需求的条件下,工业园区道路应进行充分的绿化,发挥绿地植被的生态效应,也可提升园区的整体景观形象。主干道两侧行道树多采用行列式布置,创造林荫道的效果;在主干道较宽的情况下,可采用分车绿化隔离带,既可以更好地保证行车安全,也可进一步提高道路绿地率,形成园区中的景观大道。

工业园区的一般道路、人行道两侧根据实际需要,组合种植三季有花、季相变化丰富的花灌木;道路与建筑物之间的绿化要有利于室内采光,防止污染,减弱噪音。灵活设置草坪、植草砖等与人行道建设结合,形成工业园区不同层次的网络状线形绿化空间,在环境保护、景观质量、活动空间等多方面满足现代工业园区的要求。

(3)"面"状绿化

"面"状绿化是指工业园区中规模较大的集中绿地。如工业园中的管理服务区的形象展示绿地或小游园等,其面积一般都较大,使用对象主要是园区工作生活的员工与居民。工业园区小游园可展示工业园区形象,是员工与居民休息、娱乐以及进行文体活动的场所。其规划设计中要注意以下问题:

设计时应因地制宜,充分利用现有的自然条件。工业园区的生产区域因生产功能、交通运输的要求,往往会将基地处理为平坦的地形。小游园则应尽量结合自然,利用原有的地形变化、山体水体、景观植被,从而营造工业园区的特色和标志性景观。

工业园区小游园的设计应注意与园区生活服务区的结合,提供适当的休闲、体育设施(如桌椅等休息设施,球桌等体育活动场地),使小游园具有良好的可达性与实用性,充分发挥其生态效益和实际使用功能。工业园区小游园可适当设置观赏价值较高的园林植物,或设置具有特色的景观雕塑小品、展示设施等,增强小游园的文化、教育功能。

工业园区的绿地景观系统应结合点、线、面的不同绿地形式,以"面"状绿化为核心,以"线"状绿化为廊道,以"点"状绿化为细胞,构成完整的绿地景观网络,提升工业园区的整体生态环境和景观品质，它也是工业园区持续发展的重要影响因素之一。

14.3 工业园区规划设计实例

14.3.1 台州经济开发区科技创业中心

工业园规划布局结构清晰，由厂前区与生产区两个主要的片区构成。厂前区主要为管理服务功能，包含办公、商务、居住、后勤等建筑，围绕中心绿地展开；生产区包括专业厂房区和标准厂房区两大组团，中间以绿地分割。

道路采用规整的直线型与局部曲线型结合的混合型道路结构。生产区以规则的直线型路网为主，道路较宽且形成若干个小的环路，以满足生产运输要求；专业厂房与标准厂房以绿地分割，设置各自的主要道路，避免干扰。生活区道路形式走势较为灵活，形成便捷的交通联系和较为丰富与活泼的空间感受，打破了一般工厂刻板单调的印象。生产区与厂前区分别设置出入口、步行系统，实现人货、人车的分流。

绿化景观规划突出厂前区的整体空间品质，工厂区在满足生产要求的前提下尽量提高景观品质。工业园整体与城市道路之间进行绿化隔离；专业厂房与标准厂房之间绿地的设置不仅起到了分隔不同功能区、避免干扰与污染的作用，也起到了重要的景观美化作用。生活区的景观绿化采用较丰富的设计手法与树种选择，营造整个园区的核心形象空间。

图 14-7 至图 14-9 为台州经济开发区科技创业中心的总平面图，用地功能分析图和道路系统分布图。

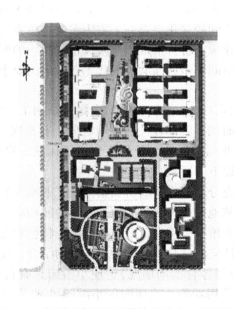

图 14-7　台州经济开发区科技创业中心总平面图

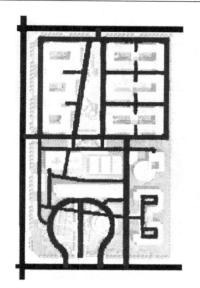
图 14-8 道路系统分析图

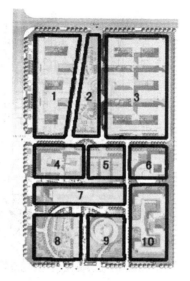
图 14-9 用地功能分析图
1. 专业厂房区 2. 集中绿地 3. 标准厂房区 4. 会所
5. 活动场地 6. 后勤服务区 7. 生产力促进中心
8. 集中绿地 9. 商务中心 10. 生活区

14.3.2 北川山东工业园

图 14-10 至图 14-12 从不同角度向人们展示了地震后新建的北川山东工业园的雄姿。

该园区位于北川新县城东南角,距离原北川县城约 35 公里,距绵阳市区约 25 公里。规划理念为生态友好、使用高效、特色鲜明。

规划结构为"T 轴渗透,水绿成网,板块分区"。

"T 轴渗透"——将总规划确定的城市公共服务设施环的企业办公和生产服务功能沿工业区中心东西向延伸,构建"T"字形的整个园区级的产业服务轴线,提供包括综合办公、商业、管理、医院、职工文娱中心等。

"水绿成网"——构建工业区自身的生态网络体系,同时形成多处生态节点。强调突出滨水绿带以及沿路绿带所构建的半环形公共开放空间,形成整个园区景观、人行交通和生活服务相互融合的环。

板块分区——以"T"轴交点为中心圈层式布置四大功能板块,分别为:标准厂房板块、定制厂房板块、龙头企业板块和技术培训板块。

道路网功能布局规划:根据上一层次规划,将工业区道路网按照功能详细划分为综合干路、交通干路、工业区干路、支路 4 种类型。规划倡导交通分流,构建贯穿整个工业园区的慢行交通体系,并按照功能,将其详细划分为独立慢行交通系统和生活慢行交通系统。

景观风貌体现在开放空间系统的"三水五态,纵水横林,聚水点睛"。

街区风貌和建筑风貌上重点展示"三轴,四区,多节点",能体现一定的汉羌特色。

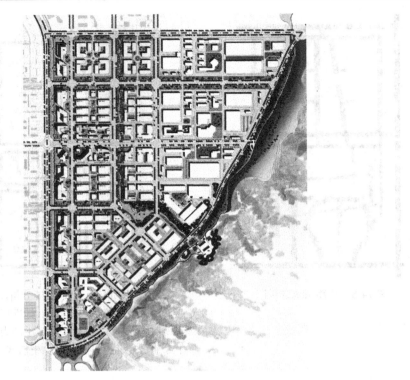

图 14-10　北川山东工业园规划平面图

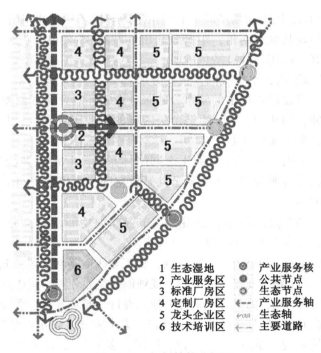

1　生态湿地　　　产业服务核
2　产业服务区　　公共节点
3　标准厂房区　　生态节点
4　定制厂房区　　产业服务轴
5　龙头企业区　　生态轴
6　技术培训区　　主要道路

图 14-11　规划结构分析图

第14章 工业园区规划

图 14-12　鸟瞰

14.3.3　典型工业园区设计图例

下面提供了若干典型工业区设计图例，供分析比较（图 14-13 至图 14-21）。

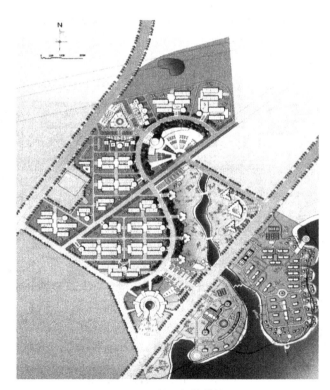

图 14-13　武汉大学科技园

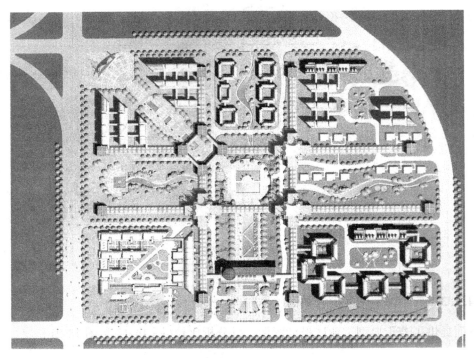

图 14-14　武汉经济技术开发区高新技术工业园

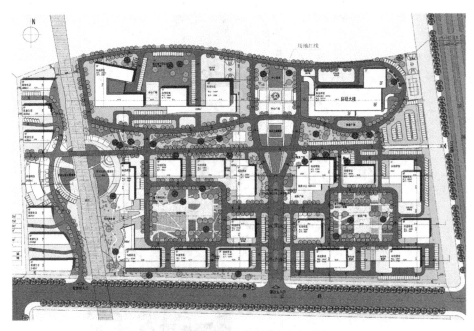

图 14-15　昆山清华科技园平面图

第 14 章　工业园区规划

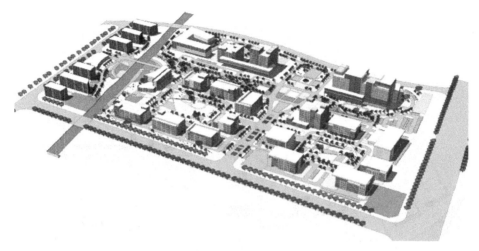

图 14-16　昆山清华科技园透视图

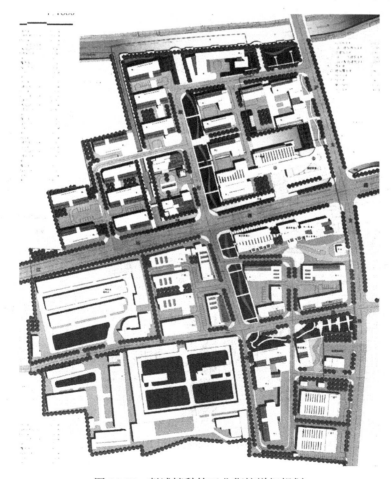

图 14-17　彭浦镇科技工业街坊详细规划

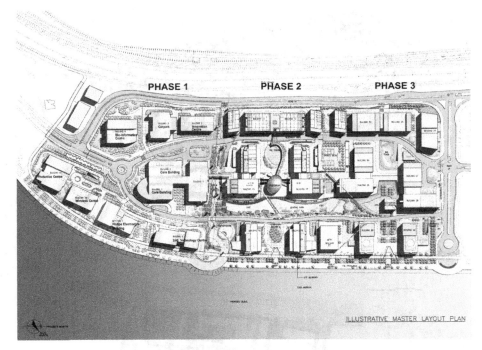

图 14-18　安阳市殷商现代园区

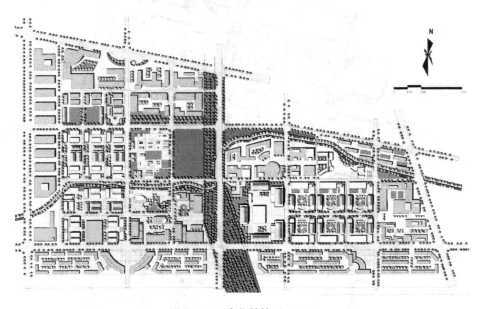

图 14-19　香港科技园 HKSP

第14章 工业园区规划

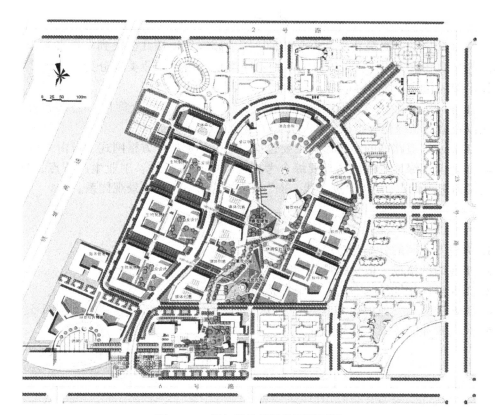

图 14-20 新加坡杭州科技园平面图

图 14-21 新加坡杭州科技园透视图

本 章 小 结

1. 工业园区的定义分狭义和广义两种。工业园区规模从几公顷到上百平方公里不等，以不同等级的城镇为依托，可以分为多种不同类型。按照产业类别分为：传统产业园区、高新技术园区和综合性园区（如经济技术开发区、工业园区）。

2. 工业园区一般由管理区、标准厂房区、专业工厂区、仓库区、公共和公用设施、生活区以及道路和绿化等组成。

3. 工业园区道路网的结构形式主要包括以下三种类型：方格网式、自由式和混合式。

4. 工业园区绿地景观规划需要综合考虑与自然环境条件、工业生产特点、员工及居民的使用需求与特点，形成"点、线、面"相结合的网络化绿地景观体系。

思 考 题

1. 简述工业园的分类与特点。
2. 工业园的组成一般包括哪些功能及用地？
3. 工业园区用地结构布局的模式有哪些？
4. 工业园区与其他规划类型（如居住区）在绿地景观规划设计上的特点是什么？
5. 当前工业园区发展的趋势如何？

第15章 旧城改造规划

城市的动态发展使得城市各组成部分呈周期性的改造与再开发过程，旧城改造是城市规划与建设中的一个重要课题。不同类型的城市功能区域（如居住区、工业区、商业区等）既有共同的挑战（如功能的调整，活力的重塑），又有各自的特点（如区位、建筑功能、体量的差异），因此，在其规划设计中既要找到普遍使用的原则与模式，又要针对其特点进行特定层面的处理。

本章首先对旧城改造的概念与起因进行阐述，介绍旧城改造理论和实践；进而提出旧城改造的原则与手法、内容；最后，针对详细规划阶段较常见的旧居住区、商业区与工业区的改造，列出了国内外著名案例，作为参考。

15.1 旧城改造的概念、理论与原则

15.1.1 旧城改造的概念与起因

城市是一个动态的有机体，城市的各组成部分总处于不断的发展变化之中。旧城的衰败也成为城市发展过程中一个需要面对的问题。城市中各组成内容本身或相互之间由于历史的、自然的或人为的原因而造成功能失调、恶化甚至被破坏，需要进行不断的调整、维修、改善、更新或改建，使其恢复正常的效能，这个过程一般统称为城市的再开发。《城市规划原理》（第三版）定义城市更新为一种将城市中已经不适应现代化城市社会生活的地区作必要的、有计划的改建活动。

城市更新的目标是针对旧城中影响甚至阻碍城市发展的城市问题，这些城市问题的产生既有环境方面的原因，也包括经济和社会方面的原因。由于自然的和人为的各种原因，城市中不同程度地会出现生活环境不良的地区，导致这些不良地区出现的原因大致有八个方面：①人口密度增高；②建筑物老化；③公共服务设施、公园和休憩设施不足；④卫生状况差；⑤交通混杂；⑥火灾和疾病发生率高；⑦土地和物业价格下降；⑧相互有干扰的功能夹杂在一起。

城市旧区中存在的主要问题包括：城市旧区景观环境的低下，影响城市整体形象和旧区及周边地段的城市吸引力；城市旧区生活环境的恶劣甚至进一步的恶化，不利于居民生活水平的提高；城市旧区人口构成与社会关系的变化，导致社会问题的产生；城市旧区功能随着城市发展而与周边功能产生不和谐甚至矛盾，阻碍地块经济价值的实现、城市功能的合理布局及未来发展。

15.1.2 旧城改造的理论与实践

在欧美各国，城市更新起源于二战后对不良住宅区的改造，随后逐渐扩展至对城市其他功能地区的改造，并将其重点落在城市中土地使用功能需要转换的地区，如废弃的码头、仓储区和需要搬迁的铁路站场区、工业区等。

1958年8月，在荷兰召开的第一次城市更新研讨会上，对城市更新作了有关的说明：生活在城市中的人，对于自己所居住的建筑物、周围的环境或出行、购物、娱乐及其他生活活动有各种不同的期望和不满；对于自己所居住的房屋的修理改造，对于街道、公园，绿地和不良住宅区等环境的改善要求及早施行，对形成舒适的生活环境和美丽的市容抱有很大的希望。包括所有这些内容的城市建设活动都是城市更新。

美国《不列颠百科全书》对城市更新的定义为："对错综复杂的城市问题进行纠正的全面计划。包括改建不合卫生要求、有缺陷或破损的住房，改进不良的交通条件、环境卫生和其他的服务设施，整顿杂乱的土地使用方式，以及车流的拥挤堵塞等。最早工作重点通常集中于改建住房与公共卫生设施，最后则日益强调拆除贫民区，将居民及工厂拥挤的城区安置在空地较多的地点，例如在英国所推行的花园城及新镇运动。每个国家都根据本国的政治制度与行政体系，按各自的办法进行城区更新工作。"

近年来，由于受到物质环境与社会政治、住房与健康福利、社会进步与经济增长、城市质量的提升、城市政策角色及作用改变等因素的影响，更新的意义变得更为宽泛，不再是以大规模推倒重建与清理贫民窟为手段，而是导向了经济、社会、环境的全面更新。

15.1.3 城市旧区改造的原则与特点

我国《城市规划法》规定："城市旧区改建应当遵循加强维护、合理利用、调整布局、逐步改善的原则，统一规划，分期实施，并逐步改善居住和交通运输条件，加强基础设施和公共设施建设，提高城市的综合功能。"这一旧区改造的原则，反映了旧城再开发的客观规律；旧区的再开发有其自己的特殊性，主要表现在以下几个方面：

1. 复杂性与综合性

旧区的改造面对的是错综复杂的物质环境现状和社会、历史、政策条件。要对这些方面进行综合的考察与分析评价，找出地块规划中需解决的主要矛盾与问题，提炼其主要特色与重点，用以指导规划决策与方案设计。

2. 阶段性与长期性

旧区与旧区改造是一个相对的、不断发展变化的概念。其评价标准、改造方式、建设标准也在不断变化，具有明显的阶段性；另一方面，随着时间的推移、人们生活水平的提高和科学技术的进步，旧区不断出现，旧区改造的工作也将是一项长期性的工作。

3. 局部性与整体性

城市旧区的再开发要考虑地块本身的功能的优化、交通与景观的组织、建筑的拆除、保留或改造等局部性问题；还涉及地块与城市功能的衔接，人口密度与开发强度与城市基础设施的适应情况；建筑风貌与周边的协调等城市整体性问题，应让旧区融入新的城市总体环境，恢复活力。

15.2 旧城改造的方式

15.2.1 城市更新的调查方法

城市更新的调查内容一般包括建筑物调查、土地使用调查、人口调查、交通调查、公共服务设施调查、环境设施调查、市政设施调查、环境卫生调查、社区关系调查和空间场所调查等十个方面，当然也包括历史、气象、地形地貌和工程地质方面的内容。

1. 建筑物调查

建筑物调查的项目包括建筑的结构、建筑的层数、建筑物的面积、建筑物的产权、建筑物的建造年代、建筑物的设施设备配置、建筑物的历史文化价值、建筑物的历次修建情况以及建筑物目前的维护状况等(图 15-1)。

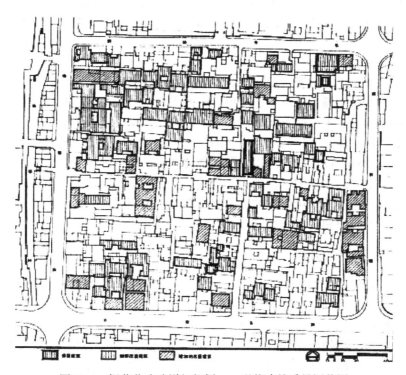

图 15-1 桐芳巷改造详细规划——现状建筑质量评价图

2. 土地使用调查

按照国家《城市用地分类与规划建设用地标准》对城市各类用地的划分，将被调查地区的土地使用状况分至中类至小类，明确各类用地的界线，对某些重要的设施还应标注名称。

3. 人口调查

人口调查的项目包括人口的年龄结构、性别结构、职业结构、历年的人口变化情况、人口总数、人口密度及人口分布等。

4. 交通调查

交通调查的项目包括地区内及邻近地区主要道路的交通流量，路网密度，道路等级与宽度，道路交叉口，曾经发生车祸的地点和时间，停车场的分布、规模和使用情况，公交线路、站点和班次等。

5. 公共服务设施和环境设施调查

这两项的调查项目包括幼托、中小学以及各类文化活动设施的数量、规模、用地、设施和服务半径，商业服务设施的服务状况，公园和各类公共绿地以及休憩设施的分布、大小、设施和服务半径等。

6. 市政设施和环境卫生调查

这两项调查的项目有供水、排水、供电、供暖、供气、电信和垃圾收集等方面的状况，包括服务的范围、普及率、供应的标准以及设施的维护情况，设施满足需要和标准的情况。

7. 社区关系和空间场所调查

需要更新的地区还应该通过观察、访谈和问卷等社会调查的方法，在邻里关系、社区服务、治安和户外活动场所的位置、类型、空间景观的特色等方面进行调查。

旧区调查的目的在于掌握旧区物质环境、社会、历史文化各方面的现状基础资料，从而分析旧区中现状存在的主要问题，作为旧区改造决策、改造方式选择的依据；提炼旧区的主要特点，寻找规划设计中改造提升旧区整体环境、营造地区特色的突破口。

当然，对于不同类型的旧区，现状调查往往有不同的侧重点。在调查资料的综合分析与评价中，应该将客观的、可量化的评价和主观的、不可量化的评价采用适当的方法综合起来，更为合理地认识和制定旧城改造的目标。

15.2.2 旧区改造的方式

按照吴良镛先生在《北京旧城与菊儿胡同》一书中的定义，城市更新的方式可分为重建或再开发(redevelopment)、整建(rehabilitation)及保留维护(conservation)三种。重建或再开发，是将城市土地上的建筑予以拆除，并对土地进行与城市发展相适应的新的合理使用。整建，是对建筑物的全部或一部分予以改造或更新，使其能够继续使用。保留维护，是对仍适合于继续使用的建筑，通过修缮活动，使其继续保持或改善现有的使用状况。

1. 重建或再开发

重建或再开发是指将城市旧区地块上的现有建筑予以拆除，对地块进行重新的规划设计与建设。使用此改造方式的原因一般有：

(1) 由于城市的发展，地段功能发生重大变化，旧区的原有的功能与所在城市片区的城市总体功能不适应甚至产生矛盾冲突，进而导致地段经济价值无法发挥。

(2) 旧区建筑物、基础设施与公共设施、景观环境等物质空间环境全面恶化，且无法通过合理的方式使之适应当前城市生活的需求。

重建或再开发改造方式的主要内容包括：

（1）功能的调整与重新定位。要求将旧区的发展纳入到城市片区的总体发展策略层面来考虑，强调地块功能的合理定位，与总体发展衔接。

（2）物质环境的全面提升。对物质环境的改造强调与周边环境的协调统一，形成良好的整体风貌。

这种改造方式的利弊分别是：能彻底改善旧区的设施水平，对空间环境质量可有明显的改造和提升。但弊端在于改造风险大，投资高，也可能在空间环境、社会环境方面造成难以逆转的问题。因此，重建或再开发改造方式要尤其重视对现状的透彻调查及对功能定位的深入分析，要进行合理决策。

2. 整建

整建的改造方式适合建筑与设施质量总体较好，可采用维修、维护、改善、增补方式提升建筑、设施与景观环境质量的旧区。其改造原因主要包括：

（1）建筑因自然侵蚀、缺乏维护或人为的原因导致质量下降或破损。

（2）基础设施老化、建设标准过低或因人口增长而容量不足，公共设施不足。

（3）公共活动空间缺乏，绿化与景观环境不佳。

因而，整建的内容一般包括：

（1）总体质量较好的建筑物可进行内外部维修、改造。

（2）对建筑密度过大、质量较低、土地或建筑使用不合理的片区可进行部分拆除、置换建筑与土地功能等。

（3）基础设施改造与公共设施的增加与布局调整。

（4）开辟或恢复公共活动空间，改善绿化与景观环境。

整建方式耗时较少，搬迁、安置居民的压力也较小，因而总体风险较小，投资较低。整建要求深入分析现状问题，了解居民的意愿，防止旧区的继续衰败，恢复旧区活力。菊儿胡同的改造主要属于此种方式（图15-2）。

图15-2　菊儿胡同组团模型

3. 维护

维护方式适用于建筑物、设施、景观总体质量较高、与城市片区总体功能衔接良好或具有美学、历史文化价值，具有保护与利用前景的旧区。维护方式的重点除了对物质环境进行必要的修整、改造之外，更重要的是对旧区的建筑密度、人口密度、土地与建筑的合理利用等提出具体的规定；对居民进行旧区维护重要性和方法的宣传教育。维护是变动最小、耗资最低的更新方式，也是一种预防性的措施，适用于大量的城市地区。

在实际的旧区改造规划设计与实施中，应视当地的具体情况，将以上几种方式结合使用。

15.3 旧城改造的规划设计手法

旧区改造的规划设计手法以上述的整建与维护的改造方式为重点，分为地段总体功能定位调整、空间肌理与空间界面的保护、建筑环境的提升、地段交通的重组、绿地景观的改善、设施的改善等方面。

15.3.1 地段总体功能定位调整

就城市旧区的形成而言，它本身就是一个相对的、发展的、和城市发展与城市历史紧密相关的问题；旧区的出现不仅是因为该城市区域在相对较长的时间中逐渐出现物质环境老化甚至衰退的问题，更是因为其在城市发展过程中出现了与城市当前的发展方向、功能定位、物质环境建设标准、人们的生活方式不能完全适应的某些矛盾或问题。因此，在旧区改造问题中，首先要关注的问题就是对旧区地段功能的重新认识与定位，进而通过物质空间改善的手段实现这种定位。

对旧区的定位主要应从两方面来研究：与周边环境、所在片区功能、城市整体发展的关系；与城市发展的历史、现状、未来的关系。

旧区地段总体土地使用调整一般有四种途径：

1. 延续原有用途

旧区总体土地使用功能与周边地段及城市总体发展契合度好，整体运行情况良好的地段可保持原用途。

2. 恢复原有用途

历史地段因某些原因改变了原土地使用功能，可根据实际情况部分或全部恢复其原用途。如许多城市的历史租界区公共建筑由于历史原因成为民居，其后又全部或部分恢复为商业建筑或公共建筑的用途。

3. 引入新用途

历史地段随着城市的发展，往往需要引入新的功能、设施与服务等。如旧居住区随着人民生活水平的提高，往往需要加入商业、休闲、公共服务等功能。

4. 改为新用途

历史地段环境严重恶化或其原有功能无法适应城市的发展和新的片区总体功能时，可以进行重新定位，改为新的用途。例如，原处于城市边缘的旧工业区随着城市发展，可能逐渐变成处于城市中心，这种情况下往往需要对旧工业区进行搬迁，改为艺术、商业、公园，甚至进行拆除和重新开发。

15.3.2 空间肌理与空间界面的保护

城市在不断的发展中，这些地块逐渐形成了独特的平面图底关系和空间界面。如把城市比喻为一块织物，道路与街区所叠合而成的层次、图底关系就像织物独特的纹理、质地，因而被形象地称为城市肌理。城市肌理是在长期营造过程中逐渐形成的。它是一种城市空间特征的重要因素，是认知城市的有效符号，是形成城市空间特色的重要元素；它也是一种历史记录，体现了城市某个时期的历史文化环境、社会生活方式。城市肌理是城市片区之间及城市旧区区别于城市新区的最显著特点之一，在城市旧区改造的规划设计中应予以充分的考虑。如青岛中山路改造规划中就强调了对城市肌理和界面的保护（图15-3）。

图15-3 中山路规划设计效果图

城市肌理保护的手法主要包括如下几种：

(1) 街区及道路平面布局与图底关系的保护、延续

不同功能区因功能、人口密度、开发强度的不同，在建筑环境上反映为不同的街区地块大小分割，不同的道路街巷的宽度与密度、地块建筑总体布局、建筑密度和建筑体量等。如居住区相较商业区、公共建筑区而言，其街区划分通常较小，道路街巷较细密，建筑密度通常较高，建筑尺度较小，容易形成明显的较有规律的肌理感。

在旧区规划设计中应尊重街区肌理的保护，它是保持旧区空间感受的最重要手段之一；新建部分要注意与街区、道路原有的肌理在尺度与形式上进行衔接与延续。

(2) 空间界面的保护

旧区空间界面保护主要强调出入口、标志性公共空间，由建筑、道路、街巷、植被、小品等共同构成的空间感受与空间尺度。街巷的不同组织形式、宽度、密度及与建筑、景观元素的不同组合和围合方式可以构成具有特色的空间界面，它们是人们感受空间的主要媒介，也是旧区改造规划设计中应深入分析和考虑的内容。

15.3.3 建筑环境的提升

由于多种原因，旧区的建筑环境质量往往参差不齐，对其处理一般也不能采用全盘保存或全部推平的简单处理方式。应根据实际情况，在建筑质量调查评价的基础上，确定建筑拆除还是保留，进而确定保护应采用的手法，如整修、改建、新建等。

对旧区中现存的不符合卫生、消防、安全及景观要求的建筑及临时建筑物、构筑物应予以拆除；对建筑质量较好的单体、较有价值或代表性的标志性建筑单体或构筑物可考虑其保护利用的可能性。其具体手法包括如下几种：

(1) 对建筑物的局部破损进行修理

对建筑立面进行维护和修缮，强调的是对建筑形式、色彩、材质的修旧如旧；许多旧建筑平面布局及内部设施陈旧，难以适应现代生活要求，应对其进行改造。建筑物内外部的改造，应以不破坏建筑外观的历史风貌特征和内部的结构特征为原则。

(2) 标志性建筑单体的保护或重建

旧区中较有历史代表性的，具有社会、文化或建筑艺术价值的建筑要进行重点保护；对那些由于各种原因被毁的标志性建筑，在必要且条件允许的情况下可进行重建；标志性建筑单体应在规划设计中作为重要元素进行利用。

(3) 新建筑：文脉的延续，与旧建筑在设计手法上的呼应

对旧区改造项目中的新建改建建筑，其规划设计强调延续现有街区的建筑文脉，应与现有的建筑尺度相适应(如开间、柱距、层高、高度、面宽和体量等)，并在色彩、材料、工艺和形式等方面考虑与现存环境的关系。

15.3.4 地段交通的重组

随着小汽车等现代交通工具的日益普及，城市旧区原有的街巷普遍面临道路狭窄、停车设施缺乏的问题，而既有的人口密集的问题也使得人车抢行及相关的安全、环境质量问题日益突出。

在旧区改造规划设计中应充分考虑交通的改善问题，但旧区的特殊性决定我们不能一味地使用新建、拓宽道路和开辟停车场的方式来解决交通问题，因为在以保护为主的地段，道路的拓宽和新建停车场都受到原有街巷、建筑和有限的用地的限制。因而，在以保护为主的旧区中，改善旧区交通环境的原则是以疏导改善交通为主，在满足居民的交通出行需求的同时努力保持旧区环境特征。其主要规划设计手法有如下几种：

(1) 尽量在历史地段的外围组织车行交通，并与城市公共交通进行有效的衔接

城市旧区内部应尽量减少汽车的使用和穿越，利于保持原有街巷尺度、使用功能与空间环境；同时，由于旧区一般人口密度较高，旧区的交通系统应与城市公共汽车、公共轨道交通等进行对接，满足居民交通出行需求。

(2) 街区内部的车行可利用现有街道组织单向交通

在旧区改造的实践中，内部的车行往往无法完全杜绝。在这种情况下，可考虑使用交通管制的方式，将原有的街道组织为单向行驶车道，限制交通量，缓解行人与机动车争夺道路空间的问题。这样既可减少安全隐患，也可改善道路环境感受。

(3) 在街区内部建立尺度合理的步行体系

对许多旧区而言，其最具吸引力的空间特征之一就是尺度适宜的步行空间，因而旧区改造的规划设计中应重视步行体系的建立、保护、恢复与强化。这个步行体系应该是步行及自行车交通易达到的，有亲切适宜的街区尺度、方便的人行道系统，汽车的使用减小到最低。

15.3.5 绿地景观的改善

城市旧区通常缺乏绿地与景观良好的公共空间，因此在旧区的整体环境提升与改善方面，应该特别重视绿地景观的规划设计。

(1) 保护原有树木植被

旧区的原有植被与自然环境是旧区赖以存在的基础，是自然与人工长期磨合的结果，是旧区宝贵的景观与生态资源。对原有的绿地植被要予以仔细调查，在现状分析中充分考虑和利用原有的多年生的树木、成片的林地草地。

(2) 增加绿化面积，建立完整的绿地景观体系

旧区由于历史原因，往往存在绿地面积、公共空间缺乏的问题。在旧区改造规划中，应尽可能地争取用地或利用边角地块增加绿地面积，采用立体绿化的方式增加绿化率；结合街巷道路、步行系统形成绿地景观廊道，将不同大小的绿地有机地联系为一个整体。

(3) 适地适树，营造特色空间

在旧区植物的选择和配置方面，应优先考虑适合当地气候地理条件的城市特色植物，这样的做法既经济适用，也便于体现本地特色。植物的配置要充分考虑其大小、高度、闭合程度及与建筑、街巷等的空间组合关系，营造具有特色的空间。

(4) 景观小品的设置

旧区的景观规划设计中可考虑设置能反映当地历史、社会、文化特色的景观小品，为旧区景观环境点题。

15.3.6 设施的改善

旧区的基础、公共设施一般较为缺乏或标准较低。例如，旧区常见问题包括缺乏良好的道路条件，道路狭窄破损；污水排放设施缺乏，地段管网通常较为陈旧，雨污合流；缺乏垃圾收集转运设施，卫生条件差；电线架空铺设，安全性差且影响景观环境；缺乏公共活动、教育、医疗等公共服务设施等。

因此旧区设施的改造包括供水、供电、排水、供气和取暖等管网的完善，垃圾的收集清理，道路路面等街区市政基础设施的改造和完善；也包括教育、医疗卫生、体育、服务等公共服务设施的提供和改善等。

15.4 旧城改造案例

15.4.1 旧居住区改造

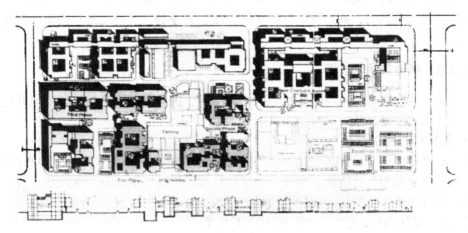

图 15-4 菊儿胡同新四合院住宅区平面图

1. 菊儿胡同

1989年10月开工的菊儿胡同危改工程，总占地面积1.46公顷，总建筑面积18666平方米。由国家级建筑大师、清华大学教授吴良镛主持设计。菊儿胡同位于北京市东城区。与中轴线上的地安门外大街仅一街坊之隔。东起交道口南大街，西至南锣鼓巷。

从1987年起，作为北京首批旧城改造试点工程和危改结合房改试点工程之一，选定紧邻城市总体规划确定的南锣鼓巷传统四合院保护区的菊儿胡同、作为住宅调查及居民参与改建研究的试点，并开始新四合院住宅区工程的规划设计(图15-4)。

工程在"保护与发展"的思想指导下，采用建立在"有机更新"理论上的小规模改造原则，即保留较为完整的四合院，修缮局部破烂的四合院，拆除无法保留的危房，并改建新的合院体系：新的合院体系要尽可能保留原有的树木，保护各类文物建筑和公众熟识的街巷通道(图15-5、图15-6)。吴良镛认为新的合院体系的优点在于：

(1)在2~3层情况下，合院式建筑可以得到相对较高的容积率。

(2)可以利用2~3层建筑上下错落，形成比一般行列式建筑的阳台宽大的室外或半室外空间，如花园式平台(garden terrace)。在不影响日照条件下作坡屋顶，并可争取到有用的楼阁空间，它对增加建筑容积率很起作用。

(3)由于建筑平面的错落，可以在有限的地面作大小不同的院落，底层空间得到充分利用；庭院与小巷新的美学创造，利用建筑物和树木等进行围合，形成封闭程度不一的院落空间。

(4)利用院落式布局可以有较多的余地保留大树。低层院落获得较好的小气候，利于节能。

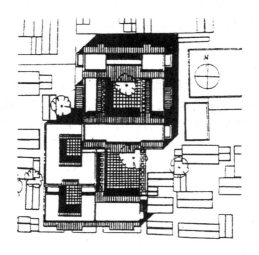

图 15-5　菊儿胡同一期工程平面图

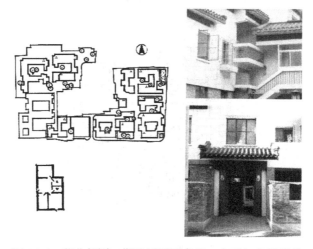

图 15-6　菊儿胡同二期组团平面布置、户型与实景照片

2. 苏州桐芳巷小区

桐芳巷位于苏州古城的北偏东部，以园林路、白塔东路、狮林寺巷为界，面积约 3.8 公顷，规划前居民 600 多户，1800 多人。规划现已完成实施，于 1992 年底开始启动，到 1996 年 7 月底全面竣工。

苏州是国家级历史文化名城，古城内的街坊改造必须坚持"全面保护古城风貌"的原则。而另一方面，古城内居民的现有生活方式已与传统的生活方式有了很大的改变，对于居住空间、交通空间、交往空间等方面的要求有了新的标准。

规划设计的主要特点如下：

(1) 土地分区

为了使现状的分析与规划的内容具有一定的连贯性与条理性，规划采用了地块划分的方法，使得规划可以在相对较为完整的用地单元内进行分析，并提出系列的规划控制指标，以便管理与实施。

(2) 新建街区，风貌延续

对现状用地功能状况、建筑产权状况、建筑质量状况、街坊内各户人口状况、建筑及风物的文物价值进行了较为详细的调查，归类分析，确定改造对策(图15-7)。

规划对具有一定文物价值与代表性的标志性建筑保留，其余均拆除新建。道路系统在街巷的基础上，适当拓宽打通，保留原有的传统街巷格局。新建建筑和小区空间结构从风格和尺度上尽量接近苏州传统，使整个小区与古城风貌相协调，继承了苏州城市的传统特色。

(3) "围城式"结构布局

桐芳巷小区是四面临街的街坊。其中西面为有苏州特色的河路平行的城市商业街——临顿路。规划沿用和扩展传统布局，在周边沿街沿巷布置商业公建(包括为区域性服务的商业设施)，而在内核布置居民住宅，形成"围城式"结构布局，以利于有效地隔离城市干道的交通与噪声，形成"大街繁华、小巷幽静"的氛围。

图15-7　桐芳巷改造详细规划

(4) 传统的路巷系统格局

尽可能完整保存原街区的主要路巷格局。保留古巷旧址，配以保存有历史价值的古迹、古宅、古树和古井，以保持历史文脉的流传和延续(图15-8)。

桐芳巷街坊的路巷系统沿用苏州传统的"方形网络"、"田字形"格局，街—巷—弄—庭院或住宅道路骨架清晰、分级明确，功能合理，主巷路宽7~8m，小弄路宽2.5~4.0m，在街头巷尾路中布置大小不一的绿地。保留原有街坊中的主要通道。并对街坊的基本空间尺度与街巷的高宽比例加以分析，作为规划设计中空间指标的基本依据。

(5) 多类型住宅混合

设计中采用了多种户型和多种面积标准。所有住宅都有最佳的朝向。为适应住宅商品化发展并满足不同层次住户对不同户型标准的偏好，小区内住宅分为庭园式和单元式两种类型。

图 15-8　桐芳巷街景实景照片

15.4.2　旧商业区改造

1. 青岛中山路

青岛中山路商贸旅游区位于青岛市商业中心。始建于 1898 年，作为青岛市唯一的一条具有百年历史的综合性商业老街，跻身全国十大商业名街之列，是青岛历史文化的发祥地之一。中山路及周边地区建筑风格各异，是青岛城市发展与文化的历史见证和重要的人文资源，已经过几十年、上百年的发展演化。

（1）规划目标

中山路商贸旅游区改造规划设计中，以城市复兴的理论框架为基本指导原则。秉承街区保护、地区协调发展与可持续发展的理念，最大限度地理解、传承、保护文脉，在继承的基础上发展，在保护的前提下创新，以提高中山路地区的品位，保护历史风貌，改善城市景观与基础设施，促进地域经济的复兴。中山路将建设成为青岛市区一个具有地方特色，体现青岛历史文化风貌，融商业餐饮旅游文化娱乐、专业服务、居住功能为一体的，具有强大经济社会活力、适宜人居的商贸旅游综合区。

改造后的中山路将是青岛市最重要的记忆走廊，最有特色的城市社区，最有吸引力旅游景点和最有活力的综合性商贸旅游区（图 15-9）。

（2）发展原则

①城市复兴的原则。中山路的城市复兴。不仅需要改善建筑环境，也需要复兴社会经济的活力。城市复兴必须着眼于与整个城市保持有机联系。

②历史街区保护的原则。保护历史风貌的完整性，保护历史风貌赖以存在的整体环境。不仅包括被列为文保单位的建筑物和特色建筑，也包括保护原有地区的城市肌理、街

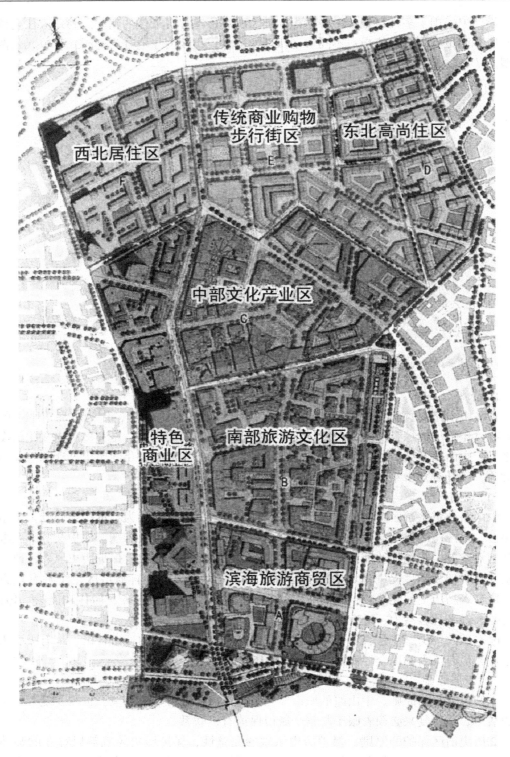

图 15-9　规划平面图

道格局乃至树木、有特色的建筑等各种物质与人文因素。历史街区保护必须采取积极的措施，为中山路地区及青岛旧城注入新的活力。

(3) 功能分区

中山路全长1050米，是构建青岛由海向陆的一条重要景观轴线。

中山路商贸旅游区占地面积56.6公顷，主要道路28条。以中山路为界，东西部分分别设区，被现状道路分为52个地块。城市设计经过详尽的分析，将该地区分为7个子区并作了商业定位。栈桥周围的海滨区以旅游功能为主，辅以商贸功能（图15-10），逐步形成开放与围合空间形式的旅馆区；从栈桥滨海区至中山路向北的几个地段形成精品购物街及餐饮街；教堂区营造文化旅游焦点；在向北的九宫格及安徽路以商贸办公、医疗服务、教育及居住等多种功能聚集为主；西北地块结合未来地铁建设大型购物设施及居住功能；保定路以南中山路以西地块形成以各种专业店为主的特色商业区；东北地块则建设成为高尚住区。

图15-10 教堂区城市设计平面与模型

(4) 交通系统规划

与外部交通的衔接——利用片区东西快速路形成大路网格局形成两条循环交通路线；同时，借助新建地铁及跨海大桥优势，增加公共交通站点，减轻内部交通压力。

片区内道路网络建构——通过与外围道路结合，通过城市级道路、片区交通性及生活性道路共同形成五个相对独立的交通组织单元。

完善步行系统——逐步实现南北相通、东西相连，以中山路商业街为主干的步行区。将交通性城市道路在穿越中山路地区的部分引入地下，作下沉设计或高架处理，保证中山路的步行商业环境的连续。局部片区内通过街坊内部步行和绿化空间的营造，形成南北向步行景观辅轴，以完善步行系统。

停车场设置——以"集中+分散"模式设置社会停车场。以地面停车与地下停车相结合、区域周边停车与内部顺道式停车相结合的方式解决人流输送问题。

2. 上海新天地

"新天地"位于上海市卢湾区太平桥地区,中共一大会址的周边,毗邻淮海中路及地铁站,为太平桥地区重建计划的第一期发展项目,如今已是一个具上海历史文化风貌的娱乐购物热点。上海新天地改写了石库门的历史,如今的新天地已经成为了上海的新地标之一(图 15-11)。

图 15-11 新天地实景

上海新天地南北两个地块共 3 公顷,整治改造后总建筑面积 5.56 万平方米,有 2 万平方米以上的建筑保留了里弄的格局。以东西文化融合、历史与现代对话为基调,以上海传统的石库门建设旧区为基础,配合充满现代感的新建筑群,改造成具有国际水平的集餐饮、商业、文化、娱乐为一体的综合性时尚休闲步行街。

(1)"新天地"的开发模式

"新天地"保持了里弄空间尺度,精心修复了石库门建筑的外观立面、细部,将建筑内部改造为适应办公、商业、居住、餐饮和娱乐等功能的现代生活形态。由于这些做法,使"新天地"的开发模式带有"传统建筑保护"的样式。然而"新天地"的开发成功,意义不仅在于传统建筑形态,"新天地"是城市再开发与生活形态重建的必然。

在新天地项目开发之前,这里是一片拥有近一个世纪历史的石库门里弄建筑群。从19 世纪中叶开始出现的石库门建筑有着深深的历史烙印,它是中西合璧的产物,更是代表了近代的上海历史文化。然而随着城市的不断发展,昔日风光显赫的石库门早已不能满足居民居住需求而渐渐淡出历史舞台。而今天的改造,在整个地块内,使用者的更替、功能的转变将彻底颠覆这里原有的生活形态。新天地是以上海近代建筑的标志——石库门建筑旧区为基础,首次改变了石库门原有的居住功能,创新地赋予其商业经营功能。

"新天地"所采用的保留建筑的一层外皮,保留当年的砖墙、屋瓦,改变内部结构与使用功能的做法,颇类似于欧洲某些城市旧建筑再利用的方法,顺应了这种重塑生活形态的需求，在我国应该算是成功的首例。石库门建筑的清水砖墙，是这种建筑的特色之一，为了强调历史感，设计师决定保留原有的砖、原有的瓦作为建材。在老房子内加装了现代化设施，包括地底光纤电缆和空调系统，确保房屋的功能更完善和可靠。

(2)"新天地"的规划布局

规划上保留北部地块大部分石库门建筑，穿插部分现代建筑；南部地块则以反映时代特征的新建筑为主，配合少量石库门建筑，一条步行街串起南、北两个地块。

上海新天地规划布置分为南里和北里两个部分，南里以现代建筑为主，石库门旧建筑为辅。北部地块以保留石库门旧建筑为主，新旧对话，交相辉映。南里建成了一座总楼面面积达2.5万平方米的购物、娱乐、休闲中心。北里由多幢石库门老房子所组成，并结合了现代化的建筑、装潢和设备，化身成多家高级消费场所及餐厅。南里和北里的分水岭是中共"一大"会址的所在地，沿街的石库门建筑也将成为凝结历史文化与艺术的城市风景线。（图15-12）

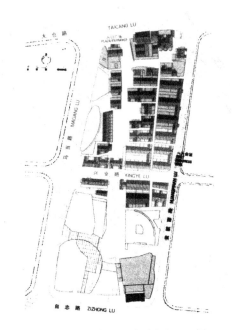

图15-12 新天地规划平面图

上海新天地旁边开辟了太平桥公园绿地和人工湖，绿地占地4.4万平方米，位于整个太平桥项目的中央地带。园内种植高大乔木，兴建低坡景观，提供休憩空间。

15.4.3 旧工业区改造

广东中山岐江公园

广东中山岐江公园位于粤中造船厂旧址，是利用造船厂旧址改造更新为景观公园的一个成功案例。粤中造船厂旧址，占地11公顷，是中山市城市记忆的一个重要部分，折射出一定历史阶段的发展变迁。中山岐江公园完成于 2001 年，总面积 11 公顷，建筑面积 3000 平方米。

岐江公园的设计属于产业类历史地段的保护性利用，旨在通过设计使旧址保留其历史的印迹，同时又能具有新时代的功能和审美价值。其规划设计包括对原有形式的保留、修饰和创新（图 15-13）。

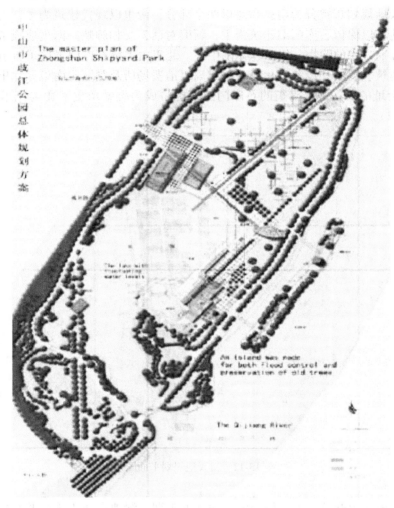

图 15-13　岐江公园总平面图

（1）对遗迹的保留

创造良好的富有含义的环境，上策是保留过去的遗迹，作为一个有近半个世纪历史的旧船厂遗迹，其中需保留的主要元素有：

①自然系统和元素的保留。水体和部分驳岸、古树都保留在场地中。

②建筑物、构筑物的保留。两个分别反映不同时代的钢结构和水泥框架船坞原地保

留。一个红砖烟囱和两个水塔也就地保留,并结合到场地设计之中(图15-14、图15-15)。

图 15-14 保留铁路

图 15-15 保留旧船坞

③机器的保留。大型的龙门吊和变压器等许多机器被结合到场地设计之中,成为丰富场所体验的重要景观元素。

(2)对遗迹的设计再利用

①加法的设计

即为原有的遗迹做增添性的设计:"琥珀水塔"将一座50~60年的水塔罩进玻璃盒,赋予新的功能、生态与环境意义;"烟囱与龙门吊"将一组超现实的脚手架和挥汗如雨的工人雕塑结合到保留的烟囱场景之中;"船坞"在保留的钢架船坞中抽屉式地插入游船码头和公共服务设施,使旧结构作为荫棚和历史纪念物而存在。新旧结构同时存在,承担各自不同的功能,形式上作过去与现代的对比。

②减法的设计

即对原有的遗迹做精简化处理:"骨骼水塔"将场地中的另一个水塔剥去其水泥的外衣,展示其内部的结构美;"机器肢体"除了大量机器经艺术和工艺修饰而被完整地保留外,大部分机器都选取部分机体保留,并结合到一定的场景之中,使其更具有经提炼和抽象后的艺术效果。

③全新的设计

直线路网符合原有遗址的工业个性，也满足了现代人的高效和快捷的需求和愿望。使新的形式有了新的功能，同时传达了场地上旧有的精神。

红色盒子以抽象的形式表现场地的历史与气氛，结合道路设计与"琥珀水塔"和"骨骼水塔"形成呼应；绿房子和树篱组成的 5 米×5 米模数化的方格网，与直线的路网相穿插，形成部分私密空间；又由于一些直线非交通性路网的穿越，使巡视者可以一目了然，避免了不安全的隐蔽空间。这些方格绿网在切割直线道路后，增强了空间的进深感，与中国传统园林的障景法异曲同工；铁栅涌泉、湖心亭及栏杆之类公园中的一些必要的景观、休息场所、桥、户外灯具甚至铺地等都试图用新的语言来设计新的形式，其语言都更多地来源于对原场地的体验和感悟，目的都是在传达场所精神同时满足现代功能的需要。

本 章 小 结

1. 旧区改造中的重要环节是对现状进行细致的调查。调查的目的在于掌握旧区物质环境、社会、历史文化各方面的现状基础资料，从而分析旧区中现状存在的主要问题，作为旧区改造决策、改造方式选择的依据。

2. 城市更新的方式可分为重建或再开发、整建及保留维护三种主要方式。

3. 旧区改造的规划设计手法以上述的整建与维护的改造方式为重点，包括地段总体功能定位调整、空间肌理与空间界面的保护、地段交通的重组、建筑环境的提升、绿地景观的改善、设施的改善等方面。

思 考 题

1. 旧城改造的动力有哪些？如何选择合理的旧城改造方式？
2. 当今城市最常见的旧城改造的方式是什么？有何利弊？
3. 举例说明不同用地性质的城市旧区改造的规划设计手法。

主要参考文献

[1] 吴良镛. 世纪之交的凝思：建筑学的未来[M]. 北京：清华大学出版社，1996.
[2] 夏南凯，田宝江. 控制性详细规划[M]. 上海：同济大学出版社，2005.
[3] 周俭. 城市住宅区规划原理[M]. 上海：同济大学出版社，1999.
[4] 刘滨谊. 现代景观规划设计理论与方法[M]. 南京：东南大学出版社，2004.
[5] 王彦辉. 走向新社区[M]. 南京：东南大学出版社，2003.
[6] 王彦辉. 走向新社区[M]. 南京：东南大学出版社，2003.
[7] 姚时章，王江萍. 城市居住外环境设计[M]. 重庆：重庆大学出版社，2001.
[8] 全国人大常委会法制工作委员会等编. 城乡规划法解说[M]. 北京：知识产权出版社，2008.
[9] [英]大卫·路德林，尼古拉斯·福克. 营造21世纪的家园[M]. 北京：中国建筑工业出版社，2005.
[10] [英]大卫·路德林，尼古拉斯·福克. 营造21世纪的家园[M]. 北京：中国建筑工业出版社，2005.
[11] 吴良镛. 北京旧城与菊儿胡同[M]. 北京：中国建筑工业出版社，1994.
[12] 李德华. 城市规划原理(第三版)[M]. 北京：中国建筑工业出版社，2001.
[13] 俞孔坚，李迪华. 景观设计：专业学科与教育[M]. 北京：中国建筑工业出版社，2003.
[14] 沈玉麟. 外国城市建设史[M]. 北京：中国建筑工业出版社，2004.
[15] 董鉴泓. 中国城市建设史(第三版)[M]. 北京：中国建筑工业出版社，2004.
[16] 胡纹. 居住区规划原理与设计方法[M]. 北京：中国建筑工业出版社，2007.
[17] 朱家瑾. 居住区规划设计[M]. 北京：中国建筑工业出版社，2001.
[18] 刘兴昌. 市政工程规划[M]. 北京：中国建筑工业出版社，2006.
[19] 贺业钜. 中国古代城市规划史[M]. 北京：中国建筑工业出版社，2003.
[20] 邓述平，王仲谷. 居住区规划设计资料集[M]. 北京：中国建筑工业出版社，1996.
[21] 王江萍. 老年人居住外环境规划与设计[M]. 北京：中国电力出版社，2009.
[22] 杨德昭. 新社区与新城市—住宅小区的消逝与新社区的崛起[M]. 北京：中国电力出版社，2006.
[23] 田大方，李萍居. 住区的规划建筑环境设计[M]. 哈尔滨：哈尔滨工业大学出版社，2005.
[24] 李军. 城市设计理论与方法[M]. 武汉：武汉大学出版社，2010.
[25] 顾姚双，姚坚，虞金龙. 住宅绿地空间设计[M]. 北京：中国林业出版社，2003.

[26] 惠劼,张倩,王芳.城市住区规划设计概论[M].北京:化学工业出版社,2006.
[27] 黎熙元,何肇发.现代社区概论[M].广州:中山大学出版社,1991.
[28] 全国城市规划执业制度管理委员会.城市规划原理[M].北京:中国计划出版社,2002.
[29] 梁俊,成鲲.居住区景观设计[M].长沙:湖南大学出版社,2009.
[30] 建筑设计资料集编委会.建筑设计资料集(第二版)第五分册[M].北京:中国建筑工业出版社,1994.
[31] 中国城市规划设计研究院.城市规划资料集(第十一分册)工程规划[M].北京:中国建筑工业出版社,2005.
[32] 同济大学建筑与城市规划学院.城市规划资料集(第一分册)[M].北京:中国建筑工业出版社,2003.
[33] 同济大学建筑与城市规划学院.城市规划资料集(第七分册)城市居住区规划[M].北京:中国建筑工业出版社,2005.
[34] 清华大学建筑学院.城市规划资料集(第八分册)城市历史保护与城市更新[M].北京:中国建筑工业出版社,2007.
[35] 江苏省城市规划设计研究院.城市规划资料集(第四分册)控制性详细规划[M].北京:中国建筑工业出版社,2003.
[36] 刘波.工业园区景观规划设计研究[D].上海:同济大学建筑与城市规划学院,2006.
[37] 王征.重庆市特色工业园区规划设计方法研究[D].重庆:重庆大学建筑与城市规划学院,2005.
[38] 孙骅声,龚秋霞,罗赤.旧城改造详细规划中的土地区划初探——苏州桐芳巷改造规划城市规划[J].城市规划,1989(03):10-15.
[39] 孙晖,梁江.控制性详细规划应当控制什么[J].城市规划,2000(5):19-21.
[40] 于一丁,胡跃平.控制性详细规划控制方法与指标体系研究[J].城市规划,2006,30(5):44-47.
[41] 邹兵,陈宏军.敢问路在何方——由一个案例透视深圳法定图则的困境与出路[J].城市规划,2003,27(02):61-67.
[42] 李强.从邻里单位到新城市主义社区——美国社区规划模式变迁探究[J].北京:世界建筑,2006(7):92-94.
[43] 周进.控制性详细规划的控制功能探析[J].规划师,2002,18(01):44-47.
[44] 华虹,王晓鸣.武汉近代里弄住宅居住环境特色与保护[J].武汉:华中建筑,1998(3):94-98.
[45] 周善东.我国城市居住区规划思想的演变[J].上海:住宅科技,1991(8):22-23.
[46] 中华人民共和国建设部.城市规划编制办法.2006.
[47] 中华人民共和国主席令第74号.中华人民共和国城乡规划法.2008.
[48] GBJ137-90,城市用地分类与规划建设用地标准[S].
[49] 建设部住宅产业化促进中心.居住区环境景观设计导则(试行稿),2004.
[50] GB 50180-93,城市居住区规划设计规范[S].

[51] GB 50180-93-2004, 城市居住区规划设计规范[S].

[52] GB CJJ83-99, 城市用地竖向规划规范[S].

[53] GB 50289-98, 城市工程管线综合规划规范[S].

[54] GB 50352-2005, 民用建筑设计通则[S].

[55] GB 50016-2006, 建筑设计防火规范[S].

[56] GB 50045-95, 高层民用建筑设计防火规范[S].

[57] GB 5749-2006, 生活饮用水卫生标准[S].

[58] GB 50187-93, 工业企业总平面设计规范[S].

[59] GB 50180-93, 城市居住区规划设计规范[S].

[60] GB JGJ39-87, 托儿所、幼儿园建筑设计规范[S].

[61] GB J99-86, 中小学建筑设计规范[S].

[62] 深圳市城市规划委员会. 深圳市法定图则编制技术规定.

[63] 广东省建设厅. 广东省城市控制性详细规划编制指引.

[64] Alexander. C. A. City is not a Tree [J]. CA: Architectural Forum, 1965(1): 58-62.

[65] Hans Loidl, Stefan Bernard. Opening Spaces: Design as Landscape Architecture [M]. Basel: Birkhaeuser Press, 2003.

[66] Campbell S. & Feinstein S. S. Readings in Planning Theory [M]. Oxford: Blackwell, 1997.